VIRUS

RICHARD PRESTON

VIRUS

Traduit de l'anglais (États-Unis)
par Claude Dunlin

PLON
76, rue Bonaparte
PARIS

TITRE ORIGINAL

Hot Zone
The most terrifying true story you will ever read

J'exprime ici toute ma reconnaissance pour l'autorisation qu'ils m'ont donnée d'utiliser leurs écrits, publiés ou non, à :

Dan W. Dalgard : « Chronologie des événements ». Copyright © 1989, 1994, Dan W. Dalgard.

Karl M. Johnson : extraits d'une lettre adressée à l'auteur.

Washington Post : extraits de « Ébola, virus mortel ! Des singes de laboratoire en sont victimes en Virginie », par D'Vera Cohn (12 janvier 1989). Copyright © 1989 *Washington Post.*

ISBN édition originale : Doubleday 0-385-406312
ISBN Plon : 2-259-18147-3

Pour Frederic Delano Grant Jr.,
qu'admirent tous ceux qui le connaissent.

Pour la bourse de recherche qu'elle lui a accordée,
l'auteur remercie
la Fondation Alfred P. Sloan.

Cet ouvrage relate des événements qui se sont déroulés de 1967 à 1993. La période d'incubation des virus concernés est inférieure à vingt-quatre jours. On ne peut ni être contaminé par ces virus ni les transmettre au-delà de la période d'incubation ou de maladie. Aucune des personnes encore vivantes dont il est question dans ce livre ne souffre d'une maladie contagieuse. Les virus ne peuvent survivre indépendamment plus de dix jours si on ne les conserve pas par la congélation selon des procédures très particulières que seuls les laboratoires équipés peuvent mettre en œuvre. En conséquence, aucun des lieux mentionnés dans ce livre, ni à Reston ni à proximité de Washington, n'est infecté ni dangereux.

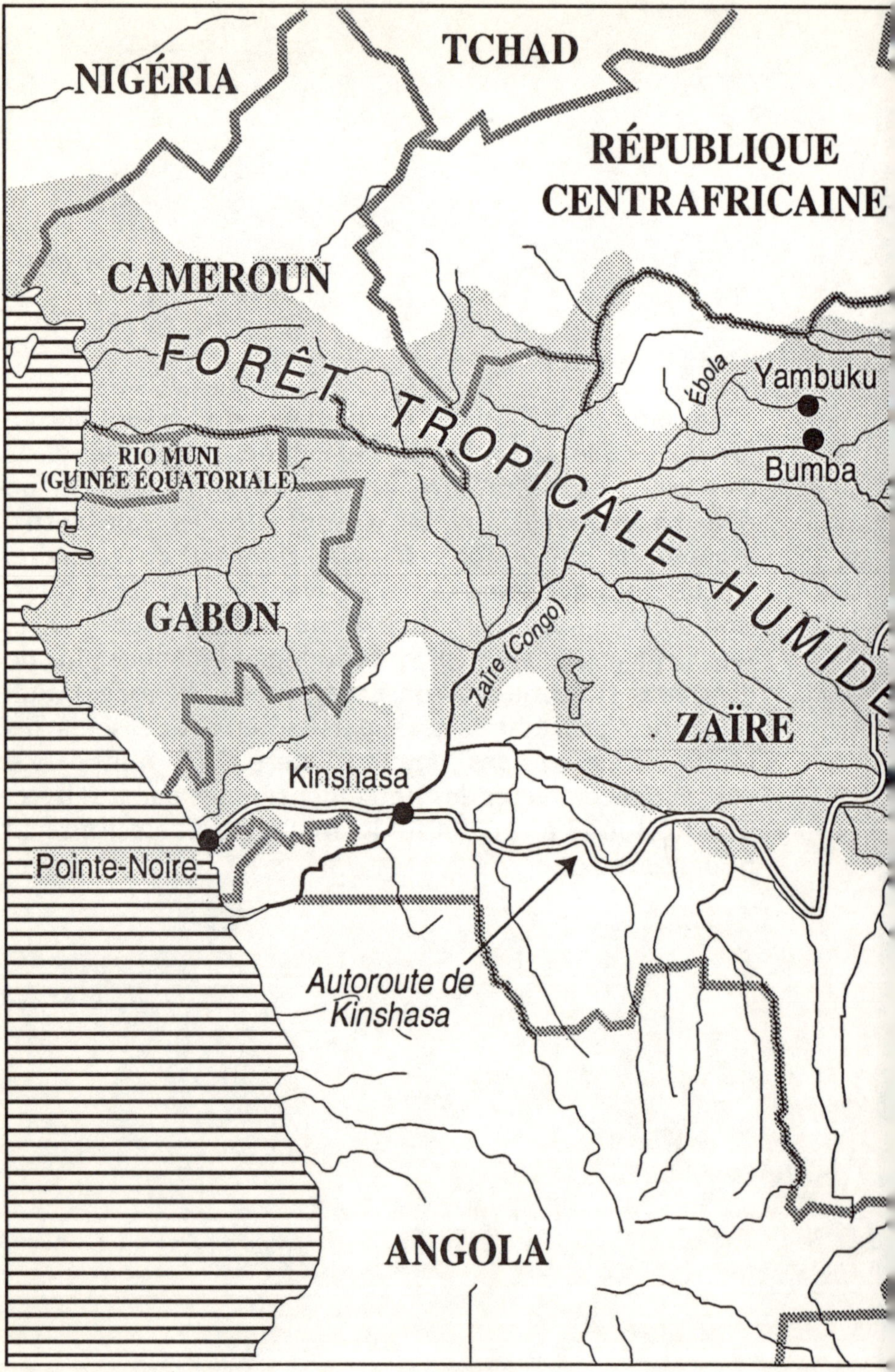
TCHAD
NIGÉRIA
RÉPUBLIQUE
CENTRAFRICAINE
CAMEROUN
FORÊT TROPICALE HUMIDE
Ébola
Yambuku
Bumba
RIO MUNI
(GUINÉE ÉQUATORIALE)
GABON
Zaïre (Congo)
ZAÏRE
Kinshasa
Pointe-Noire
Autoroute de
Kinshasa
ANGOLA

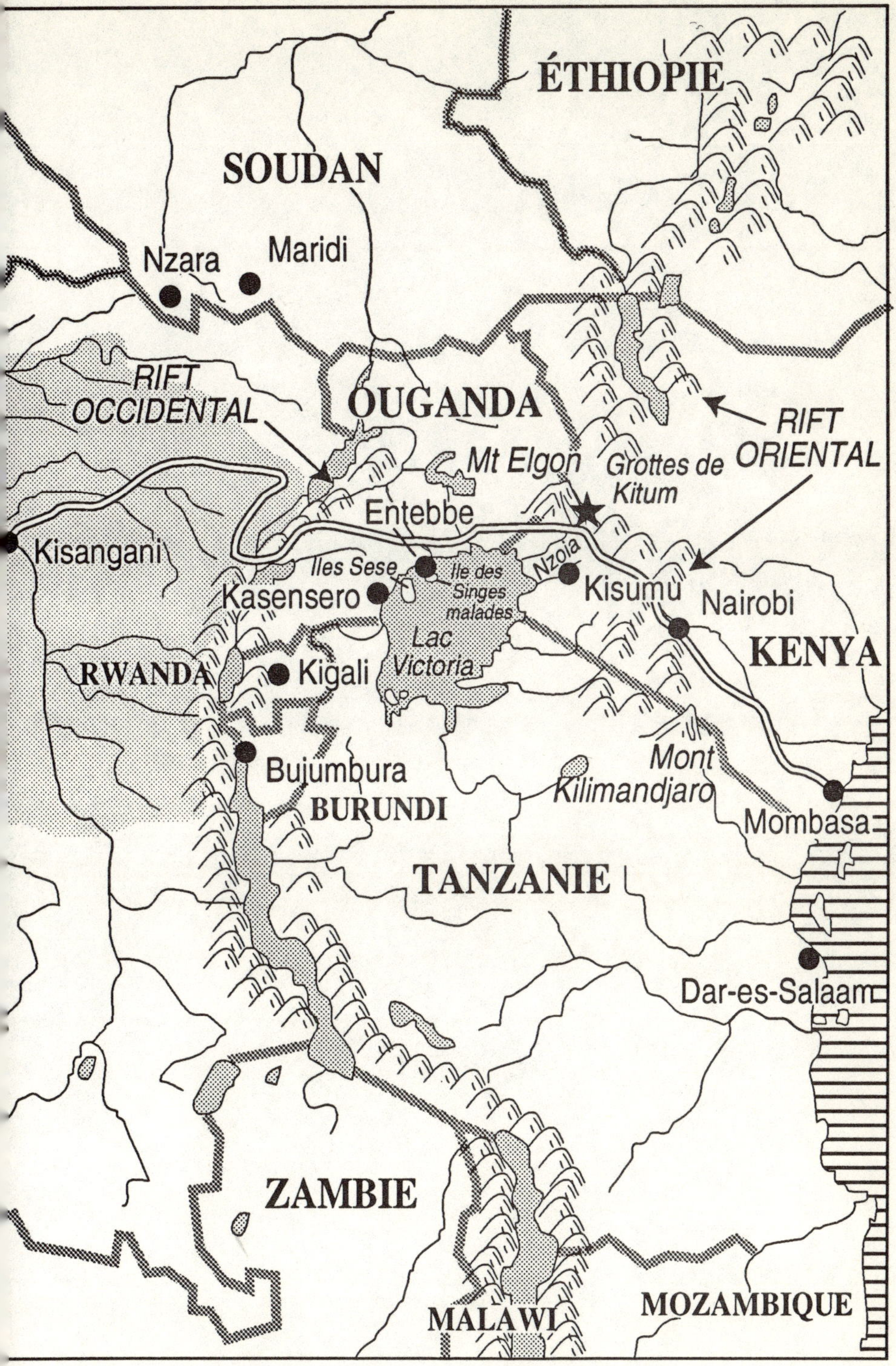
ÉTHIOPIE
SOUDAN
Nzara
Maridi
RIFT
OCCIDENTAL
OUGANDA
Mt Elgon
Grottes de
Kitum
RIFT
ORIENTAL
Entebbe
Kisangani
Iles Sese
Ile des
Singes
malades
Nzoia
Kisumu
Kasensero
Nairobi
Lac
Victoria
KENYA
RWANDA
Kigali
Bujumbura
Mont
Kilimandjaro
BURUNDI
Mombasa
TANZANIE
Dar-es-Salaam
ZAMBIE
MALAWI
MOZAMBIQUE

Le deuxième ange versa sa coupe dans la mer,
et elle devint du sang, comme celui d'un mort.

Apocalypse XVI,*3.*

AU LECTEUR

Il ne s'agit pas ici d'un ouvrage de fiction, mais d'une histoire vraie, et les personnes qui l'ont vécue existent ou ont existé. Si j'ai parfois changé les noms des victimes — « Charles Monet » et « Peter Cardinal », par exemple. —, les personnages principaux portent leur propre nom.

J'ai reconstitué les dialogues grâce aux souvenirs des participants. Pour évoquer leurs pensées, je me suis appuyé sur des entretiens avec les intéressés, qui me les ont rapportées, souvent à maintes reprises, et m'ont confirmé que je restituais bien le souvenir qu'ils en avaient. Quand on demande à quelqu'un : « A quoi pensiez-vous ? », on a toutes les chances d'entendre une réponse plus riche et plus révélatrice de la condition humaine que toutes les réactions que pourrait prêter un romancier à ses personnages. J'essaie de lire dans l'esprit des gens, au-delà de leur visage ; à travers leurs mots, je lis leurs vies ; et ce que je trouve là dépasse l'imagination.

Richard Preston

ZONE CONTAMINÉE
ENTRÉE INTERDITE

Pour ouvrir cette porte,
placez votre carte d'identification sur le lecteur

VÉRIFICATION EN COURS

Vous pouvez entrer

LABORATOIRE AA-5

Responsable :
colonel Nancy Jaax

Agents utilisés :
inconnus

Passez à l'étape suivante

Niveau de sécurité biologique 0

VESTIAIRE

0

sexe :
féminin

Retirer TOUT ce qui est en contact
avec la peau :
vêtements, bagues, lentilles cornéennes, etc.
Mettre une tenue chirurgicale stérile

Entrée autorisée

Niveau de sécurité biologique 2

2

ATTENTION
LAMPE
A ULTRAVIOLETS

Niveau de sécurité biologique 3

3

ZONE D'ÉQUIPEMENT

Alarmes :
en fonction

Combinaison spatiale :
prête

ATTENTION

RISQUE DE CONTAMINATION BIOLOGIQUE

4

Niveau de sécurité biologique 4

PORTE ÉTANCHE A L'AIR / DOUCHE DE DÉCONTAMINATION
NE PAS ENTRER SANS COMBINAISON SPATIALE

Indiquez votre code d'identification
Vous pouvez entrer

PREMIÈRE PARTIE

L'OMBRE DU MONT ELGON

QUELQUE CHOSE DANS LA FORÊT

1er janvier 1980

Le Français Charles Monet était un solitaire. Il vivait dans un petit bungalow de bois, sur des terres appartenant à l'usine de sucre dont la plantation s'étendait le long de la rivière Nzoia, dans l'ouest du Kenya, au pied du mont Elgon. Cet énorme volcan éteint se dresse, isolé, jusqu'à 4 321 m, en bordure de la vallée du Rift. On ne sait pas très bien ce qui avait amené Monet en Afrique. Comme pour beaucoup d'expatriés que l'on peut y rencontrer, son histoire était obscure. Peut-être avait-il eu des ennuis en France, ou avait-il été attiré au Kenya par la beauté du pays. C'était un naturaliste amateur, amoureux des oiseaux et des autres animaux, mais pas de l'humanité. Âgé de cinquante-six ans, de taille et de corpulence moyennes, les cheveux lisses et soyeux, il était plutôt bel homme. Il semble n'avoir eu pour amis proches que des femmes habitant les villages épars au pied de la montagne, mais elles ne purent dire grand-chose sur lui quand les médecins vinrent les interroger après sa mort. A l'usine de sucre, son travail consistait à entretenir les pompes qui tiraient l'eau de la Nzoia pour irriguer les hectares de plantations de canne à sucre. Il passait presque toutes ses journées dans le bâtiment abritant ces pompes, près de la rivière, comme s'il aimait regarder et écouter le bruit des machines.

Il est difficile de connaître plus de détails. Les médecins se souviennent des signes cliniques car on ne peut jamais effacer de son esprit les effets d'une contamination biologique de niveau 4 sur un être humain, mais les symptômes s'additionnent les uns aux autres jusqu'à faire oublier la personnalité de la victime. Le cas Charles Monet a été porté à notre attention sous forme d'une froide arithmétique déclinant des faits cliniques mêlés à des images fugitives d'une horreur si intense et si bouleversante que nous reculons d'effroi en fermant les yeux, comme si l'on nous obligeait à regarder un soleil encore plus aveuglant que le nôtre.

Monet était arrivé au Kenya durant l'été 1979, à l'époque où le virus de l'immunodéficience humaine, le VIH, qui provoque le sida, opérait sa percée décisive hors de la forêt dense et humide d'Afrique centrale et commençait sa longue contamination de la race humaine. Le sida s'était déjà abattu sur les populations d'Afrique centrale, bien que personne ne sût encore qu'il existait. Il s'était propagé discrètement le long de l'autoroute de Kinshasa, la voie transcontinentale qui traverse l'Afrique d'est en ouest et longe les rives du lac Victoria, en vue du mont Elgon. Le VIH est un agent contaminant de niveau 2, hautement léthal mais peu contagieux, parce qu'il ne se transmet pas par voie aérienne.

Monet travaillait dur toute la semaine, et pendant ses week-ends et ses vacances, il visitait les forêts entourant la sucrerie. Il emportait de la nourriture qu'il disséminait autour de lui pour observer, parfaitement immobile et silencieux, les animaux qui venaient la manger. Les gens se souviennent qu'il était affectueux avec les singes sauvages, disant qu'il pouvait rester assis, à tendre de la nourriture, jusqu'à ce que l'animal s'approchât et vînt lui manger dans la main.

Le soir, il restait seul dans son bungalow. Une certaine Johnnie faisait le ménage et préparait ses repas. Il s'appliquait à identifier les oiseaux africains. Une colonie de tisserins vivait près de chez lui, et il passait beaucoup de temps à les regarder construire et entretenir leurs nids en forme de sac. Un jour, aux environs de

Noël, il emporta chez lui un oiseau malade, qui mourut, peut-être entre ses mains. Monet était également attaché à un corbeau pie, un oiseau noir et blanc que les Africains apprivoisent souvent. C'était un animal amical et intelligent qui aimait se percher sur le toit du bungalow et observer les déplacements de Monet. Quand il avait faim, il volait jusqu'à la véranda et entrait. Monet lui donnait alors les reliefs de sa table.

Il parcourait chaque matin, à travers les champs de canne, les trois kilomètres le séparant des pompes. Pendant les fêtes, on avait brûlé les champs, laissant à nu une terre rêche et noircie. Au nord, à quarante kilomètres de là, il distinguait les sommets jumeaux du mont Elgon. La montagne changeait constamment d'aspect selon l'intensité du soleil, la profondeur de l'ombre ou la violence de la pluie. A l'aube, le mont Elgon ressemblait à un entassement de corniches grises affaissées qui perdait dans la brume son double sommet, lèvres béantes d'un cône érodé. Lorsque le soleil montait à l'horizon, le vert de la forêt qui recouvrait ses flancs prenait une teinte argentée, puis, au fil du jour, des nuages cachaient la montagne à la vue. Tard dans l'après-midi, vers le crépuscule, les nuages formaient comme une enclume où scintillaient des éclairs silencieux. Le dessous de ces nuages était d'un noir de charbon et leur sommet s'effilochait en plumes orangées qu'illuminait le soleil couchant. Au-dessus, le ciel, parsemé d'étoiles équatoriales, prenait une teinte bleu foncé.

Monet connaissait quelques femmes à Eldoret, un village au sud-est de la montagne où les gens sont pauvres et vivent dans des baraques de bois et de tôle. Il leur donnait de l'argent, et, en retour, elles étaient heureuses de l'aimer. A l'occasion de ses congés de fin d'année, il décida d'aller camper sur le mont Elgon, et invita une femme d'Eldoret à l'accompagner. Personne ne semble se souvenir de son nom.

Ils partirent en Land-Rover sur la route de terre rouge qui mène au promontoire d'Endebess, une falaise sur le flanc est du volcan. La route de terre volcanique ressemble à du sang séché. Ils grimpèrent le long des contreforts du volcan, traversèrent les champs de maïs et les plantations de café, puis les pâturages, en empruntant la route qui desservait d'anciennes fermes coloniales anglaises à moitié en ruine, cachées derrière des haies de gommiers. L'air fraîchissait tandis qu'ils montaient, et des aigles s'envolaient des cèdres. Peu de touristes visitent le mont Elgon, et on peut penser que le véhicule qu'occupaient Monet et son amie était le seul à rouler sur cette piste, même si de nombreux villageois l'empruntaient à pied pour aller cultiver leurs lopins de terre sur les flancs du volcan. La Land-Rover approchait de l'orée de la forêt, traversait déjà des bosquets d'arbres et atteignit bientôt le Pavillon du mont Elgon, une auberge de style très britannique construite au début du siècle et qui tombait en ruine, les murs craquelés, la peinture écaillée par le soleil et la pluie.

Le mont Elgon enjambe la frontière entre le Kenya et l'Ouganda, et il n'est pas éloigné du Soudan. C'est un îlot biologique de forêt dense et humide au cœur du continent, un monde isolé surplombant des plaines desséchées, large de quatre-vingts kilomètres, couvert d'arbres, de bambous et d'alpages, une protubérance sur la colonne vertébrale de l'Afrique centrale. Le volcan s'est formé voici sept à dix millions d'années, et de furieuses éruptions accompagnées d'explosions de cendres ont détruit à maintes reprises les forêts qui poussaient sur ses pentes, jusqu'à ce qu'il atteigne une hauteur imposante, supérieure à celle du Kilimandjaro d'aujourd'hui. Avant que l'érosion ne réduise son altitude, il est possible que le mont Elgon ait été la plus haute montagne d'Afrique. Elle demeure toujours la plus large. Quand le soleil se lève, l'ombre du mont Elgon fait encore régner les ténèbres très loin à l'ouest, en Ouganda ; quand le soleil se couche, l'ombre s'étend à l'est, à l'intérieur du Kenya. Des villages habités par les Masais de l'Elgon, peuple de pasteurs venu du Nord, se sont fixés autour de la montagne il y a quelques siècles. Les contreforts sont arrosés de pluies clémentes, l'air y reste frais. Le riche sol volcanique permet de belles récoltes de maïs et fournit une herbe grasse pour les bêtes, si bien que la population peut y être dense. Les villages forment un véritable anneau humain autour du volcan, qui remonte d'année en année vers la forêt, étranglant l'écosystème de la montagne. La forêt est défrichée, on abat des arbres géants pour faire du feu et conquérir de nouveaux pâturages. Il n'y a presque plus d'éléphants.

Une partie du mont Elgon constitue un parc national. Monet et son amie s'arrêtèrent à la porte du parc pour payer leur droit d'entrée. Un petit singe, ou peut-être un babouin — personne ne semble s'en souvenir —, attendait que les visiteurs lui donnent des friandises, et Monet invita l'animal à s'installer sur son épaule en lui offrant une banane. Cela fit rire son amie, et ils attendirent pour repartir qu'il ait terminé son fruit. Un peu plus haut, ils plantèrent leur tente dans une clairière proche d'un cours d'eau qui sort en gargouillant de la forêt et doit sa couleur laiteuse aux poussières volcaniques. L'herbe, comme tondue par les buffles, était parsemée de leurs bouses.

La forêt humide entourait leur campement, réseau d'oliviers africains aux formes torturées, couverts de mousse et de plantes grimpantes, dont les fruits sont un poison pour l'homme. Ils entendirent les cris des singes, les bourdonnements des insectes. Des oiseaux plongeaient vers les arbres pour becqueter les olives, volant à une vitesse stupéfiante afin d'échapper aux busards, qui peuvent fondre sur eux et les saisir par les ailes. Il y avait aussi des camphriers, des tecks, des cèdres d'Afrique et, çà et là, une rotondité sombre qui dominait la voûte : la couronne d'un podocarpus, le plus grand arbre d'Afrique, presque aussi imposant que le séquoia de Californie. A l'époque, des milliers d'éléphants vivaient sur la montagne, et on les entendait se mouvoir dans la forêt, arracher par plaques l'écorce des arbres ou casser des branches. Certains singes, les colobes, s'approchaient de la tente, regardant les intrus de leurs yeux vifs et intelligents.

Au cours de l'après-midi, il a dû pleuvoir, comme c'est généralement le cas sur le mont Elgon, et ils ont dû rester sous la tente. Avec l'obscurité, la pluie cessa et ils allumèrent un feu pour cuire le repas. C'était la Saint-Sylvestre. Peut-être ont-ils bu du champagne pour l'occasion. Quelques heures plus tard, les nuages s'étant écartés, et le volcan se dressant, ombre noire sur fond de Voie Lactée, Monet s'est peut-être levé pour regarder les étoiles, la tête renversée en arrière, vacillant sur ses jambes à cause du champagne.

Le matin du Nouvel An, juste après le petit déjeuner, par une matinée fraîche — il ne faisait pas dix degrés —, Monet et son amie montèrent plus haut dans la montagne en empruntant une piste boueuse et se garèrent dans une petite vallée en contrebas de la grotte de Kitum.

Ils gagnèrent la grotte à travers les buissons, en suivant une piste à éléphants, le long d'un ruisseau qui serpente entre oliviers et prairies, et en prenant garde aux buffles sauvages, animaux très dangereux quand on les rencontre dans la forêt. La grotte s'ouvre en haut de la vallée, et une cascade tombe en rideau devant son entrée. La piste des éléphants pénètre à l'intérieur. Monet et son amie passèrent là tout le Jour de l'An. Il plut, probablement, si bien qu'ils restèrent assis à l'entrée pendant des heures, derrière le voile de la cascade. Ils virent des buffles du Cap dans la vallée, et observèrent des damans — animaux à fourrure de la taille d'une marmotte — qui couraient sur les rochers près de l'entrée de la grotte.

Ils se méfièrent aussi des éléphants. Les troupeaux pénètrent dans la grotte de Kitum la nuit pour y chercher du sel et d'autres minéraux. En plaine, il est facile aux éléphants de trouver du sel dans les cuvettes et les trous d'eau asséchés, mais dans la forêt humide, le sel devient une denrée précieuse. La grotte est assez vaste pour contenir jusqu'à soixante-dix pachydermes à la fois. Ils passent la nuit, somnolant debout ou creusant la roche de leurs défenses. Ils grattent la pierre des murs et la broient entre leurs dents avant de l'avaler.

Monet et son amie disposaient d'une lampe torche, et s'enfoncèrent dans la grotte pour voir où elle menait. A l'entrée, la voûte est immense — cinquante mètres de large — et s'élargit encore au-delà. Ils traversèrent une plate-forme couverte de bouses d'éléphant séchées, leurs pieds soulevant des nuages de poussière. La lumière faiblit, et le sol de la grotte monta en un plan incliné interrompu par une série de paliers recouverts d'une matière verte et gluante : les déjections de la colonie de chauves-souris qui pendaient au plafond.

Quelques-unes quittèrent leur perchoir, tournant la tête en émettant des cris perçants. La torche les dérangeait et les réveillait en nombre sans cesse croissant. Des centaines d'yeux de chauves-souris, brillant comme des rubis, les fixaient depuis le plafond de la grotte. Des vagues de cris parcouraient la voûte et l'écho les répercutait plusieurs fois, bruit sec et grinçant de petits gonds mal huilés. Ils découvrirent ensuite ce que la grotte de Kitum a de plus merveilleux : une forêt de la période primaire pétrifiée. Des branches minéralisées sortent des murs et du plafond ; parmi les troncs de pierre on reconnaît les différentes essences — teck, podocarpus, pin. Il y a environ sept millions d'années, une éruption du mont Elgon a enterré la forêt vierge sous la cendre, et les branches ont été transformées en opale et en jaspe, enserrées dans des cristaux effilés, aiguilles blanches de minéraux poussées sur la roche qui luisaient dans le faisceau de la torche.

Monet caressa-t-il les arbres de pierre et se piqua-t-il le doigt à un cristal ? Ils trouvèrent des os pétrifiés fichés dans le plafond et les murs, des os de crocodiles, d'hippopotames et d'ancêtres de l'éléphant. Des araignées attendaient entre les branches que des insectes volants ou rampants viennent se prendre dans leur toile.

Ils arrivèrent à une descente en pente douce, où la cavité principale s'élargissait pour atteindre plus de cent mètres, et découvrirent une crevasse qu'ils éclairèrent. Il y avait quelque chose d'étrange au fond, une masse de matière grise et brune : les corps momifiés de bébés éléphants. Quand les éléphants marchent la nuit dans la grotte, ils se fient au toucher, tâtant le sol devant eux du bout de leur trompe, et, parfois, les éléphanteaux tombaient dans la crevasse.

Monet et son amie continuèrent et descendirent jusqu'à un pilier qui semblait soutenir le plafond. Ce pilier était marqué de raclures et d'entailles, les traces des coups de défenses donnés par les éléphants pour détacher des fragments de pierre et les mâcher afin d'en extraire les sels minéraux. S'ils continuaient à attaquer ainsi la base du pilier, celui-ci risquait de s'effondrer, entraînant dans sa chute la voûte de la grotte de Kitum. Au fond de la grotte, ils trouvèrent un autre pilier, brisé celui-là, au-dessus duquel était suspendu un amas velouté de chauves-souris. Elles avaient souillé le pilier de déjections noires, différentes de celles, vertes, découvertes à l'entrée de la grotte : là, les chauves-souris mangeaient des insectes, et non plus des plantes. Monet toucha-t-il ce revêtement ? Les enquêteurs ont émis l'hypothèse que son amie et lui se seraient déshabillés pour faire l'amour, debout ou couchés, mais ils n'ont pu le prouver. Si Monet s'est déshabillé dans la grotte, il y a exposé une plus grande surface de peau.

Après cette excursion, Charles Monet est retourné à son travail, à la station de pompage de la sucrerie. Il a traversé à pied les champs calcinés, admirant sans aucun doute la vue du mont Elgon, quand la montagne se cachait derrière des nuages. Peut-être ressentait-il toujours son pouvoir d'attraction, semblable à celui qu'aurait exercé une planète invisible. Pendant ce temps, quelque chose commençait à proliférer en lui. Une forme de vie étrangère avait choisi Charles Monet comme hôte et elle se propageait dans son organisme, par réplication.

*
* *

En règle générale, les maux de tête commencent sept jours après l'exposition à l'agent contaminateur. Le septième jour suivant sa visite du Nouvel An à la grotte de Kitum, c'est-à-dire le 8 janvier 1980, Monet ressentit une douleur lancinante derrière les yeux. Il décida de ne pas aller travailler et resta alité dans son bungalow. Les maux de tête s'aggravèrent et la douleur gagna les tempes, comme si elle tentait de lui encercler la tête. L'aspirine n'eut aucun effet et la douleur atteignit le dos. Comme Johnnie était toujours en vacances, Monet avait provisoirement engagé une autre domestique. Elle tenta de lui venir en aide, mais ne savait que faire. Trois jours après le début de ses maux de tête, il eut des nausées, la fièvre monta et il commença à vomir. Ses vomissements devinrent spasmodiques et se terminèrent par des haut-le-cœur secs. Dans le même temps, il devint étrangement passif. Son visage perdit toute apparence de vie et se figea en un masque inexpressif, les yeux fixes, paralysés. Les paupières tombaient légèrement, ce qui lui conférait un air bizarre avec ses yeux à la fois exorbités et à demi fermés. Les globes oculaires, comme gelés dans leurs orbites, tournèrent au rouge vif. La peau du visage vira au jaune et se mit à ressembler à une croûte de fromage de Hollande, parsemée de brillantes taches rouges étoilées. On aurait dit un zombie. La domestique prit peur. Elle ne comprenait rien à la transformation que subissait cet homme. Même sa personnalité changeait : il devenait hargneux, coléreux, et sa mémoire semblait avoir été effacée. Pourtant, il ne délirait pas. Il pouvait répondre à des questions, même s'il ne semblait pas savoir où il se trouvait. On aurait dit qu'il avait subi une légère attaque cérébrale.

Ne voyant pas Monet à son poste de travail, ses collègues s'inquiétèrent et finirent par venir aux nouvelles. Ils décidèrent que Monet devait être hospitalisé. Comme il allait déjà très mal et ne pouvait conduire, un de ses collègues l'emmena jusqu'à un hôpital privé de Kisumu, au bord du lac Victoria. Les médecins l'examinèrent et ne purent trouver d'explication à ce qui arrivait à ses yeux, à son visage, à son esprit. Pensant qu'il avait peut-être contracté quelque infection bactérienne, ils lui administrèrent des antibiotiques, mais ceux-ci n'eurent aucun effet.

Les médecins estimèrent alors qu'il fallait l'envoyer à l'hôpital de Nairobi, le meilleur établissement privé d'Afrique orientale. Le téléphone fonctionnait mal, et on renonça à prévenir de son arrivée. Ce n'était pas indispensable. Il pouvait encore marcher et semblait capable de voyager seul. Il avait de l'argent. Il comprit qu'il devait se rendre à Nairobi. On le mit dans un taxi pour l'aéroport et il embarqua sur un vol de Kenya Airways.

Chaque vol, au départ de n'importe quelle ville de la terre, peut transporter un dangereux virus sorti d'une forêt dense et humide. Toutes les villes du monde sont reliées par un réseau de routes aériennes et lorsque ce virus pénètre dans le réseau, il peut se retrouver n'importe où en moins de vingt-quatre heures, à Paris, Tokyo, New York, Los Angeles. Charles Monet et la forme de vie qui l'habitait venaient de pénétrer dans ce réseau.

Il voyageait sur un Fokker Friendship à hélices, avion destiné aux vols intérieurs et pouvant transporter trente-cinq passagers. L'appareil survola le lac Victoria, bleu et scintillant, parsemé de pirogues de pêcheurs, puis vira et prit la direction de l'est, s'élevant au-dessus des collines couvertes de plantations de thé et de petites fermes. Les vols intérieurs, en Afrique, sont souvent bondés, et celui-ci était probablement complet. L'avion laissa derrière lui les forêts, les cases rondes et les villages aux toits de tôle. Le paysage changea soudain, passant par terrasses et ravins successifs du vert au brun. L'avion avait atteint la vallée du Rift. Les passagers contemplaient par les hublots l'endroit où est née l'espèce humaine. Ils apercevaient des cases cernées de buissons que perçaient des pistes frayées par le bétail. Le Friendship traversait les champignons de nuages du Rift, et l'avion se mit à osciller. Monet sentit venir le mal de l'air.

Les sièges sont étroits et serrés les uns contre les autres, dans ces petits appareils, et on sait tout ce qui se passe dans la cabine, hermétiquement close, où l'air n'est pas renouvelé. Toute odeur est immédiatement perceptible. Quand quelqu'un est malade, on ne peut l'ignorer. Monet se tord sur son siège, mais on ne peut savoir exactement ce qui lui arrive.

Il approche de sa bouche un sac de papier paraffiné. Il émet une toux profonde et vomit dans le sac, qui se gonfle. Peut-être regarde-t-il autour de lui, et on aperçoit alors ses lèvres maculées de quelque chose de visqueux et de rouge, avec des traces noires, comme s'il avait mangé des grains de café. Ses yeux sont comme des rubis et son visage n'est plus qu'une masse sans expression, tuméfiée. Les taches rouges, qui étaient apparues quelques jours plus tôt sous forme de points étoilés, se sont étendues et forment d'énormes ombres violettes. Toute sa tête n'est plus qu'un énorme bleu. Les muscles de son visage s'affaissent, les tissus conjonctifs se dissolvent, et ses traits semblent pendre aux os, comme si la peau se détachait du squelette. Il ouvre la bouche et hoquette dans le sac. Les vomissements se prolongent, interminables. Rien ne paraît pouvoir les arrêter. Monet continue à cracher du liquide alors que son estomac devrait être vide depuis longtemps. Le sac est empli d'une substance connue sous le nom de vomito-negro ou vomissement noir. Il s'agit en fait d'un liquide bicolore, mélange de granules noirs et de sang artériel frais. C'est une hémorragie dégageant une odeur d'abattoir. Ce vomissement noir est plein de virus, hautement infectieux, mortellement contagieux : un liquide capable d'affoler n'importe quel spécialiste militaire des risques biologiques. L'odeur du vomito-negro emplit la cabine. Le sac est plein, et Monet le ferme en roulant le bord. Il est gonflé et donne des signes d'éclatement. Monet le remet à une hôtesse.

Quand un virus de ce type se multiplie chez la victime, il peut saturer le corps de particules virales, du cerveau à la peau. A ce stade, les experts militaires déclarent que le virus a subi une « amplification extrême » et une larme de sang de la victime peut contenir cent millions de particules virales. Au cours de ce processus, le corps se change partiellement en particules virales, en d'autres termes, il est possédé par une forme de vie qui tente de le transformer en elle-même, et le résultat final aboutit à une grande quantité de chair liquéfiée mêlée à des virus. Une sorte de monstruosité biologique. L'amplification extrême était atteinte chez Monet, et se traduisait par le vomissement noir.

Il se tient raide, comme si tout mouvement risquait de briser quelque chose en lui. Son sang forme des caillots, ses veines transportent des caillots qui se logent partout. Son foie, ses reins, ses poumons, ses mains, ses pieds, sa tête sont encombrés de caillots de sang. En fait, il a comme une thrombose généralisée. Ces caillots s'accumulent dans les muscles du ventre, coupant la circulation du sang dans les intestins. Les muscles intestinaux commencent alors à mourir, et les intestins à se relâcher. Monet ne semble plus avoir conscience d'aucune douleur, parce que les caillots logés dans son cerveau interrompent la circulation du sang, causant de petites attaques cérébrales. Sa personnalité est effacée ; c'est ce qu'on appelle une dépersonnalisation : la vie et les particularités du caractère disparaissent, jusqu'à ce que le malade devienne un automate. De petites portions du cerveau se liquéfient. Les fonctions supérieures de la conscience sont attaquées les premières, tandis que les parties les plus profondes du cerveau — le cerveau primitif du rat, le cerveau reptilien du lézard — restent vivantes et en état de fonctionnement.

Les vomissements semblent avoir fait éclater des vaisseaux sanguins, et il commence à saigner du nez, un liquide artériel luisant, sans caillots, qui ruisselle sur ses lèvres et son menton. Ce sang ne veut pas coaguler. Une hôtesse lui donne des serviettes en papier qu'il utilise pour presser son nez, mais le sang ne coagule toujours pas, et les serviettes sont vite totalement imbibées.

Quand un homme semble être en train de mourir dans un fauteuil d'avion, à vos côtés, peut-être hésitez-vous à l'embarrasser en attirant l'attention sur lui. Vous êtes attaché à votre siège, le Fokker tressaute, et vous prenez le coude de l'homme dans les côtes. Vous vous dites qu'il va peut-être aller mieux. Peut-être réagit-il violemment aux voyages en avion. Il a le mal de l'air, le pauvre, et il arrive qu'on saigne du nez en plein vol en raison de l'air sec et rare. Vous lui demandez, tout doucement, si vous pouvez l'aider. Il ne répond pas, ou marmonne des mots inintelligibles, alors vous essayez de l'ignorer, mais le vol semble devoir ne jamais se terminer. L'appareil traverse des turbulences, au milieu des nuages, sur toute la longueur de la vallée du Rift, et Monet s'effondre contre le dossier de son fauteuil. Il semble somnoler. Est-il mort ? Non, il bouge. Ses yeux rouges sont ouverts et roulent un peu...

C'est la fin de l'après-midi, et le soleil s'enfonce entre les collines à l'ouest de la vallée du Rift, lançant des lames de lumière dans toutes les directions comme s'il explosait sur l'équateur. L'avion amorce un virage et traverse les escarpements à l'est du Rift. Le sol s'élève, change de couleur, passant du brun au vert, et une rangée de collines défile sous l'aile droite. Quelques minutes plus tard, l'avion se pose sur le terrain de l'aéroport international Jomo Kenyata. Monet se lève. Il peut encore marcher. Le sang coule toujours de son nez. Il titube sur la passerelle et pose le pied sur le tarmac. Sa chemise est rouge de sang. Il n'a aucun bagage. Ou plutôt si : il transporte en lui un plein chargement de virus amplifiés. Monet est devenu une véritable bombe virale humaine. Il marche lentement jusqu'à l'aérogare, franchit les portes pour arriver à la station où attendent les taxis. Les chauffeurs l'entourent.

« Taxi ?

— Nairobi... à l'hôpital », marmonne-t-il.

Un chauffeur l'aide à monter. Les chauffeurs de taxi de Nairobi aiment bavarder pendant la course, et celui-là lui demande sûrement s'il est malade. La réponse est évidente. Monet a cependant un peu moins mal à l'estomac, et il est maintenant lourd comme s'il avait absorbé un gros repas.

Le taxi s'engage sur Uhuru Highway en direction de Nairobi. L'autoroute traverse des pâturages parsemés d'acacias à miel, dépasse des usines et, après un échangeur, entre dans les rues surpeuplées de Nairobi. La foule déborde sur la chaussée, les femmes soulèvent la poussière de la route sous leurs pieds, les hommes flânent, des enfants roulent à bicyclette, un cordonnier travaille au-dehors, devant son échoppe, un tracteur tire un plein chargement de charbon. Le taxi s'engage à gauche dans Ngong Street, et longe le parc avant de gravir une colline bordée de gommiers. Il oblique dans une ruelle et franchit le portail de l'hôpital de Nairobi. Il se gare près d'un fleuriste. Sur une porte vitrée on peut lire : URGENCES. Monet tend un billet au chauffeur et ouvre la porte. Il parvient à la réception et indique qu'il est très malade. Il a du mal à parler et saigne.

On lui répond qu'on va s'occuper de lui tout de suite. Il doit attendre qu'un médecin soit libre, mais qu'il ne s'inquiète pas ! Il s'assied dans la salle d'attente.

C'est une petite pièce ceinturée de bancs rembourrés. La lumière claire et forte de l'Afrique orientale pénètre par une série de fenêtres, tombe sur une table couverte de magazines usagés, dessine des rectangles sur le sol aux pavés gris qui descend vers un caniveau médian. La salle dégage une vague odeur de feu de bois et de sueur. Elle est pleine de gens aux yeux chassieux, Africains et Européens, épaule contre épaule. Les gens attendent patiemment, un linge pressé contre le crâne, un pansement serré autour d'un doigt, parfois taché de sang.

Charles Monet est donc assis sur un banc et il n'est pas si différent des autres si ce n'est que son visage est tuméfié, sans expression, et qu'il a les yeux rouges. Une pancarte au mur met les malades en garde contre les voleurs à la tire. Sur une autre est écrit :

Vous êtes priés de garder le SILENCE.
Votre coopération sera très appréciée.
NOTE : Vous êtes aux URGENCES.
Les cas les plus graves seront traités en priorité.
Il est possible que vous attendiez
avant qu'on s'occupe de vous.

Monet reste silencieux et attend qu'on s'occupe de lui. Soudain, il entre dans la phase terminale. La bombe virale humaine qu'il est devenu explose. Les spécialistes militaires des risques biologiques savent décrire cette phase : ils disent que la victime s'effondre et saigne à blanc, ou plus poliment qu'elle est tombée.

Il a des vertiges et se sent d'une faiblesse incontrôlable ; sa colonne vertébrale ne le soutient plus et il perd tout sens de l'équilibre, comme s'il avait les jarrets coupés. La pièce tournoie autour de lui. Il entre en état de choc et s'effondre. Il se penche en avant, la tête sur les genoux, et une incroyable quantité de sang remonte de son estomac pour se répandre sur le sol. Il perd conscience et tombe. Le seul bruit qu'il émet est celui d'un spasme tandis qu'il continue de vomir bien qu'inconscient. Puis on entend comme le bruit d'un drap qu'on déchire : ce sont ses intestins qui s'ouvrent et laissent sourdre le sang par le sphincter. Des lambeaux de paroi intestinale sont mêlés au sang comme si ses intestins muaient. En fait, les parois de l'intestin se sont détachées et ont été expulsées avec l'énorme quantité de sang. Monet s'est effondré, saigné à blanc.

Les autres malades de la salle d'attente se sont levés

et s'écartent de l'homme qui gît à terre. Ils appellent un médecin. Les flaques de sang s'étendent rapidement autour de lui. L'ayant détruit, le virus sort maintenant par tous les orifices, à la recherche d'un nouvel hôte.

VIRUS SAUTEUR

15 janvier 1980

Infirmières et auxiliaires médicaux arrivèrent en courant, poussant un brancard sur lequel ils hissèrent Charles Monet pour l'emporter vers l'unité de soins intensifs de l'hôpital de Nairobi. On appela un médecin par haut-parleur : un malade saignait abondamment. Un jeune médecin, Shem Musoke, fut le premier auprès de Monet. Énergique, doué d'un irrésistible sens de l'humour, il était considéré comme un des meilleurs praticiens de l'hôpital. Il travaillait souvent au-delà du temps réglementaire et possédait une grande intuition en matière d'urgences. Il trouva Monet gisant sur son brancard. Hormis le fait que l'homme subissait une hémorragie massive, Shem Musoke n'avait aucune idée de ce dont il souffrait. La respiration de Monet devenait pénible, si pénible qu'elle finit par s'arrêter : il avait aspiré du sang et ses poumons ne pouvaient plus fonctionner.

Le Dr Musoke lui prit le pouls : il était faible et irrégulier. Une infirmière courut chercher un laryngoscope, instrument en forme de tube qu'on utilise pour dégager les voies respiratoires. Le Dr Musoke ouvrit la chemise de Monet afin d'observer tout mouvement de la poitrine, se plaça derrière le brancard et se pencha sur le visage de Monet.

Ce dernier fixait le Dr Musoke de ses yeux rouges mais ses globes oculaires ne bougeaient pas et ses pupilles étaient dilatées au maximum : atteinte cérébrale.

Nez sanglant, bouche sanglante. Musoke renversa la tête du malade pour ouvrir la trachée et y insérer le laryngoscope. Sans enfiler de gants de chirurgien, il introduisit un doigt dans la bouche pour dégager la gorge des débris qui l'obstruaient, et sa main couverte de liquide noir et visqueux en retira du mucus et du sang. Le malade sentait le vomi et le sang, mais cela n'avait rien de nouveau pour le Dr Musoke et il se concentrait sur son travail. Son visage n'était plus qu'à quelques centimètres de celui de Monet, et il regarda dans sa bouche. Puis il glissa le laryngoscope sur la langue, qu'il écarta du chemin, et l'enfonça, au-delà de la glotte, dans le trou noir qui menait aux poumons. Soudain, Monet tressauta, s'agita violemment, puis vomit.

Du vomito-negro gicla sur le Dr Musoke, aspergea ses yeux, macula sa blouse blanche et pénétra dans sa bouche.

Le médecin replaça la tête du malade dans la bonne position et introduisit à nouveau ses doigts dans sa bouche pour la vider. Il avait du sang non seulement sur les doigts, mais jusqu'aux poignets et aux avant-bras... Il y en avait maintenant partout, sur le brancard et sur le sol. Les infirmières n'en croyaient pas leurs yeux et avaient reculé instinctivement, sans savoir que faire. Musoke enfonça le laryngoscope plus profondément dans les poumons. Il constata que les bronches étaient engorgées de sang.

Brusquement le sang ronfla dans les poumons ; le malade recommençait à respirer.

Apparemment, l'homme avait perdu tellement de sang qu'il était en état de choc, totalement déshydraté. Son sang s'était écoulé par presque tous les orifices de son corps et il ne lui en restait plus assez pour entretenir la circulation. Les battements du cœur devenaient faibles et la tension chutait. Il fallait d'urgence une transfusion.

Une infirmière installa une poche de sang et le Dr Musoke piqua une aiguille de perfusion dans le bras du malade. Mais les veines n'étaient pas normales : le sang sortait autour de l'aiguille. Le Dr Musoke essaya à nouveau, tâtant la veine, plaçant l'aiguille ailleurs sur le bras. Sans plus de succès. A chaque endroit où il plantait l'aiguille, la veine éclatait comme un macaroni trop cuit et du sang s'en échappait, un sang qui ne voulait pas coaguler. Le Dr Musoke abandonna l'idée d'une transfusion de crainte que le malade ne soit saigné à mort par les trous de son bras. Il continuait également à saigner des intestins, une hémorragie noire comme la poix.

Le coma de Monet devint plus profond, et jamais il ne reprit conscience. Il mourut au service des soins intensifs dans les premières heures de la matinée.

Le Dr Musoke, qui ne l'avait pas quitté, n'avait pas la moindre idée de ce qui l'avait tué. Comme pour toute mort inexpliquée, il pratiqua une autopsie. On découvrit que les reins étaient détruits et que le foie avait cessé de fonctionner plusieurs jours avant le décès. Il était jaune, et certaines parties s'étaient liquéfiées. On aurait dit le foie d'un cadavre de trois jours. Comme si Monet était devenu véritablement un cadavre avant sa mort. D'ordinaire, on voit la peau des intestins se détacher et sortir du corps chez des cadavres de trois jours. Quelle était donc précisément la cause de la mort ? En fait, il y avait trop de causes possibles. Tout allait mal chez cet homme, absolument tout, et chaque problème aurait pu, à lui seul, être mortel : les caillots, les hémorragies massives, le foie transformé en pudding, les intestins pleins de sang. Ne trouvant pas de mots exacts ni de catégories pour décrire ce qui lui était arrivé, on finit par déclarer qu'il s'agissait d'un cas de « défaillance hépatique fulminante ». Son corps fut placé dans un sac étanche et, selon un témoin, on l'enterra sur place. Quand je me rendis à Nairobi, des années plus tard, personne ne put se rappeler où se trouvait la tombe.

*
* *

Neuf jours après que le malade eut vomi dans ses yeux et sa bouche, le Dr Shem Musoke ressentit une douleur dorsale inhabituelle. Jamais de sa vie il n'avait eu mal au dos, mais il approchait la trentaine, et se dit qu'il entrait dans un âge où certains hommes commencent à connaître ce genre de problèmes. Il ne s'était pas ménagé ces dernières semaines : après une nuit passée au chevet d'un cardiaque, il avait dû rester auprès de ce Français arrivé de la brousse en pleine hémorragie. Il avait travaillé des jours d'affilée sans dormir. Il ne pensa pas à l'incident des vomissements, quand la douleur commença à envahir tout son corps. Mais en se regardant dans la glace, il remarqua ses yeux rougis.

Ces yeux rouges... Il se demanda si ce pouvait être la malaria. Il avait maintenant de la fièvre, donc certainement une infection. La douleur dorsale s'était étendue au point que tous les muscles de son corps le faisaient souffrir. Il prit des comprimés contre la malaria, qui ne provoquèrent aucune amélioration ; il demanda alors à une infirmière de lui administrer le médicament en piqûre.

L'infirmière l'injecta dans le bras, et cela lui fit très mal. Jamais il n'avait ressenti une telle douleur lors d'une piqûre. C'était anormal, impossible à oublier. Il se demanda pourquoi une simple piqûre infligeait une telle douleur. Puis des douleurs abdominales se déclarèrent et il pensa à la fièvre typhoïde. Il se prescrivit une série d'antibiotiques — qui n'eurent pas davantage d'effet. Comme ses malades avaient besoin de lui, il continua à travailler à l'hôpital, jusqu'au moment où les douleurs musculaires et abdominales devinrent insupportables, et où une jaunisse apparut.

Incapable d'établir un diagnostic, souffrant horriblement, dans l'impossibilité de continuer à exercer, il se rendit chez le Dr Antonia Bagshawe, médecin elle aussi à l'hôpital de Nairobi. Elle l'examina, nota la fièvre, ses yeux rouges, sa jaunisse, ses douleurs abdominales, mais n'arriva à aucune conclusion. Elle se demanda s'il ne s'agissait pas de calculs biliaires. Une crise de calculs pouvait entraîner fièvre, jaunisse et douleurs abdominales. Mais elle ne pouvait expliquer les yeux rouges. Elle demanda une échographie du foie. En étudiant les images, elle constata qu'il avait grossi, mais, en dehors de cela, elle ne décela rien d'anormal. Elle resta pourtant sur son idée de calculs. Le Dr Musoke était maintenant très malade et on le mit dans une chambre individuelle avec une infirmière en permanence à ses côtés. Son visage avait pris l'apparence d'un masque sans expression.

Comme l'obstruction des voies biliaires par des calculs peut être fatale, le Dr Bagshawe proposa qu'on recoure à la chirurgie exploratoire. Une équipe, ayant à sa tête le Dr Imre Lofler, ouvrit donc l'abdomen du docteur dans la grande salle d'opération de l'hôpital de Nairobi. Ils incisèrent au niveau du foie et écartèrent les muscles abdominaux. Ce qu'ils trouvèrent était étrange et troublant, et ils ne purent l'expliquer. Son foie, rouge et gonflé, n'avait pas l'air en bon état, mais ils ne décelèrent aucune trace de calculs. Par ailleurs, il saignait, mais son sang ne coagulait pas. Pour tout acte chirurgical, on coupe des vaisseaux sanguins qui suintent un moment, puis se ferment ; si l'écoulement continue, il suffit au chirurgien d'appliquer un gel hémostatique sur leur extrémité pour stopper le saignement. Pourtant les vaisseaux sanguins du patient ne cessaient pas de couler. Comme s'il était devenu hémophile. On lui badigeonna le ventre de gel, mais le sang se jouait de cet obstacle et sortait comme d'une éponge. On l'aspirait, mais la cavité, à peine asséchée, était à nouveau inondée, comme un trou d'eau qui se remplirait aussi vite que l'on pompe pour le vider. Un des chirurgiens raconta plus tard que l'équipe « était dans le sang jusqu'aux coudes ». On préleva pour une biopsie un morceau du foie, qui fut placé dans un liquide pour le conserver, puis on referma l'abdomen du patient aussi vite qu'on put.

L'état de Musoke se détériora rapidement après l'opération, et ses reins donnèrent des signes de faiblesse. Il semblait mourant. Comme le Dr Antonia Bagshawe devait se rendre à l'étranger, le malade fut confié au Dr David Silverstein. La perspective d'un dysfonctionnement des reins et la nécessité d'une dialyse mirent l'hôpital en émoi : tout le monde aimait bien le jeune médecin, et personne ne voulait le perdre. Le Dr Silverstein soupçonna alors que son collègue était la victime d'une attaque d'un virus inhabituel. Il préleva du sang et, après en avoir extrait les globules rouges, envoya quelques tubes de sérum congelé au laboratoire de l'Institut national de virologie de Sandringham, en Afrique du Sud, ainsi qu'au Centre de contrôle des maladies, installé à Atlanta, dans l'État de Géorgie, aux États-Unis.

LE DIAGNOSTIC

David Silverstein vit à Nairobi, mais il possède une maison près de Washington. Récemment, durant l'été, alors qu'il se trouvait aux États-Unis pour affaires, je le rencontrai dans la cafétéria d'un centre commercial, près de chez lui. Assis à une petite table, il me parla des cas Monet et Musoke. Le Dr Silverstein est un petit homme mince proche de la cinquantaine, portant moustache, le regard alerte et vif derrière ses lunettes. Bien qu'il soit américain, sa voix trahit une trace d'accent swahili. Le jour où je le rencontrai, il portait un jean et un blouson assorti, il était bronzé et semblait en pleine forme. Pilote, il possède son propre avion et le plus important cabinet médical d'Afrique orientale, ce qui fait de lui un personnage célèbre à Nairobi. Il est le médecin personnel de Daniel arap Moi, le président du Kenya, qu'il accompagne dans ses déplacements à l'étranger. Il soigne tous les personnages importants de la région, politiciens corrompus, acteurs et actrices tombés malades durant un safari, aristocratie anglo-africaine décadente. Un autre de ses malades, celui qui nous intéresse, le Dr Musoke, est devenu lui aussi une célébrité dans les annales de la médecine. « J'ai soigné Musoke avec toute l'attention possible, me dit David Silverstein. C'était tout ce que je pouvais faire. J'ai tenté de le nourrir, de faire baisser sa fièvre. Je m'occupais de lui sans aucun plan de bataille. »

Une nuit, Silverstein reçut un appel téléphonique chez lui, à Nairobi, à 2 heures du matin. Il provenait d'un chercheur américain établi au Kenya qui l'appelait pour lui dire que les Sud-Africains venaient de trouver quelque chose de très curieux dans le sang du Dr Musoke : « Il s'agit du virus de Marbourg. C'est très grave, mais on ne connaît pas grand-chose de ce virus. »

David Silverstein n'en avait jamais entendu parler. « Après l'appel, je n'ai pas pu me rendormir, m'a-t-il raconté. Je somnolais en me demandant ce qu'était ce virus de Marbourg. » Allongé dans son lit, il songeait aux souffrances de son ami et collègue Shem Musoke, et était effrayé à la pensée du type d'organisme qui s'était répandu dans les couloirs de l'hôpital. Il ne cessait d'entendre la voix qui lui disait : « On ne connaît pas grand-chose de ce virus. » Il finit par se lever, s'habilla et se rendit à l'hôpital, où il arriva avant l'aube. Ouvrant un manuel spécialisé, il chercha ce que pouvait être ce virus.

L'article était bref. Le Marbourg était un micro-organisme africain, malgré son nom allemand. Les virus reçoivent le nom de l'endroit où ils sont apparus pour la première fois. Marbourg, vieille cité du nord de l'Allemagne, entourée de forêts et de prairies, avec des usines nichées dans des vallées verdoyantes, avait vu apparaître le virus en 1967, à l'usine Behring, qui produisait des vaccins à partir de cellules rénales prélevées sur des singes verts d'Afrique. Behring importait régulièrement des singes d'Afrique centrale, et le virus arriva en Allemagne à l'occasion de la livraison de cinq ou six cents animaux en provenance d'Entebbe, en Ouganda. Deux ou trois animaux au plus, atteints par le virus, étaient en période d'incubation. Ils n'étaient probablement même pas malades de façon visible. Pourtant, peu après leur arrivée, le virus s'étendit et quelques primates moururent saignés à blanc. Le virus de Marbourg avait effectué, invisible, le voyage entre l'Afrique centrale et l'Allemagne. Peu après son arrivée, il passa d'une espèce à une autre et apparut soudain dans la population humaine. Il s'agit là d'un exemple d'amplification virale.

La première personne identifiée comme infectée par le virus de Marbourg fut un certain Klaus F., employé à l'usine de vaccins Behring. Chargé de nourrir les singes, de les tuer et de nettoyer leurs cages, il tomba malade le 8 août 1967 et mourut deux semaines plus tard. On en sait si peu sur le virus de Marbourg que le seul ouvrage qui lui est consacré est un recueil d'articles présentés au cours d'un colloque qui se tint à l'université de Marbourg, en 1970. Dans cet ouvrage nous apprenons notamment que :

> Le gardien des singes, Heinrich P., est revenu de vacances le 13 août 1967 et a de nouveau tué des singes entre le 14 et le 23 août. Les premiers symptômes apparurent le 21 août.
>
> Le 28 août, l'assistante de laboratoire Renate L. brisa un tube à essai qui devait être stérilisé après avoir contenu des matières infectées. Elle tomba malade le 4 septembre 1967.

Environ sept jours après l'exposition au virus, les victimes ressentaient d'abord des maux de tête, puis leur état s'aggravait très vite, caractérisé par une forte fièvre, des caillots et des vomissements de sang, et un choc terminal. Pendant quelques jours, à Marbourg, les médecins crurent que c'était la fin du monde. Trente et une personnes en tout furent victimes du virus. Sept moururent dans une mare de sang. Même dans les hôpitaux les plus modernes, où les malades sont maintenus coûte que coûte en vie, le Marbourg tue un quart des patients infectés. En comparaison, la fièvre jaune, considérée comme un virus hautement dangereux, ne tue qu'un malade sur vingt parvenus à l'hôpital.

Le Marbourg appartient à la famille des filovirus, il fut même le premier découvert. *Filovirus* vient du latin, et signifie « virus-fil ». Les filovirus se ressemblent comme des frères, et ne ressemblent à aucun autre virus au monde. Alors que la plupart des virus sont formés de particules sphériques comparables à des grains de poivre, les virus-fil sont semblables à des écheveaux de corde emmêlés ou encore à des cheveux, des vers, des serpents. Quand ils apparaissent dans un flot de sang, ce qui est souvent le cas lorsqu'ils ont détruit une victime, ils ressemblent à un plat de spaghettis jeté au sol. Les particules du Marbourg s'enroulent parfois en anneaux, c'est d'ailleurs le seul virus en anneau que l'on connaisse.

En Allemagne, ses effets sur le cerveau furent particulièrement effrayants tant ils ressemblaient à ceux de la rage : le virus endommageait le système nerveux central, et pouvait détruire le cerveau. Pensant que le Marbourg pouvait avoir un lien avec la rage, on l'appela d'abord « rage étendue », et on l'affilia aux rhabovirus. Plus tard, on dut admettre que le Marbourg appartenait en réalité à une autre famille, tout à fait spécifique.

En 1980, au moment où Charles Monet mourut, la famille des filovirus comprenait le Marbourg et deux variétés du même virus, l'Ébola. Les Ébolas furent appelés Ébola Zaïre et Ébola Soudan. Le Marbourg était le plus « inoffensif » des trois filovirus, le pire étant l'Ébola Zaïre, puisque le taux de mortalité chez les humains infectés par cet Ébola Zaïre était de neuf sur dix. Quatre-vingt-dix pour cent des gens atteints meurent. L'Ébola Zaïre est un véritable fléau éradicateur d'hommes.

Gentil petit frère, le virus de Marbourg affecte, lui, les êtres humains un peu comme des radiations nucléaires. Il s'attaque à presque tous les tissus de leur corps, avec une virulence toute particulière aux organes internes, aux tissus conjonctifs, aux intestins et à la peau. En Allemagne, les survivants perdirent leurs cheveux, qui moururent à la racine et tombèrent par plaques, comme brûlés par des radiations. Ceux qui décédèrent furent victimes d'hémorragies qui les vidèrent par tous les orifices du corps. J'ai vu une photo prise quelques heures avant qu'un homme meure du Marbourg : il git sur son lit, torse nu, le visage sans expression. Sa poitrine, ses bras et son visage sont marqués de tuméfactions, de taches, et des gouttes de sang perlent de ses seins.

Pendant leur convalescence, les survivants virent la peau de leur visage peler, ainsi que les mains, les pieds et les parties génitales. Certains hommes eurent les testicules enflés et à demi pourris. Le pire des cas de ce type fut celui d'un assistant à la morgue contaminé après avoir préparé les corps de victimes du virus. Même après que l'infection eut été vaincue, son sperme resta hautement chargé en virus et infectieux pendant des mois après sa guérison, comme si le Marbourg avait choisi de s'installer dans les testicules et d'y procéder à sa réplication. Il s'attardait aussi pendant des mois dans le corps vitré des globes oculaires. Le Marbourg a une préférence pour les testicules et les yeux. Personne ne sait pourquoi. Un homme contamina son épouse au cours de relations sexuelles.

Cet agent viral a aussi un curieux effet sur le cerveau. « La plupart des malades ont un comportement bougon, agressif ou négatif, déclare le premier document établi sur cette épidémie. Deux malades ont eu l'impression d'être couchés sur des miettes. » Un autre devint psychotique, apparemment en conséquence des atteintes cérébrales. Hans O.-V., pour sa part, ne montra aucun signe de dérangement mental. Sa fièvre tomba et il semblait se stabiliser, lorsque soudain, sans crier gare, il eut une brusque chute de tension et ses pupilles se dilatèrent jusqu'à devenir de larges taches noires. Il mourut. Lors de l'autopsie on ouvrit son crâne : on découvrit une hémorragie massive au centre du cerveau. Il s'était littéralement « saigné à blanc » par le cerveau.

L'Organisation mondiale de la santé entreprit de trouver d'urgence l'endroit exact d'où venaient les singes, afin de déterminer le milieu naturel où se perpétuait le virus de Marbourg. Il fut clair, très vite, que ce virus ne vivait *pas* normalement parmi les singes, parce qu'il les tuait trop rapidement pour assurer sa propre survie : quand l'hôte meurt, le virus meurt avec lui, et à cet égard les singes se révèlent des hôtes trop fragiles. Le

Marbourg vivait donc dans un autre type d'hôte — un insecte ? un rat ? une araignée ? un reptile ? Où exactement ces singes avaient-ils été capturés ? Cet endroit ne pouvait qu'être la cachette du virus. Peu après la contamination en Allemagne, une équipe d'enquêteurs de l'Organisation mondiale de la santé partit pour l'Ouganda afin d'interroger les piégeurs. Ils se montrèrent évasifs quant au lieu où ils avaient capturé les singes. Ils prétendaient ne pas se souvenir de l'endroit précis, mais semblaient en fait peu désireux de fournir l'information demandée. L'équipe de l'OMS conclut que les singes venaient des forêts situées au centre de l'Ouganda, mais ne put découvrir ni l'origine exacte de ces singes, ni celle du virus.

Le mystère persista pendant des années, puis, en 1982, un vétérinaire anglais avança une hypothèse intéressante. J'appellerai ce chercheur M. Jones, car il préfère aujourd'hui garder l'anonymat. Au cours de l'été 1967, alors que le virus frappait ses victimes en Allemagne, M. Jones travaillait à Entebbe, d'où les singes malades étaient partis pour Marbourg : il remplaçait le vétérinaire titulaire chargé de l'inspection sanitaire des singes destinés à l'exportation. Le bâtiment où attendaient ces singes appartenait à un exportateur allemand, « une sorte de touchant escroc », selon M. Jones, qui expédiait environ treize mille singes par an vers l'Europe, ce qui lui assurait de confortables revenus, du moins selon les critères ougandais. Le chargement infecté avait été expédié sur un vol de nuit pour Londres, d'où il avait continué vers l'Allemagne, où le virus avait « tenté » de s'établir dans la population humaine.

Après plusieurs coups de téléphone, je finis par trouver M. Jones à Cambridge, en Angleterre, où, universitaire à la retraite, il travaille comme consultant vétérinaire.

« Les animaux ne subissaient jamais plus d'une inspection, *de visu*, avant d'être expédiés, m'expliqua-t-il.

— Effectuée par qui ? demandai-je.

— Par moi. Je les ai inspectés pour voir s'ils semblaient normaux. Il arrivait que certains animaux soient blessés ou portent des marques de lésions sur la peau. »

Sa méthode consistait à trier les bêtes qui avaient l'air malade et à les séparer des bien portants, avant le chargement dans l'avion. Quand, quelques semaines plus tard, ces singes furent à l'origine de l'épidémie de Marbourg, M. Jones passa un très mauvais moment. « J'étais consterné, confia-t-il, parce que j'avais signé le certificat d'exportation. J'ai le sentiment d'être responsable de la mort de ces gens. Mais ce sentiment laisse supposer que j'aurais pu y changer quelque chose. Or je n'avais aucun moyen de savoir. » Le virus était alors inconnu de la science, et il avait suffi d'un ou deux animaux sans symptômes apparents pour déclencher l'épidémie.

L'histoire devint plus sinistre encore. « Je pensais qu'on tuait les singes malades », dit-il. Mais il apprit plus tard qu'il n'en était rien. Le patron allemand de l'entreprise les faisait enfermer dans des caisses et les expédiait sur une petite île du lac Victoria, où on les relâchait. « Et puis, ajouta-t-il, quand ce type était à court de singes, il allait en rechercher quelques-uns sur cette île, sans que je le sache. » M. Jones croit possible que l'agent viral de Marbourg se soit établi sur l'île où il se serait propagé parmi les singes malades. Il pense que certains des singes ayant abouti en Allemagne provenaient peut-être de l'île. Plus tard, quand l'équipe de l'OMS est arrivée pour son enquête, « mon patron, l'Allemand, m'a conseillé de ne rien dire si on ne me demandait rien », précise Jones. Or il se trouve que personne ne lui posa aucune question. Jamais il ne rencontra l'équipe de l'OMS. Le fait que l'équipe ne soit pas venue parler au vétérinaire chargé de l'inspection sanitaire des singes « était mauvais sur le plan épidémiologique, mais bon sur le plan politique », me fit-il remarquer. S'il avait révélé l'existence d'une île ravagée par la maladie sur le lac Victoria, l'exportateur de singes aurait dû fermer ses installations, ou du moins il aurait perdu ses clients européens, terrifiés, tandis que l'Ouganda aurait perdu une précieuse source de devises.

Peu après le drame de Marbourg, M. Jones se souvint d'un fait qui commença à lui sembler important : entre 1962 et 1965, il avait été en poste dans l'est de l'Ouganda, sur les pentes du mont Elgon, où il inspectait les troupeaux. Durant cette mission, des chefs locaux lui apprirent que des gens vivant sur le flanc nord du volcan, le long de la crête, souffraient d'une maladie qui entraînait des saignements, une drôle de « maladie de peau » et la mort, et que des singes de la région mouraient du même mal. M. Jones n'enquêta pas sur cette rumeur, et ne put jamais vérifier la nature de la maladie. Mais il semble possible, dans les années qui précédèrent l'arrivée du Marbourg en Allemagne, qu'une épidémie non répertoriée due au virus se soit développée sur les pentes du mont Elgon.

*

* *

Quand il apprit ce que le virus de Marbourg faisait à ses hôtes humains, le Dr David Silverstein réussit à convaincre les autorités kenyanes de fermer l'hôpital de Nairobi. Pendant une semaine, on renvoya les malades qui se présentaient à ses portes, tandis que soixante-sept personnes, appartenant presque toutes au personnel médical, y étaient gardées en quarantaine. Parmi elles, le médecin qui avait autopsié Monet, les infirmières qui s'étaient occupées de lui ou du Dr Musoke, l'équipe de chirurgiens et d'infirmières qui avaient opéré Shem Musoke, ainsi que les infirmières, les aides-soignantes et les techniciens qui avaient manipulé des sécrétions de Monet ou de Musoke. Une grande partie du personnel de l'hôpital avait été en contact direct soit avec les deux malades, soit avec des échantillons de leur sang. Les chirurgiens qui avaient opéré leur collègue Musoke, se souvenant qu'ils avaient été « dans le sang jusqu'aux coudes », attendirent deux semaines en quarantaine avant de savoir s'ils étaient contaminés par le Marbourg. Une véritable bombe virale humaine avait pénétré dans la salle d'attente des urgences et y avait explosé, mettant l'hôpital hors service. Charles Monet ressemblait à une torpille qui aurait frappé l'hôpital sous la ligne de flottaison.

Shem Musoke survécut à la bataille contre le virus. Dix jours après les premiers symptômes de la maladie, les médecins remarquèrent que son état s'améliorait. Au lieu de rester passivement au lit, il s'agita, désorienté et furieux, refusant de prendre ses médicaments. Un jour, comme une infirmière essayait de le retourner dans son lit, il brandit le poing en criant : « J'ai un bâton et je vais vous frapper. » C'est vers ce moment-là que le tournant s'amorça, et au bout de plusieurs jours, la fièvre baissa, ses yeux s'éclaircirent. Il recouvra son esprit et sa personnalité, et se remit, lentement, mais complètement. Aujourd'hui, il est un des principaux médecins de l'hôpital de Nairobi, où il travaille dans le service du Dr Silverstein. Je suis allé l'interroger. Il m'a dit n'avoir presque aucun souvenir des semaines pendant lesquelles il luttait contre le Marbourg. « Je ne me rappelle que de petits détails. Tout était confus. Je me souviens qu'avant l'opération, je suis sorti de ma chambre avec la perfusion qui traînait derrière moi. Je me souviens aussi des infirmières qui me tournaient et me retournaient dans mon lit. Je ne me rappelle pas avoir eu très mal. Les seules douleurs dont je puisse parler sont celles du début, les douleurs musculaires et lombaires. Je me souviens aussi du type, quand il m'a vomi du sang à la figure. » Personne d'autre à l'hôpital ne fut atteint par le virus de Marbourg.

Quand un virus « essaie » de pénétrer dans l'espèce humaine, les signes précurseurs peuvent se manifester par des percées dans différents lieux, sur une longue période de temps. Ce sont des micro-percées. A l'hôpital de Nairobi, il s'agissait d'une micro-percée d'un virus provenant de la forêt humide dont on ignorait dans quelle mesure sa transmission mortelle dans la race humaine pouvait prendre des allures de réaction en chaîne.

Les tubes contenant le sang du Dr Musoke firent le tour des laboratoires du monde entier pour qu'ils puissent posséder un échantillon du Marbourg. Aujourd'hui, cette souche particulière de Marbourg est appelée la souche Musoke. Certains échantillons sont dans les fioles de verre des congélateurs de l'armée des États-Unis, où on les conserve, immortels, au milieu d'un zoo d'« agent chauds ».

FEMME ET SOLDAT

25 septembre 1983, 18 heures

Thurmont, dans l'État du Maryland. Trois ans après la mort de Charles Monet. Une petite ville typiquement américaine, située sur le mont Catoctin, une crête des Appalaches qui coupe l'État du nord au sud par son milieu. Les arbres commençaient juste à prendre les couleurs de l'automne, où dominaient les jaunes et les ors. Des adolescents conduisaient lentement leurs camionnettes à plateau dans les rues, souhaitant que l'été ne soit pas fini. De douces odeurs automnales parfumaient l'air — pommes mûres, feuilles mortes, tiges de maïs moissonné en train de se dessécher dans les champs. Dans les vergers en bordure de la ville, des vols d'étourneaux s'installaient pour la nuit en piaillant.

Dans la cuisine d'une maison victorienne proche du centre de la ville, le major Nancy Jaax, vétérinaire de l'armée américaine, préparait le dîner de ses enfants. Elle glissa une assiette dans le four à micro-ondes et pressa un bouton. Allez, une petite irradiation pour réchauffer le poulet des gosses ! Pieds nus, Nancy Jaax portait un pantalon de jogging et un T-shirt. Elle avait les pieds cornés, résultat de l'entraînement aux arts martiaux. Ses cheveux auburn, coupés à hauteur des épaules, encadraient un fin visage aux yeux verts. En fait, ses yeux étaient de deux couleurs : verts cerclés d'un anneau ambré. Ancienne Miss Agriculture dans le Kansas, elle était mince et athlétique, avec des mouvements rapides et des gestes précis. Les enfants, épuisés, ne tenaient pas en place, et elle se dépêchait de préparer leur repas.

Jaime, petite pour ses cinq ans, possédait les yeux de sa mère. Elle avait saisi une jambe du pantalon de Nancy et quand celle-ci partait d'un côté, Jaime tirait de l'autre. Jason, sept ans, regardait la télévision au salon. Il était mince comme un fil, et sage. Plus tard, il serait probablement aussi grand que son père.

Le mari de Nancy, le lieutenant-colonel Jerry Jaax, était vétérinaire, lui aussi. En stage d'entraînement au Texas, il avait laissé Nancy seule avec les enfants. Il venait de téléphoner pour dire qu'il faisait là-bas une chaleur infernale et qu'il aurait préféré être à la maison avec eux. Nancy regrettait aussi son absence ; jamais ils n'avaient été séparés plus de quelques jours depuis qu'ils s'étaient rencontrés à l'université.

Nancy et Jerry Jaax appartenaient tous deux au corps vétérinaire de l'armée, le petit département de « docteurs pour chiens-chiens ». Ils prenaient en effet soin des chiens de garde de l'armée, mais aussi des chevaux, vaches, moutons, cochons, mules, lapins, souris et... singes de l'armée. Il leur incombait également d'inspecter les aliments servis aux militaires.

Nancy et Jerry avaient acheté leur maison peu après avoir été affectés à Fort Detrick. Elle était située à courte distance de leur travail, et ils l'aménageaient peu à peu. Dans la très petite cuisine, tuyaux et fils électriques couraient encore sur les murs. Le salon donnait sur une véranda où poussaient plantes tropicales et fougères et où vivait, dans sa cage, un perroquet d'Amazonie appelé Herky. Il se mit soudain à chanter :

Hé-ho, hé-ho
On rentre du boulot !

« Maman ! Maman ! ajouta-t-il avec la voix excitée de Jason.

— Quoi ? demanda Nancy avant de se rendre compte que c'était le perroquet. Crétin ! » ronchonna-t-elle.

Le perroquet voulait que Nancy le laisse sortir de sa cage, pour s'installer sur son épaule.

« Maman ! Maman ! Jerry ! Jaime ! Jason ! » criait-il successivement.

N'obtenant pas de réponse, il se mit à siffler la « Marche du colonel Bogey » du *Pont de la rivière Kwaï*. Puis reprit :

« Quoi ? Quoiaaa ? Maman ! *Maman !* »

Mais Nancy n'avait pas l'intention de le sortir de sa cage ; il lui avait vilainement mordu le pouce quelques jours plus tôt, et elle lui en voulait encore.

Elle mit rapidement le couvert. Des officiers de Fort Detrick avaient constaté une certaine brutalité dans les mouvements de ses mains, et l'avaient accusée d'avoir les mains « trop rapides » pour s'occuper de choses délicates dans des situations dangereuses. Nancy avait entrepris de s'entraîner aux arts martiaux, en partie parce qu'elle espérait acquérir des gestes calmes, harmonieux et puissants, mais aussi parce qu'elle ressentait les frustrations d'une femme officier décidée à faire carrière au sein de l'armée. Du haut de son mètre soixante-cinq, elle aimait affronter des soldats de plus d'un mètre quatre-vingts, de vraies armoires à glace, et les malmener un peu. Pouvoir lancer son pied plus haut que la tête de ces types lui procurait une réelle satisfaction. Lors des combats, elle pouvait briser quatre planches d'un coup de pied nu ; mais cela ne lui faisait pas vraiment plaisir : il lui était arrivé de rentrer de son cours avec un orteil brisé, le nez en sang, un œil au beurre noir.

Le major Nancy Jaax faisait tout elle-même à la maison — et détestait ça. Nettoyer de la gelée de fruit sur un tapis ne lui semblait pas gratifiant pour un sou. Elle préparait aussi tous les repas. Dans une cuisine, Jerry, son mari, était comme un handicapé. Elle lui reprochait aussi sa tendance à acheter les choses sur un coup de tête : moto, bateau à voile acquis quand ils étaient à

Fort Riley, au Kansas, et cette horrible Cadillac-diesel-intérieur-cuir-rouge ! Jerry et elle l'utilisaient pour se rendre à leur travail, mais la voiture avait commencé à répandre de la fumée sur la route avant même qu'ils aient terminé de la payer.

Ils avaient donc vendu la Cadillac et acheté une Honda Accord. Une autre fois, il était allé trop loin : le jour où il avait acheté cette ruine de maison victorienne, sans la consulter. Il était rentré un soir en annonçant

« Hé, Nancy ! Devine ? Je nous ai acheté une maison à Thurmont.

— Tu as *quoi* ? »

Ils s'étaient disputés, mais pas longtemps. La maison des Jaax, amoncellement de tourelles en brique à toit d'ardoise, avec ses grandes fenêtres et sa coupole, était la plus grande demeure victorienne de la ville. Elle se dressait à un carrefour animé, près du garage des ambulances, dont les sirènes les réveillaient la nuit. Ils n'avaient pas payé cher cette maison vide, abandonnée, dont personne ne voulait parce qu'on racontait que l'ancien propriétaire s'était pendu au sous-sol. Après que les Jaax l'eurent achetée, la veuve du mort, vieille femme desséchée, était venue un jour revoir son ancienne demeure.

« Petite, avait-elle dit à Nancy, vous allez détester cette maison. Je l'ai détestée, moi. »

En plus du perroquet, il y avait d'autres animaux dans la maison. Un python, nommé Sampson, vivait dans une cage grillagée du salon. Il lui arrivait de s'échapper et d'aller s'endormir dans le pied central, creux, de la table de la salle à manger. Il y restait quelques jours puis se réveillait. A l'idée qu'un python dormait dans sa table, Nancy avait des frissons. Chaque fois qu'ils s'attablaient, elle ne pouvait s'empêcher de se demander si le reptile allait se réveiller. Nancy avait installé son bureau sous la coupole, tout en haut de la maison. Une fois, le serpent s'était échappé de sa cage et était resté introuvable pendant plusieurs jours. Un soir très tard, alors que Nancy travaillait dans son bureau, le serpent était sorti de la charpente, et elle l'avait vu apparaître juste sous son nez, la fixant de ses yeux sans paupières... La famille possédait aussi un setter irlandais et un terrier Airedale. A chaque nouvelle affectation des Jaax, les animaux, écosystème portable de la famille, suivaient dans leurs cages et leurs boîtes.

En dépit de leurs différences, Nancy adorait Jerry. Il était grand et avenant, bel homme aux cheveux prématurément grisonnants. Ses yeux bruns vifs et son nez bien dessiné lui donnaient un regard d'aigle, et il comprenait sa femme mieux que quiconque sur terre. Nancy et Jerry Jaax avaient peu de vie sociale en dehors de la famille proche. Élevés chacun dans des fermes du Kansas, distantes de trente kilomètres à vol d'oiseau, ils ne s'étaient pas connus enfants. Ils s'étaient fiancés à l'école vétérinaire de l'université de l'État du Kansas quelques semaines après leur rencontre... Nancy avait vingt ans quand ils s'étaient mariés. Après l'obtention de leur diplôme, ils n'avaient plus un sou. Ils étaient même endettés, et n'ayant aucune possibilité d'ouvrir un cabinet privé, ils s'engagèrent ensemble dans l'armée.

Ce soir, pendant que le poulet dégelait, elle réfléchissait aux légumes. Et si elle ouvrait une boîte de haricots verts ? Les enfants aimaient ça. La grand-mère de Nancy tenait une épicerie à Wichita, dans le Kansas, où elle n'avait jamais vendu à ses clients que des haricots Libby's. Nancy ouvrit un placard et en sortit une boîte de haricots Libby's.

Elle chercha l'ouvre-boîte, mais ne put le trouver. Elle se rabattit alors sur le tiroir où l'on jetait tout ce qu'on ne savait classer : ustensiles, cuillers en bois, épluche-légumes. Ne trouvant toujours pas l'ouvre-boîte, elle s'empara d'un couteau de boucher dont elle planta la pointe dans la boîte de haricots, et frappa le manche de son poing. Sa main glissa le long de la lame. Elle sentit tout de suite que la coupure était profonde.

« Et merde ! » s'écria Nancy.

Le couteau avait entaillé la paume de sa main droite profondément. Elle se demanda s'il avait atteint l'os, ou coupé un tendon. Pressant la blessure pour arrêter le saignement, elle se plaça au-dessus de l'évier puis ouvrit le robinet et mit sa main sous l'eau. L'évier vira au rouge. Elle agita les doigts. Tous fonctionnaient. Elle gagna la salle de bains et trouva des pansements. Dès que le sang eut coagulé, elle recouvrit la coupure en tentant d'en rapprocher les lèvres pour la refermer. Elle détestait la vue du sang, même le sien. Elle n'y pouvait rien. Elle savait ce que le sang pouvait contenir parfois...

PROJET ÉBOLA

26 septembre 1983

Le lendemain matin, Nancy Jaax s'éveilla à 4 heures. Elle sortit doucement du lit pour ne pas réveiller Jaime qui dormait avec elle, se doucha et enfila son uniforme — pantalon vert à bandes noires le long des jambes, chemise verte puis, à cause de la fraîcheur du petit matin, un pull noir arborant sur l'épaule les insignes de son grade, avec des feuilles de chêne dorées. Elle monta dans son bureau, sous la coupole.

Il était bien possible qu'aujourd'hui elle doive revêtir par sécurité une combinaison spatiale dans le cadre de sa formation en pathologie vétérinaire. Elle se spécialisait dans les effets des agents chauds classés en niveau 4 de sécurité biologique, et en présence de ce type d'agents, on ne pouvait éviter les combinaisons de sécurité. Elle travaillait beaucoup ses examens de pathologie, qui auraient lieu la semaine suivante. Quand le soleil se leva, ce matin-là, sur les vergers et les champs à l'est de la ville, elle était penchée sur ses livres. Les étourneaux commençaient à crier dans les arbres, les camions passaient dans les rues de Thurmont, sous sa fenêtre, et la paume de sa main droite l'élançait.

A 7 heures, elle descendit réveiller Jaime, recroquevillée dans son lit, puis passa dans la chambre de Jason. Le réveiller était toujours difficile, et Nancy devait le secouer plusieurs fois. La baby-sitter Mme Trapane, une dame d'âge mûr, arriva. Elle habilla Jaime et Jason et les fit déjeuner tandis que Nancy remontait sous la coupole se replonger dans ses livres. Mme Trapane conduirait Jason au bus scolaire, et garderait Jaime à la maison jusqu'au retour de Nancy le soir.

A 7 h 30, Nancy referma ses livres, embrassa les enfants et se dit qu'il ne fallait pas oublier de passer à la banque chercher de l'argent pour payer Mme Trapane. Elle partit dans la Honda sur la route de Gettysburg. Alors qu'elle approchait de Fort Detrick, à Frederick, la circulation plus dense la ralentit. Elle quitta la route et arriva devant le portail de la base. Un garde lui fit signe d'entrer. Elle prit à droite, passa devant le terrain d'exercice et le mât du drapeau puis gara la voiture près d'un immeuble massif en béton et brique jaune, presque sans fenêtres, qui couvrait plus de quatre hectares. De hautes cheminées sur le toit laissaient échapper des fumées filtrées pompées hors des laboratoires biologiques étanches. Il s'agissait de l'Institut de recherche médicale de l'armée des États-Unis sur les maladies infectieuses — l'USAMRIID.

La mission de l'USAMRIID est la défense médicale. L'Institut mène des recherches sur la façon de protéger les soldats contre les armes biologiques et les maladies infectieuses naturelles. Il est spécialisé dans les médicaments, les vaccins, l'asepsie. L'Institut travaille toujours sur plusieurs programmes simultanément : recherches de vaccins contre diverses sortes de bactéries, de l'anthrax au botulisme, recherches sur des virus risquant de toucher les troupes américaines, soit naturellement, soit sous la forme d'armes biologiques. Au début de son existence, l'USAMRIID menait des recherches sur les armes biologiques offensives — mettant au point des souches de bactéries et de virus mortels qui pourraient être chargées dans des bombes et lancées sur l'ennemi. En 1969, le président Richard Nixon signa l'interdiction de toute recherche sur les armes biologiques offensives aux États-Unis. L'USAMRIID se consacra dès lors à la mise au point de vaccins protecteurs, et se concentra sur la recherche fondamentale permettant de trouver les moyens de contrôler les micro-organismes mortels. L'Institut connaît le moyen d'arrêter un virus monstre avant qu'il ne soit à l'origine d'une réaction en chaîne rendant explosive sa transmission mortelle au sein de la race humaine.

Le major Nancy Jaax pénétra dans le bâtiment par la porte arrière et montra son badge de sécurité au gardien posté derrière le comptoir. Ensuite elle gagna le secteur principal des zones de sécurité, parcourant un réseau de couloirs, croisant des soldats en survêtements, des chercheurs et techniciens civils munis de badges d'identification. Tout le monde s'affairait.

Nancy voulait savoir ce qui était arrivé aux singes « Ébola » pendant la nuit. Elle entra dans le couloir de sécurité biologique de niveau zéro et prit la direction de la zone de niveau 4, connue sous l'appellation « AA-5 » ou « Laboratoire Ébola ». Il s'agissait d'un ensemble de pièces étanches où régnait une pression inférieure à la normale, et qui constituait le laboratoire de recherche d'Eugene Johnson, un civil travaillant pour l'armée. C'était un expert du virus Ébola et de son frère, le Marbourg. Il avait contaminé des singes avec Ébola, puis leur avait administré plusieurs types de médicaments pour voir s'ils arrêteraient l'infection. Ces derniers jours, les singes avaient commencé à mourir. Nancy avait été associée au projet Ébola de Johnson en tant que pathologiste. Son travail consistait à déterminer la cause de la mort des singes.

Elle s'approcha d'une vitre faite de verre épais, comme pour un aquarium, qui donnait directement dans le laboratoire Ébola, au niveau 4. Chaque matin, un gardien civil revêtait une combinaison spatiale et entrait nourrir les singes, nettoyer leurs cages et vérifier leur état physique. Ce matin, une feuille de papier avait été collée contre la vitre par le gardien. On pouvait y lire que, pendant la nuit, deux des animaux étaient « tombés ». C'est-à-dire qu'ils s'étaient effondrés en état de choc, saignés à blanc.

Quand elle lut la feuille, elle sut qu'il allait lui falloir enfiler une combinaison et disséquer les singes. Le virus Ébola détruisait les organes internes des animaux, et les cadavres se détérioraient très rapidement après la mort. Ils s'amollissaient, et les tissus devenaient gélatineux, même si on les mettait au réfrigérateur. Il fallait disséquer les animaux très vite, avant que ne commençât leur liquéfaction spontanée.

*
* *

Quand Nancy Jaax avait posé sa candidature au groupe de pathologie de l'Institut, le colonel qui en avait le commandement n'avait pas voulu l'accepter — parce qu'elle était une femme. Il lui avait dit :

« Ce n'est pas un travail pour une femme mariée. Soit vous négligerez votre travail, soit vous négligerez votre famille. »

Un jour, elle lui apporta son curriculum vitae, espérant le persuader de l'accepter.

« Je peux avoir qui je veux dans mon groupe, lui répondit-il pour lui faire comprendre qu'il ne voulait pas d'elle parce qu'elle n'était pas à la hauteur. Si je veux le pur-sang Ourasie dans mon groupe, je l'aurai.

— Eh bien, colonel, je ne suis pas un cheval de labour ! » rugit-elle en faisant claquer son dossier sur le bureau.

Il réfléchit, et lui permit de se joindre au groupe.

Quand quelqu'un commence à travailler sur des agents biologiques, l'armée le teste d'abord aux niveaux de sécurité 2, puis 3. Personne n'accède au niveau 4 avant d'avoir acquis une grande expérience, et on peut tout aussi bien ne jamais vous y autoriser. Il faut en outre avoir subi bon nombre de vaccinations. On avait donc vacciné Nancy contre la fièvre jaune, la fièvre Q, le virus de la vallée du Rift, les virus de l'encéphalite du Venezuela (VEE), de l'encéphalite équine de l'Est (EEE) et de l'Ouest (WEE), contre la tularémie, l'anthrax et le botulisme. Naturellement, elle avait aussi subi une série de piqûres contre la rage, puisqu'elle était vétérinaire. Son système immunitaire réagissait mal à ces injections, qui la rendaient malade. L'armée cessa donc les vaccinations et la fit travailler seulement dans les secteurs où elle devait obligatoirement revêtir une combinaison spatiale, c'est-à-dire au niveau 4. Il n'existe pas de vaccins contre les agents chauds de niveau 4, car ce sont des virus mortels pour lesquels il n'y a pas de remède.

*

* *

Le virus Ébola doit son nom à la rivière du même nom qui est un affluent du fleuve Congo. Celui-ci traverse le nord du Zaïre, et l'Ébola s'y déverse, entraînant dans ses méandres, entre lesquels se nichent des villages épars, les eaux de la forêt dense et humide. La première manifestation connue de l'Ébola Zaïre — le plus violent des deux virus Ébola — date de septembre 1976, quand il fit son apparition simultanément dans cinquante-cinq villages proches des sources de l'Ébola. Il semblait venir de nulle part et tua neuf sur dix des personnes infectées. L'Ébola Zaïre est le plus redouté de tous les agents contagieux de l'Institut. Tout le personnel pense que « ceux qui travaillent sur l'Ébola sont fous. Jouer avec l'Ébola est un bon moyen de mourir. Il vaut mieux travailler sur quelque chose de plus sûr, comme l'anthrax ».

Eugene Johnson, l'expert en risques biologiques qui dirigeait le programme de recherche sur l'Ébola à l'Institut, avait effectivement la réputation d'être un peu fou. Il est devenu une légende pour la poignée de gens dans le monde qui connaissent vraiment les agents chauds et la façon de les manipuler. C'est un des plus grands chasseurs d'Ébola au monde. Spécialiste des maladies infectieuses, titulaire d'un doctorat d'épidémiologie soutenu à la Johns Hopkins University, Gene Johnson est un homme grand, massif, au visage large et épais, les cheveux bruns indisciplinés, avec une barbe en broussaille et un ventre qui déborde de sa ceinture, des yeux vifs et profonds. Vêtu d'un blouson de cuir noir, il passerait pour un compagnon de route des Grateful Dead. A le voir, on ne penserait jamais qu'il travaille pour l'armée. Virologue réputé et de tout premier plan, il traque les virus aussi bien dans la nature que chez l'homme, mais, pour une raison qui lui est personnelle, il publie rarement les comptes rendus de ses recherches — ce qui explique sa réputation quelque peu légendaire. Les gens qui connaissent ses travaux et parlent de lui disent des choses comme : « Gene Johnson a fait ceci, Gene Johnson a fait cela », et chacune de ses actions témoigne de plus d'intelligence et d'imagination que la précédente. C'était un homme assez timide, plutôt méfiant à l'encontre des gens, et tout à fait méfiant vis-à-vis des virus. Je crois n'avoir jamais rencontré quelqu'un de plus effrayé par les virus que Gene Johnson, une peur d'autant plus stupéfiante qu'il est un grand familier des agents chauds. Il a passé des années à voyager en Afrique centrale à la recherche des zones de virus Ébola et Marbourg. Il a pratiquement écumé l'Afrique à la recherche de ces formes de vie, mais, en dépit de ses recherches, jamais il n'a trouvé leur cachette naturelle. Personne ne savait d'où venaient les filovirus et personne ne savait où ils vivaient. Leur piste l'avait entraîné dans les forêts et les savanes d'Afrique centrale. Trouver le réservoir caché de l'Ébola était l'une des deux grandes ambitions de Johnson, l'autre étant de découvrir un remède contre le virus.

Personne à l'Institut ne voulait s'occuper de ce projet. L'Ébola, ce tueur, infligeait à ses victimes humaines un traitement que l'on préférait ignorer. Cet organisme était trop effrayant pour qu'on le manipulât : même les chercheurs les plus à l'aise et les plus efficaces en combinaison spatiale se dérobaient. Ils ne voulaient pas découvrir dans quel type d'hôte le virus vivait — mouche, chauve-souris, tique, araignée ou reptile, voire léopard ou éléphant. Et ils ne souhaitaient pas savoir non plus comment le virus se transmettait, sautait d'un hôte à l'autre. Mais ils ne savaient que trop bien ce qu'il pouvait faire à un être humain.

Gene Johnson souffrait de cauchemars depuis qu'il avait commencé à travailler sur le virus Ébola. Il se réveillait, couvert de sueurs froides, après avoir rêvé que l'Ébola venait de faire irruption dans la population humaine. Tous ses rêves étaient semblables : vêtu d'une combinaison, il tenait dans sa main gantée un tube d'un liquide saturé d'Ébola. Soudain, le liquide inondait le gant, et Johnson comprenait alors que celui-ci était plein de trous et que le liquide s'insinuait dans sa combinaison. Il se réveillait, sous le choc, en se disant : « Mon Dieu, j'ai été exposé au virus ! » Mais il était dans sa chambre, sa femme endormie à ses côtés.

En réalité, l'Ébola n'avait pas encore opéré de percée décisive et irréversible dans la race humaine, mais il semblait près d'y parvenir : il avait opéré des micro-percées çà et là en Afrique et Johnson craignait qu'une de ces micro-percées ne se transforme en lame de fond impossible à arrêter. Si le virus tuait neuf personnes infectées sur dix, et s'il n'existait ni vaccin ni traitement, les risques étaient évidents, et planétaires. Le virus pouvait soudain déclencher un accident mettant en danger l'ensemble de l'espèce humaine. Johnson aimait dire qu'on ne savait pas ce que l'Ébola avait fait dans le passé, et qu'on ignorait encore plus ce qu'il pourrait faire dans l'avenir. Il était imprévisible. Une souche aérienne d'Ébola pouvait apparaître et faire le tour du monde en six semaines, comme la grippe, tuant jusqu'aux neuf dixièmes de la population mondiale ; mais le virus pouvait tout autant rester à jamais marginal, ne touchant que quelques individus de temps à autre.

Il était un lointain cousin des virus de la rage et de la rougeole ainsi que de ceux qui déclenchent les rhumes des enfants. Il s'agissait d'un virus aussi simple qu'une tempête de feu. Il tue les hommes rapidement, efficacement, en déployant un éventail d'effets dévastateurs.

Les particules virales de l'Ébola ne contiennent que sept protéines différentes, sept grosses molécules. Trois de ces protéines sont vaguement connues, les quatre autres demeurant totalement inconnues dans leur structure et leur fonctionnement.

Les protéines de l'Ébola semblent saper le système immunitaire, qui devient incapable de faire front à leurs attaques. Cela les rapproche du VIH, le virus du sida, qui détruit lui aussi le système immunitaire, mais contrairement à celle du VIH, l'offensive de l'Ébola est fulgurante, explosive. Quand l'Ébola investit un hôte humain, son système immunitaire rend les armes, et le malade semble perdre toute capacité à réagir à l'attaque du virus. Son corps ressemble à une ville assiégée dont les portes sont forcées pour laisser entrer une armée hostile qui vient camper sur les places publiques et mettre le feu partout ; à la minute où l'Ébola pénètre dans le système sanguin, la guerre est perdue, le malade est condamné.

Il faut dix jours à l'Ébola pour accomplir ce que le sida fait en dix ans.

On connaît mal la manière dont l'Ébola se transmet d'une personne à une autre. Les chercheurs de l'armée pensaient que le virus se transmettait par contact direct avec le sang et les sécrétions corporelles, comme pour le sida. Mais il semble qu'il emprunte également d'autres voies de transmission. En Afrique, beaucoup de ceux qui en sont mort avaient manipulé les corps de personnes infectées par le virus. Une des voies de transmission, du mort au vivant, s'effectuerait par le sang coagulé et les humeurs qui s'échappent des cadavres. Au Zaïre, pendant l'épidémie de 1976, les parents en deuil serraient les morts dans leurs bras, ou bien préparaient les corps pour les funérailles. La maladie se déclenchait chez eux trois à quatorze jours plus tard.

Les expériences de Gene Johnson étaient simples : il inoculait à quelques singes le virus Ébola, puis les traitait avec divers médicaments susceptibles de les guérir.

Il espérait découvrir un médicament permettant de lutter contre l'épidémie.

Les humains comme les singes sont des primates, et l'Ébola prolifère chez les primates tout comme des prédateurs préfèrent certains types de gibier. L'Ébola ne fait aucune différence entre un être humain et un singe, et saute facilement de l'un à l'autre.

Nancy s'était portée volontaire pour travailler comme pathologiste sur le projet Ébola. Elle désirait d'autant plus faire ses preuves qu'à l'Institut certains doutaient de ses capacités à travailler avec une combinaison spatiale. C'était une femme, elle risquait de paniquer. Les gens pensaient qu'elle était maladroite de ses mains, ce qui était déjà ennuyeux, mais pis encore, ils prétendaient aussi qu'elle travaillait trop vite, un travers considéré comme particulièrement dangereux. On disait que ses mains semblaient nerveuses, voire tremblantes. On craignait qu'elle ne se coupât ou se piquât avec une aiguille infectée — ou encore qu'elle ne piquât quelqu'un d'autre. Ses mains étaient devenues un véritable problème de sécurité.

Le patron du service de pathologie, un certain lieutenant-colonel Anthony Johnson, homme posé et réfléchi, était à l'époque le supérieur hiérarchique de Nancy. C'est à lui qu'il revenait de décider s'il l'autorisait à travailler au niveau 4. Il procéda à une petite enquête. Il reçut le mari de Nancy, le lieutenant-colonel Jerry Jaax, qui s'inquiétait qu'elle dût manipuler le virus de l'Ébola. Il ne supportait pas l'idée que son épouse, la femme qu'il aimait et la mère de ses enfants, tînt entre ses mains une forme de vie monstrueuse, mortelle, contre laquelle il n'existait aucun remède.

Le lieutenant-colonel Tony Johnson écouta ce que son collègue Jerry Jaax avait à lui dire, consulta d'autres personnes de l'Institut, puis ressentit le besoin de parler à Nancy. Il la convoqua dans son bureau. Elle paraissait tendue. Il observa ses mains tandis qu'elle parlait. Elles lui semblèrent parfaites, ni maladroites, ni trop rapides.

« Je ne veux pas de faveurs, lui dit-elle.

— Vous n'en bénéficierez pas, lui répondit-il. Je vais vous affecter au programme Ébola. »

Il lui expliqua qu'il l'autorisait à porter une combinaison spatiale et à pénétrer dans la zone de sécurité, et qu'il l'accompagnerait lors de ses premières incursions, pour lui apprendre comment travailler mais aussi pour observer ses mains en action.

« Elle a versé quelques larmes », devait-il raconter plus tard en se souvenant de la scène. Des larmes de joie. A ce moment-là, travailler sur l'Ébola était ce qu'elle souhaitait le plus au monde.

13 heures

Nancy passa la matinée dans son bureau à expédier de la paperasse. Après le déjeuner, elle retira la chaîne en or qu'elle portait autour du cou, sa bague de fiançailles ornée d'un diamant et son alliance. Elle enfila les bagues sur la chaîne avant d'enfermer le tout dans un tiroir. Elle passa ensuite dans le bureau de Tony Johnson et lui demanda s'il était prêt à l'accompagner. Ils descendirent jusqu'au laboratoire Ébola. Il n'existait qu'un vestiaire menant au laboratoire. Tony Johnson insista pour que Nancy entre la première.

La pièce était petite et ne contenait que quelques casiers individuels le long d'un mur, des étagères et un miroir fixé au-dessus d'un lavabo. Elle se déshabilla entièrement et plaça l'ensemble de ses affaires dans un casier, mais garda son pansement. Sur une étagère, elle prit une chemise et un pantalon verts semblables à ceux que portent les chirurgiens en salle d'opération. Elle serra le cordon du pantalon, ferma les boutons-pression de la chemise. On ne pouvait rien porter sous ces tenues, pas même des sous-vêtements. Elle coiffa un bonnet de chirurgien sous lequel elle dissimula ses cheveux. Elle sentait l'angoisse monter en elle. Ce n'était que sa seconde incursion en zone chaude.

Pieds nus, elle se détourna du miroir et s'approcha de

la porte menant au niveau 2. Une lampe bleue envoyait des rayons ultraviolets par une vitre insérée dans la porte. Les virus se désagrègent sous l'effet des ultraviolets, qui détruisent leurs matériaux génétiques et les rendent incapables de se multiplier.

Tandis qu'elle ouvrait la porte pour pénétrer au niveau 2, elle sentit la différence de pression, et un léger courant d'air enveloppa ses épaules tandis qu'elle avançait vers la zone chaude. Cette dépression d'air était destinée à empêcher les agents chauds de s'envoler vers l'extérieur. Tous les secteurs de sécurité biologique de l'Institut, allant du niveau 2 au niveau 4, sont maintenus à une pression inférieure à la normale pour qu'en cas de fuite, l'air *entre* dans la zone à risque plutôt que de s'échapper vers le monde extérieur.

La porte se referma derrière elle. Elle avait atteint le niveau 2. La lumière bleue baigna son visage. Elle traversa une cabine de douche — toujours éclairée aux ultraviolets — où se trouvaient du savon et du shampooing ordinaire et qui donnait sur une salle de bains. Il y avait aussi des toilettes et une étagère sur laquelle étaient rangées des paires de chaussettes blanches, immaculées. Elle en enfila une et ouvrit la porte vers le niveau 3.

Cette pièce appelée « Zone d'équipement » comprenait un bureau, un téléphone et un lavabo. Une boîte cylindrique en carton paraffiné était posée sur le sol, près du bureau. Il s'agissait d'un conteneur de produits biologiques dangereux, appelé « carton à chapeau » ou « glacière ». Il arborait le symbole de danger biologique : une fleur rouge et épineuse à trois pétales, et on l'utilisait pour conserver et transporter les déchets infectés. Mais celle-ci était vide.

Elle prit une boîte de gants chirurgicaux en latex, se talqua les mains et les enfila puis coupa plusieurs longueurs de sparadrap qu'elle colla au rebord du bureau avant de les appliquer autour des poignets des gants, pour les fixer de façon étanche aux manches de sa chemise puis autour de ses chevilles.

Nancy tourna ensuite sur sa droite vers une antichambre, où se trouvait une combinaison accrochée à un portemanteau. C'était une combinaison biologique étanche Chemturion qui portait son nom — JAAX — inscrit sur la poitrine. On l'appelait aussi « combinaison bleue » en raison de sa couleur. Pressurisée, constituée de plastique résistant, elle était conforme à toutes les spécifications gouvernementales exigées pour un travail en milieu humide saturé d'agents chauds amplifiés.

Elle ouvrit la combinaison et l'étendit sur le sol de ciment. Elle la revêtit ensuite jusque sous ses aisselles et glissa les bras dans les manches, veillant à ce que ses doigts se placent correctement dans les gants en épais caoutchouc brun fixés aux poignets de la combinaison par des joints d'étanchéité. Ces gants constituaient la principale barrière entre elle et l'Ébola. Les mains étaient la partie la plus vulnérable de la combinaison, parce que c'étaient elles qui maniaient les instruments chirurgicaux et manipulaient parfois des os acérés.

Chaque employé est responsable de l'entretien de sa combinaison tout comme un parachutiste est responsable du pliage et de l'entretien de son parachute. Nancy était pressée, et il est possible qu'elle n'ait pas inspecté sa combinaison aussi attentivement qu'elle l'aurait dû.

Le lieutenant-colonel Johnson lui réexpliqua brièvement la procédure puis l'aida à rabattre sur sa tête le casque de plastique doux et flexible. Johnson regarda à travers la visière pour voir si tout allait bien.

La fermeture à glissière huilée émit son clic-clic habituel. A la seconde où la combinaison fut hermétiquement fermée, la visière commença à s'embuer. Nancy saisit alors un tuyau jaune qu'elle brancha sur sa combinaison. L'air sec gonfla la combinaison, et nettoya la visière des gouttelettes de condensation qui s'y étaient déposées.

Personne ne peut prédire qui risque de paniquer dans une combinaison biologique. Cela arrive quelquefois, surtout aux personnes inexpérimentées. A l'instant où le casque est rabattu sur le visage, les yeux luisent de peur, on transpire on essaie parfois de déchirer la combinaison pour se retrouver à l'air frais, on perd l'équilibre avant de se mettre à crier ou à gémir comme si l'on suffoquait dans un placard.

Après avoir aidé Nancy Jaax à enfiler sa combinaison et fixé son regard pour y déceler d'éventuels signes de panique, Tony Johnson se prépara à son tour puis il tendit à Nancy un paquet d'ustensiles de dissection. Ensemble, ils se placèrent face à la porte d'acier qui conduisait à un sas puis au niveau 4. Elle était ornée du symbole du danger biologique et comportait une mise en garde :

ATTENTION

DANGER BIOLOGIQUE
NE PAS ENTRER SANS AVOIR REVÊTU DE
COMBINAISON VENTILÉE

Ce sas de niveau 4 est une sorte de zone grise, un lieu où deux mondes se rencontrent : la zone chaude et le monde normal. Elle est ambiguë. Indéfinie, on ne peut ni prouver qu'elle est stérile, ni savoir qu'elle est infecté. Nancy inspira profondément et contrôla sa respiration grâce à son entraînement aux arts martiaux. Les gens s'adonnent à toutes sortes de petits rituels avant de franchir la porte d'acier. Certains se signent. D'autres dissimulent des amulettes et autres porte-bonheur dans leur combinaison, en espérant qu'ils les protégeront contre le virus si la combinaison venait à se rompre. Le plus effrayant pour Nancy dans cette immersion totale était la perspective de devoir toucher du sang, un sang saturé de virus Ébola, hautement contaminé, « chaud » au sens biologique du terme.

Elle débrancha son tuyau d'air et ouvrit la porte d'acier pour pénétrer dans le sas. Tony Johnson la suivit. Le sas était percé de diffuseurs d'eau et de produits chimiques : la douche de décontamination. La porte de la zone grise se referma derrière eux. Nancy ouvrit alors la porte à l'autre extrémité du sas, et ils passèrent dans la zone « chaude ».

IMMERSION TOTALE

26 septembre 1983, 13 h 30

Ils se tenaient dans un étroit couloir de parpaings donnant sur plusieurs pièces, de chaque côté. La zone chaude était un véritable labyrinthe ou des tuyaux à air jaunes pendaient aux murs. Une lampe d'alarme fixée au plafond clignoterait à la moindre défaillance du système d'aération. Les murs étaient recouverts d'une peinture épaisse et grumeleuse ; toutes les prises électriques étaient scellées sur leur pourtour par une substance élastique qui obturait hermétiquement toute éventuelle fissure afin que l'agent chaud ne pût s'échapper par un conduit électrique vide. Nancy décrocha un tuyau du mur et le brancha à sa combinaison. Elle n'entendait rien d'autre dans son casque que le ronronnement de l'air qui tournoyait si bruyamment qu'ils n'essayaient pas de se parler.

Elle ouvrit une armoire métallique et prit des bottes en caoutchouc jaune qu'elle glissa dans les pieds de sa combinaison et regarda Johnson : elle était prête à l'action.

Ils débranchèrent leurs tuyaux d'air et avancèrent dans le couloir. Ils entrèrent dans la salle des singes. Elle contenait deux rangées de cages face à face. Dans une des rangées, seules deux cages étaient occupées, par deux singes « de contrôle », à qui l'on n'avait pas injecté le virus de l'Ébola. Ils étaient en bonne santé.

Dès que les deux officiers entrèrent, ces singes devinrent comme fous. Ils secouèrent leur cage, faisant des bonds en l'air. Les humains revêtus de combinaisons spatiales rendent les singes nerveux. Ils grognaient — *ouh ! ouh ! ho, ho, ho !* — avant d'émettre un cri strident : *iiiik !* sans quitter Nancy et Johnson des yeux. Les cages étaient munies de serrures très élaborées que même des primates très astucieux ne pouvaient ouvrir.

L'autre rangée de cages restait assez calme. On avait inoculé le virus à tous les singes qui l'occupaient et la plupart étaient silencieux, passifs, renfermés, même si un ou deux semblaient perturbés. Leur système immunitaire était en panne, ou détraqué. Peu semblaient vraiment malades, mais ils n'avaient pas la vivacité ni l'énergie habituelles des singes en bonne santé, qui bondissent dans leur cage. Ils avaient peu mangé et étaient assis presque sans mouvement, le visage inexpressif.

On leur avait inoculé le type d'Ébola le plus « chaud » que l'on connût : la souche de l'Ébola Zaïre dite Mayinga. Elle provenait d'une jeune femme, Mayinga N., morte du virus le 19 octobre 1976. Infirmière dans un hôpital, au Zaïre, elle avait soigné une religieuse catholique atteinte de l'Ébola, qui avait saigné à mort sur elle ; quelques jours plus tard, l'infirmière déclarait l'Ébola et peu après elle en mourut. Une fiole de son sang était gardée aux États-Unis, et la souche de ce virus qui avait vécu en elle vivait maintenant dans de petits tubes en verre rangés dans les super-congélateurs de l'Institut, à moins soixante-dix degrés centigrade, la température de l'azote liquide. Les congélateurs étaient munis de cadenas et d'alarmes et scellés au papier collant. Le film adhésif, parce qu'il colmate les fissures, est la première défense contre les agents chauds.

Gene Johnson avait dégelé un peu de cette souche Mayinga pour l'injecter aux singes.

Nancy Jaax et Tony Johnson allèrent de cage en cage, jusqu'à ce qu'ils découvrent les deux singes qui s'étaient effondrés, saignés à blanc. Ils étaient recroquevillés, le nez en sang, les yeux vitreux et d'un rouge brillant à demi ouverts, les pupilles dilatées. Les tissus conjonctifs du visage avaient été détruits par le virus, ce qui avait entraîné une distorsion presque imperceptible des traits. Ils avaient également un aspect curieux parce qu'une partie du cerveau qui contrôle l'expression de la face était, elle aussi, détruite. Visage semblable à un masque, yeux rouges et nez sanguinolent étaient les signes d'un mélange d'atteinte cérébrale et de destruction des tissus sous-cutanés. Les victimes de l'Ébola donnaient l'impression d'avoir vu quelque chose qu'ils ne pouvaient comprendre... mais ce n'était pas une vision du paradis.

Nancy Jaax se sentit mal à l'aise. La vue des singes morts ou souffrants la bouleversait. En tant que vétérinaire, son devoir était de soigner les animaux et de soulager leurs souffrances. En tant que chercheuse, elle estimait de son devoir de mener des expériences médicales qui aideraient à soulager les souffrances humaines. Bien qu'elle ait grandi dans une ferme où son père élevait des animaux pour la consommation, elle n'avait jamais pu supporter facilement la mort d'un animal. Parfois, dans son travail, ces deux idéaux s'affrontaient.

Johnson la regarda attentivement tandis qu'elle se préparait à extraire les singes. Manipuler un singe inconscient en niveau 4 est une opération complexe parce que, s'il se réveille, il risque de mordre. Les singes utilisés dans les laboratoires ne sont pas des animaux de foire, mais des bêtes sauvages sorties tout droit de la forêt dense, forts et d'une agilité remarquable. Une morsure d'un singe infecté par l'Ébola serait certainement fatale.

Nancy commença par inspecter l'animal à travers les barreaux de la cage. Il s'agissait d'un grand mâle, et il avait l'air bien mort. Elle constata qu'il possédait toujours ses canines, et cela la rendit nerveuse. D'ordinaire, on les arrache pour plus de sécurité. Celui-ci possédait d'énormes crocs. Elle introduisit ses doigts gantés à travers les barreaux et lui pinça un orteil, tout en surveillant le mouvement des yeux ; ils restèrent fixes.

« ALLEZ-Y ! OUVREZ LA CAGE ! » cria Johnson pour qu'elle l'entende malgré le grondement de l'air dans sa combinaison.

Elle s'exécuta et inspecta à nouveau le singe. Pas un muscle ne bougeait.

« BON ! SORTEZ-LE, MAINTENANT ! » dit Johnson.

Elle l'attrapa par le bras et le fit pivoter pour qu'il ne soit pas face à elle et ne puisse la mordre s'il se réveillait. Elle replia ses bras dans son dos et les immobilisa, puis le sortit de la cage.

Johnson le saisit par les pieds, et ils le firent glisser dans un carton à chapeau, qu'ils emportèrent dans la salle d'autopsie. Leurs combinaisons chuintaient à chaque pas.

Nancy Jaax et Johnson posèrent le singe sur la table d'acier. Sa peau était irritée et couverte de taches rouges visibles entre ses poils clairsemés.

« GANTS ! » cria Johnson.

Ils enfilèrent des gants de latex par-dessus ceux de la combinaison. Ils portaient maintenant trois couches de gants : les gants de chirurgie, ceux de la combinaison et ces gants qu'ils venaient de revêtir.

« INVENTAIRE, cria Johnson. CISEAUX. PINCES HÉMOSTATIQUES... »

Il posait les ustensiles en rang à l'extrémité de la table. Chacun portait un numéro, qu'il énonça à haute voix.

Ils commencèrent leur travail. Avec des ciseaux à bouts ronds, Johnson ouvrit lentement le singe, tandis que Nancy l'assistait. Ils progressaient avec un soin extrême, sans lame coupante, parce qu'une lame est un objet mortel dans une zone chaude. Un scalpel peut traverser les gants et vous couper les doigts, et avant même que vous ressentiez la première douleur, l'agent infectieux est déjà dans votre sang.

Nancy lui tendait les ustensiles et ligaturait les vaisseaux sanguin du singe avant d'éponger l'excès de sang. Le corps de l'animal était un véritable lac de sang, gorgé de virus Ébola, qui avait tout inondé dans l'animal. Le foie était gonflé, et Nancy remarqua du sang dans les intestins.

Elle devait s'efforcer de ralentir les mouvements de ses mains. Peut-être, en effet, bougeaient-elles trop vite... Elle se forçait à rester sur le qui-vive, concentrée, nettoyant, prenant une pince hémostatique, fermant une artère parce qu'elle saignait. A travers les trois épaisseurs de gants elle sentait le sang, mouillé et glissant, même si ses mains restaient propres, sèches et talquées.

Elle les retira de la cavité thoracique et les rinça dans une cuvette pleine d'un désinfectant appelé Envirochem, un liquide vert pâle, semblable à du thé japonais. Il détruisait les virus. Quand elle rinça les gants, le liquide vira au brun.

*
* *

Un virus est une petite capsule de protéines, qui renferme de l'acide nucléique, ADN ou ARN, longues molécules contenant le logiciel permettant la réplication du virus. Certains biologistes classifient les virus dans la catégorie « formes de vie » parce qu'il est difficile de dire qu'ils « vivent » ou qu'ils sont des « êtres vivants » au sens strict du terme. Ils sont « en vie » de manière ambiguë, ni vivants ni morts, évoluant dans les limbes entre la vie et la non-vie. Plusieurs virus peuvent même former des cristaux. Les particules virales qui se trouvent dans le sang ou dans le mucus peuvent sembler mortes, mais elles présentent une surface collante. Elles attendent que quelque chose vienne à elles. Si une cellule se présente et touche le virus, et si la « colle » du virus est d'un type qui convient, le virus adhère à la cellule, et celle-ci l'entoure pour l'intégrer. Le virus une fois entré dans la cellule est comme un cheval de Troie. Il change et entame le processus de réplication.

Un virus est aussi un parasite, qui ne peut pas vivre de façon autonome. Il ne peut que multiplier les copies de lui-même au sein d'une cellule. Il utilise la matière et l'énergie de cette cellule pour survivre, jusqu'à ce que finalement celle-ci, emplie de virus, éclate, laissant les virus s'échapper. Ils peuvent aussi s'échapper à travers la membrane d'une cellule, comme des gouttes tombant d'un robinet — pop, pop, pop, pop. C'est de cette façon que procède le virus du sida. Le robinet coule jusqu'à ce que la cellule, épuisée, consumée, soit détruite. Lorsqu'un certain nombre de cellules sont anéanties, l'hôte meurt, mais un virus ne « veut » pas détruire son hôte, parce qu'il risque lui aussi de disparaître — à moins qu'il ne puisse le quitter suffisamment vite pour pénétrer dans un nouvel hôte.

Le code génétique de l'Ébola est composé d'un unique brin d'ARN et ce type de molécule serait le mécanisme de codage de la vie le plus ancien et le plus « primitif » que l'on connaisse. L'océan qui se forma peu après la naissance de la Terre, il y a environ quatre milliards et demi d'années, a très bien pu contenir de microscopiques formes de vie constituées d'ARN. Cela tendrait à à prouver que l'Ébola est une forme de vie ancienne, presque aussi vieille peut-être que la Terre elle-même.

Les virus peuvent sembler vivants quand ils se multiplient, mais d'un autre côté, ce ne sont que des machines, subtiles, bien sûr, mais guère plus vivantes qu'un marteau. Ce sont des requins moléculaires, durs, totalement égoïstes, conçus uniquement pour assurer leur réplication — qu'ils peuvent effectuer à une vitesse incroyable.

Les virus sont trop petits pour qu'on les voie : cent millions de virus cristallisés de la polio pourraient tenir dans le point placé à la fin de cette phrase.

*
* *

Nettoie se dit Nancy. Pas de sang. Je *n'aime pas* le sang. Chaque fois que je vois une goutte de sang, je vois un milliard de virus. Arrête et rince. Ralentis. Regarde la combinaison de Tony. Vérifie. Tu regardes la combinaison de ton partenaire pour y déceler le moindre signe de trou ou de déchirure, comme une mère qui regarde son enfant. Toujours vérifier que tout va bien.

Johnson l'observait, prêt à intervenir à la moindre erreur, au moindre mouvement brusque avec un ustensile. Il se demanda si elle laisserait tomber quelque chose.

« RONGEUR ! demanda-t-il.

— QUOI ? »

Il montra le tuyau d'air pour lui suggérer de l'arrêter afin d'entendre ce qu'il lui disait. Elle plia le tuyau pour couper le flux d'air, sa combinaison s'aplatit autour d'elle, le silence se fit. Il rapprocha son casque du sien et répéta : « Rongeur. » Elle lui tendit une paire de pinces qu'on utilise pour ouvrir les crânes.

Ouvrir un crâne est toujours une abomination quand on travaille en niveau 4. Le crâne d'un primate est très dur, et les plaques osseuses qui le constituent sont solidement soudées les unes aux autres. D'ordinaire, on s'attaque au crâne avec une scie électrique, mais un tel instrument est inutilisable en niveau 4 : il projetterait dans l'air une brume de particules d'os et de gouttelettes de sang infectés. Bien trop dangereux, même quand on porte une combinaison spatiale.

Ils ouvrirent le crâne avec le rongeur, et cela provoqua un craquement sec qu'ils entendirent distinctement. Ils retirèrent le cerveau parsemé de petites hémorragies, semblables à des piqûres d'insecte, ainsi que les yeux, la moelle épinière, et les placèrent dans un conservateur.

Johnson tendait à Nancy un tube contenant un échantillon quand son geste se figea. Il regardait la main droite de la jeune femme. Du doigt, il lui montra son gant.

Elle baissa les yeux. Son gant ! Il était couvert de sang, oui, mais elle y vit un trou, une déchirure sur la paume extérieure. Nancy le retira d'un geste. Le gant de sa combinaison placé en dessous était lui aussi couvert de sang, et il y en avait également sur la manche.

Formidable ! Tout à fait formidable, pensa-t-elle ! Du sang gorgé d'Ébola sur ma combinaison. Elle rinça son gant et son bras dans du désinfectant ; ils ressortirent luisants et propres. Mais, dans les deux gants restants, elle sentit sa main froide et poisseuse. Il y avait dans son gant de combinaison quelque chose de mouillé. Elle se demanda s'il était aussi percé. Elle l'inspecta consciencieusement et c'est alors qu'elle vit la fente au poignet. Il existait une déchirure dans sa combinaison spatiale, et elle sentait sa main *mouillée.* Elle se demanda s'il pouvait y avoir du sang Ébola dans sa combinaison, près de cette coupure qu'elle avait sur la paume de sa main. Elle montra son gant et dit :

« TROU. »

Johnson se pencha et inspecta le gant. Il distingua la déchirure au poignet. Elle lut la surprise sur son visage, puis il la regarda dans les yeux. Il avait peur, et cela la terrifia. Elle leva le pouce vers la porte.

« JE SORS, PATRON. VOUS POUVEZ TERMINER ?

— PARTEZ IMMÉDIATEMENT. JE BOUCLE TOUT ET JE VOUS SUIS. »

Ne se servant que de sa main gauche elle débrancha son tuyau d'air et se mit presque à courir dans le couloir en direction du sas, son bras droit pendant, rigide, sur le côté. Elle ne voulait plus bouger sa main, parce que chaque fois qu'elle essayait, elle sentait dans le gant quelque chose de poisseux. Elle craignit que la peur ne la submerge. Comment allait-elle retirer ses bottes sans utiliser sa mauvaise main ? Elle les envoya promener à l'autre bout du couloir en secouant le pied et ouvrit la porte du sas, qu'elle claqua derrière elle.

Pour déclencher la douche de décontamination, elle tira sur une chaîne accrochée au plafond. L'opération de décontamination dure sept minutes, pendant lesquelles toutes les portes sont verrouillées automatiquement. Cela commença par des jets d'eau qui lavèrent toutes les traces de sang sur sa combinaison, suivies de pulvérisations d'Envirochem. La combinaison allait être décontaminée, mais si quelque chose vivait dans le gant de Nancy, la douche chimique ne l'atteindrait pas.

Le sas n'était pas éclairé et la pénombre y régnait. Cet endroit était au sens propre une zone grise. Elle aurait aimé pouvoir consulter une montre pour savoir combien de temps elle devait encore attendre. Cinq minutes ? Quatre ? La pluie chimique ruisselait sur sa visière. C'était comme conduire une voiture sous l'averse quand les essuie-glaces sont cassés et qu'on n'y voit plus rien. Merde, merde et merde, se dit-elle.

Au sein de l'Institut existe un hôpital de sécurité biologique de niveau 4 appelé le Claquoir, où des médecins et des infirmières en combinaisons vous soignent. Si, après avoir été exposé à un agent chaud et admis au Claquoir, vous n'en ressortez pas vivant, votre corps est emporté vers une morgue appelée le Sous-Marin. Les soldats l'appellent ainsi parce que sa porte principale, en acier épais, ressemble à un sas de sous-marin.

Nom de Dieu ! jura Nancy. Putain de merde ! Ils vont me mettre au Claquoir. Et Tony va remplir un rapport d'accident pendant que je déclarerai l'Ébola. Une semaine plus tard, je me retrouverai dans le Sous-Marin. Et Jerry qui est au Texas ! En plus je ne suis pas passée à la banque. Il n'y a plus un sou à la maison. Mme Trapane garde les gosses, *et il faut que je la paie.* Et je n'ai pas fait les courses ! Il n'y a plus rien à manger. Comment les gosses vont-ils manger si je suis au Claquoir ? Qui restera avec eux cette nuit ? Merde, merde, merde !

La douche s'arrêta. Nancy ouvrit la porte et se précipita dans la zone d'équipement où elle arracha sa combinaison, qui claqua trempée sur le sol de ciment.

Quand son bras droit apparut, elle vit que la manche de la chemise verte était noire d'humidité et que son gant de chirurgien était rouge.

Le sang chargé de virus Ébola s'était infiltré jusqu'au gant intérieur, et s'était étalé sur le latex, tout contre sa peau, contre le pansement. Son dernier gant était fin et translucide, et elle apercevait le pansement au travers, juste sous le sang. Son cœur battait si fort qu'elle en eut la nausée. Son estomac se contracta et elle eut un réflexe de déglutition dans la gorge. Son esprit courait à toute vitesse. Et qu'est-ce que je fais maintenant ? J'ai un gant non décontaminé, couvert de virus Ébola. Oh, Seigneur ! Quelle est la procédure ? Que faire ?

La silhouette bleue de Tony Johnson passa dans le sas et Nancy entendit le chuintement des douches. Il avait commencé le cycle de décontamination. Il faudrait attendre sept minutes avant qu'il puisse répondre à une question.

Nancy se demandait surtout si du sang avait pénétré dans le dernier gant et atteint sa blessure. Cinq ou dix particules virales de l'Ébola suspendues dans une gouttelette de sang pouvaient facilement se glisser, par un trou d'épingle, dans un gant de chirurgien, et pouvaient suffire à déclencher l'infection explosive. Et un trou d'épingle dans un gant n'est pas visible à l'œil nu. Il n'y avait pas de cuvette d'Envirochem. Il fallait qu'elle se contente de se rincer à l'eau. Elle s'approcha du lavabo et plaça sa main sous le robinet pour la rincer. Elle l'y laissa un moment. L'eau emporta le sang dans l'écoulement, qui aboutissait à une cuve prévue pour faire bouillir tout ce qu'elle recevait.

Elle retira alors son dernier gant en le tenant délicatement par le poignet. Sa main droite apparut couverte de talc, avec ses ongles courts sans vernis et ses doigts marqués par la morsure d'une chèvre quand elle était petite, et le pansement sur la paume.

Elle vit du sang mêlé au talc.

Oh, je vous en prie ! Faites que ce soit *mon* sang !

Oui — c'était son propre sang. La coupure avait saigné hors du pansement. Elle n'avait pas de sang du singe sur sa main.

Elle plaça le gant sous le robinet. L'eau le remplit et il gonfla comme un balon. Elle redoutait l'apparition soudaine d'un filet d'eau, la preuve d'un trou, le signe que sa vie était terminée. Le gant resta gonflé. Pas de fuite.

Soudain, ses jambes cédèrent sous elle. Elle glissa contre le mur lisse avec l'impression qu'on venait de lui donner un coup à l'estomac. Elle s'appuya au carton à chapeau, la boîte destinée à recevoir des produits biologiques dangereux que quelqu'un avait transformée en siège. C'est ainsi que Tony Johnson la retrouva en sortant du sas.

*
* *

Le rapport d'accident conclut que le major Nancy Jaax n'avait pas été exposé au virus Ébola. Son dernier gant était resté intact, et comme tout le monde croyait que l'agent ne se transmettait que par contact direct avec le sang ou les fluides corporels, il ne semblait pas y avoir le moindre risque que le virus ait pénétré son système sanguin, même s'il avait franchi la barrière de sa combinaison spatiale. Elle rentra chez elle ce soir-là, en ayant échappé au « Claquoir » grâce à la fine pellicule élastique d'un gant. Elle avait failli se faire transmettre l'Ébola par un singe, qui l'avait attrapé d'une jeune femme appelée Mayinga, elle-même contaminée par une religieuse, saignée à blanc dans la jungle du Zaïre des années plus tôt.

Le soir, elle appela Jerry au Texas.

« Devine ? J'ai eu un petit problème aujourd'hui. J'ai failli connaître l'Ébola, lui dit-elle en préambule.

— Nom de Dieu, Nancy ! s'écria-t-il au comble de l'horreur quand elle lui eut tout raconté. Je t'avais pourtant dit de ne pas t'occuper de ce foutu virus ! Cette *merde* d'Ébola ! »

Il fulmina pendant dix minutes sur les dangers de se livrer à un travail en zone contaminée dans une combinaison spatiale, surtout quand il s'agissait de l'Ébola.

Elle resta calme et laissa Jerry exprimer sa rancœur,

puis quand il eut terminé, elle l'assura qu'elle était certaine que tout irait bien.

Il fut surpris de son sang-froid. Il aurait pris le premier avion vers la maison ce soir-là, s'il avait perçu dans sa voix la moindre trace d'anxiété.

Les expériences sur l'Ébola s'étaient révélées un échec, car les médicaments testés n'avaient eu aucun effet sur le virus. Tous les singes infectés par Gene Johnson moururent, quels que fussent les médicaments administrés. Le virus les pulvérisa littéralement. Les seuls survivants de l'expérience furent les deux singes de contrôle, auxquels on n'avait pas inoculé l'Ébola et qui vivaient de l'autre côté de la pièce, face aux singes malades.

Mais deux semaines après l'incident du gant ensanglanté, un événement effrayant se produisit : ces deux singes eurent les yeux rouges, saignèrent du nez, puis s'effondrèrent à leur tour, saignés à blanc. Et pourtant, on ne leur avait pas injecté le virus de l'Ébola et ils n'avaient jamais été en contact avec les singes malades.

Lorsqu'une personne saine est placée dans la même salle qu'un malade du sida mais sans contact avec lui, le virus du sida ne peut pas traverser la pièce pour aller infecter la personne saine. L'Ébola, lui, avait traversé la pièce, se déplaçant rapidement, sans hésitation, par une voie inconnue. L'hypothèse la plus probable était que les singes l'avaient inhalé dans leurs poumons.

« Il est arrivé jusqu'à eux, me dit Nancy Jaax des années plus tard. Les singes crachent, jettent des choses, et quand les gardiens lavent les cages au jet, cela crée un aérosol de gouttelettes qui ont probablement traversé la pièce. C'est à ce moment-là que j'ai su que l'Ébola peut se transmettre par la voie aérienne. »

LA RIVIÈRE ÉBOLA

Juillet-octobre 1976

Le 6 juillet 1976, à huit cents kilomètres au nord-ouest du mont Elgon, au sud du Soudan, en bordure de la forêt vierge d'Afrique centrale, un homme connu des chasseurs d'Ébola sous le nom de Yu. G. entra en état de choc et mourut en se vidant littéralement de son sang par tous les orifices du corps. Connu par ses initiales, Yu. G. fut le premier cas identifié de percée d'un virus inconnu.

Il était magasinier dans une manufacture de coton à Nzara, en lisière de la forêt dense et humide d'Afrique centrale. La population de cette ville avait augmenté au cours des dernières années, participant à l'explosion démographique qui touche la plupart des régions équatoriales de la Terre. Les gens vivant dans cette région du Sud Soudan appartiennent à la tribu des Zandès. Leur pays est constitué de savanes mêlées à des forêts qui bordent les rivières ; c'est un pays magnifique où les acacias se regroupent sur les rives des cours d'eau saisonniers. Des colombes africaines perchent dans les arbres et poussent leur long cri. Entre les rivières s'étend une véritable mer d'herbes à éléphant qui poussent à plus de trois mètres de haut. En prenant plus au sud, vers le Zaïre, on atteint des collines et la forêt s'épaissit peu à peu jusqu'à devenir dense et humide. Autour de Nzara s'étendent de riches plantations de teck, d'arbres fruitiers et de coton. Les gens sont pauvres, mais travaillent dur et élèvent de grandes familles dans les traditions de leurs ancêtres.

Yu. G. était salarié. Il travaillait dans un bureau à l'arrière de la manufacture dans une salle où s'empilaient les cotonnades. Des chauves-souris nichaient au plafond. Personne n'a jamais pu prouver que les chauves-souris sont un vecteur de l'Ébola. Le virus a pu pénétrer dans l'usine par des voies inconnues, insectes piégés dans les fibres de coton ou rats proliférant dans l'usine. Il est possible aussi que Yu. G. ait été infecté ailleurs. Il ne se rendit pas à l'hôpital et mourut sur sa paillasse, au milieu de sa famille, qui lui fit des funérailles traditionnelles, ensevelissant son corps sous une motte de terre, dans la savane. Des médecins européens et américains sont venus sur sa tombe, s'incliner devant le premier cas connu d'Ébola Soudan.

On se souvient de Yu. G. comme d'un homme « tranquille, discret ». Jamais il n'a été photographié, et personne ne semble se souvenir de ses traits. On le connaissait mal, même dans son village. On dit que son frère était grand et mince, tout comme lui peut-être. Il traversa la vie sans que personne ne le remarque hormis sa famille et quelques collègues. Il n'aurait jamais eu d'importance s'il n'était devenu l'hôte du virus.

La maladie commença à s'étendre. Quelques jours après sa mort, deux autres salariés travaillant dans des bureaux proches du sien furent victimes d'hémorragie, puis entrèrent en état de choc et moururent. L'un d'eux était un homme populaire qu'on appelait P. G. Contrairement au paisible Yu. G., un vaste cercle d'amis gravitait autour de lui, y compris plusieurs maîtresses. Il dissémina l'agent infectieux dans toute la ville. Il semble que le virus soit passé facilement d'une personne à une autre, à travers les rapports sexuels, mais aussi par simple contact. La réplication alla vite, et le virus atteignit l'entourage de seize porteurs différents, tuant la plupart de ses hôtes. Une souche chaude était sortie de l'homme tranquille, le paisible M. Yu., et avait presque dévasté la population humaine du Sud Soudan. Elle déferla sur Nzara et partit ensuite vers l'est à Maridi, où se trouvait un hôpital.

L'épidémie frappa l'hôpital comme une bombe, tuant infirmières et aides-soignantes ; elle massacra les malades puis s'insinua hors de l'établissement et s'attaqua à leurs familles. Apparemment, le personnel médical avait effectué des piqûres avec des aiguilles sales, ce qui permit au virus de passer comme l'éclair d'un malade à l'autre. Une des caractéristiques d'un virus contagieux et incurable est qu'il atteint rapidement le monde médical. Dans certains cas, le système médical peut même intensifier une épidémie, à la manière d'une loupe qui concentre les rayons du soleil sur du bois sec.

L'hôpital de Maridi se transforma en morgue. Tandis que le virus tuait les malades à tour de bras, les médecins commencèrent à observer également des signes de troubles mentaux, de psychose, de dépersonnalisation. Certains mourants arrachaient leurs vêtements et sortaient de l'hôpital en courant, nus, en sang, parcourant les rues de la ville à la recherche de leur maison et semblant ne pas savoir ce qui leur était arrivé. L'Ébola attaquait le cerveau et entraînait une démence de type psychotique.

La souche de l'Ébola Soudan était deux fois plus mortelle que celle du Marbourg. La moitié des personnes contaminées étaient mortes. Le même taux de mortalité que pour la peste noire au Moyen Age. Si ce virus avait pu sortir d'Afrique centrale, il aurait gagné Khartoum en quelques semaines, puis Le Caire peu après, et de là il serait parvenu à Athènes, New York, Paris, Londres, Singapour. Il aurait accompli le tour de la planète. Mais heureusement ce n'est pas arrivé, et le reste du monde ignora la tragédie soudanaise. Pourtant on peut comparer ce qui s'est produit au Soudan à l'explosion secrète d'une bombe atomique. La race humaine venait de frôler une catastrophe la menaçant en tant qu'espèce et nous ne l'avons jamais su.

Pour des raisons peu claires, l'épidémie régressa et le virus disparut. L'hôpital de Maridi avait été l'épicentre de l'épidémie. Quand le virus le ravagea, le personnel médical survivant fut pris de panique et s'enfuit dans la brousse. Ce fut probablement la plus sage des décisions parce qu'elle mit fin à l'utilisation d'aiguilles sales et vida l'hôpital, ce qui rompit la chaîne de contagion.

Une autre hypothèse est avancée pour expliquer la disparition du virus : il faisait extrêmement chaud et les malades mouraient si vite qu'ils n'avaient guère le temps d'infecter d'autres gens. De plus, le virus se transmettait par le sang et la victime frappée d'hémorragie ne touchait guère de monde avant de mourir. Si les gens avaient expulsé le virus en toussant, la prolifération eût été différente. L'Ébola Soudan anéantit quelques centaines de personnes en Afrique centrale à la façon d'un incendie qui consume une réserve de paille. Lorsque les flammes eurent tout brûlé, il ne restait plus qu'un tas de cendres, contrairement au virus du sida qui couve tout autour de la planète comme un feu impossible à éteindre au fond d'une mine de charbon. Le virus, dans son incarnation soudanaise, s'était retiré au cœur de la brousse où il vit encore de nos jours, circulant indéfiniment dans des hôtes inconnus, capable de se modifier, potentiellement en mesure de pénétrer l'espèce humaine sous une nouvelle forme.

*

* *

Deux mois après le déclenchement de cette épidémie au Soudan, un filovirus encore plus mortel fit son apparition vers le début du mois de septembre 1976 à huit cents kilomètres à l'ouest, dans une province zaïroise appelée zone Bumba, composée de forêt dense et humide avec des villages disséminés le long de l'Ébola, un affluent du Congo. La souche Ébola Zaïre était encore deux fois plus mortelle que l'Ébola Soudan. Elle semblait émerger soudain d'un sommeil immémorial.

Dans les premiers jours de septembre, un inconnu, qui vivait probablement au sud de la rivière Ébola, se trouva en contact avec du sang infecté par le virus. Est-ce en touchant de la viande de singe que l'on chasse pour se nourrir, dans cette région, ou une chauve-souris morte, ou encore peut-être un insecte écrasé ? A moins que cette personne n'ait été piquée par une araignée. Quel que soit l'hôte d'origine du virus, il semble que ce contact, au fond de la jungle, entre deux sangs, permit à l'Ébola de pénétrer dans le monde humain. Cette brèche ainsi ouverte résultait peut-être d'une simple coupure sur la main d'un inconnu.

Le virus se manifesta d'abord à l'hôpital de la mission de Yambuku, une clinique de brousse dirigée par des religieuses belges. Jouxtant une église, elle était constitué de maisons aux murs blanchis à la chaux et recouvertes de toits de tôle. Juste après les cloches appelant à la messe on entendait des hymnes et des prières en bantou. Dehors, les gens, ravagés par la malaria, attendaient devant la clinique que les religieuses leur fassent une piqûre ou leur donnent un médicament qui pourrait faire baisser la fièvre.

La mission de Yambuku possédait aussi une école. Fin août, un instituteur et quelques amis partirent en vacances dans le nord du Zaïre. Ils empruntèrent une Land-Rover de la mission et explorèrent le pays, progressant lentement vers le nord sur des pistes rouges, souvent embourbés. La piste devint un sentier pédestre au-dessus duquel se refermait la voûte formée par les branches des arbres. Jamais le soleil n'y pénétrait et on avait l'impression d'un tunnel sans fin. Le groupe arriva au bord de l'Ébola qu'il traversa sur une barge avant de continuer vers le nord. Près de l'Oubangui, il s'arrêta dans un marché. L'instituteur acheta de la viande d'antilope tandis qu'un de ses amis apporta un singe qui venait d'être tué et qu'il chargea à l'arrière de la Land-Rover. Chaque vacancier a pu toucher la carcasse du singe ou de l'antilope pendant le trajet.

Puis ils rentrèrent à Yambuku, et la femme de l'instituteur fit cuire la viande d'antilope que toute la famille mangea. Le lendemain matin, l'instituteur se sentit indisposé, et s'arrêta avant de se rendre à l'école à la clinique pour qu'on lui fasse une piqûre.

Chaque matin, les religieuses de l'hôpital disposaient cinq seringues hypodermiques sur une table, puis les utilisaient toute la journée. Cinq aiguilles par jour pour des centaines de piqûres aux malades extérieurs comme à ceux qui étaient hospitalisés. De temps en temps, avant une nouvelle piqûre, on rinçait les aiguilles trop maculées de sang dans de l'eau chaude, mais le plus souvent on piquait plusieurs personnes sans nettoyer l'aiguille, mêlant de bras en bras le sang des uns et des autres. Comme il suffit de cinq ou dix particules virales de l'Ébola dans le sang pour que se déclenche une amplification extrême dans un nouvel hôte, toutes les conditions de dissémination du virus étaient réunies.

Quelques jours après qu'il eut reçu sa piqûre, l'instituteur déclara l'Ébola Zaïre. Il reste le premier cas connu d'Ébola Zaïre. Il a très bien pu contracter le virus à partir d'une aiguille souillée lors de son injection à l'hôpital, ce qui voudrait dire que *quelqu'un d'autre*, porteur du virus, avait reçu le même jour une piqûre avec la même aiguille que celle utilisée ensuite pour l'instituteur.

Le virus entra en action simultanément dans cinquante-cinq villages autour de l'hôpital. Il tua d'abord les gens qui avaient reçu une injection, puis leurs familles, en particulier les femmes qui, en Afrique, accomplissent la toilette des morts pour l'enterrement.

Il s'amplifia et se répandit ensuite parmi le personnel médical de la clinique locale de Yambuku, tuant presque toutes les infirmières avant de frapper les religieuses. La première à déclarer l'Ébola fut une sage-femme qui venait de mettre au monde un enfant mort-né. La mère mourait de l'Ébola et avait transmis le virus à son bébé. Le fœtus avait été saigné à blanc dans le ventre de sa mère, ce qui entraîna un avortement spontané. La religieuse qui avait procédé à cette délivrance tragique avait eu les mains couvertes de sang hautement infecté, et elle devait posséder une petite plaie à l'une de ses mains. L'infection la tua en cinq jours.

A la clinique de Yambuku une religieuse que l'on connaît aujourd'hui sous le nom de sœur M. E. tomba gravement malade de « l'épidémie » comme on commençait à l'appeler. Un prêtre décida d'essayer de l'emmener à Kinshasa, la capitale du Zaïre. Accompagné d'une autre infirmière, la sœur E. R., il la conduisit en Land-Rover jusqu'à Bumba, la capitale de la zone, assemblage de maisons en parpaings et de cabanes en bois regroupées sur la rive du Congo. A l'aéroport, ils affrétèrent un petit avion pour se rendre à Kinshasa, et ils firent admettre sœur M. E. à l'hôpital Ngaliema, une clinique privée dirigée par des Suédois. On la plaça dans une chambre individuelle où elle entra en agonie en recommandant son âme au Christ.

*

* *

L'Ébola Zaïre attaque l'ensemble des organes et des tissus du corps humain sauf les muscles moteurs et les os ; c'est un parfait parasite, puisqu'il transforme pratiquement les organes en une bouillie saturée de particules virales. Les sept mystérieuses protéines composant l'Ébola parviennent à travailler ensemble comme une machine infatigable, un requin moléculaire. L'infection progressant, de petits caillots de sang se forment dans les veines tandis que le sang s'épaissit et que son débit ralentit. Les caillots commencent à coller aux parois des vaisseaux sanguins. On appelle cela le « pavage », parce que ces caillots s'imbriquent les uns dans les autres comme une mosaïque couvrant les parois des vaisseaux sanguins. Les caillots deviennent alors de plus en plus nombreux, circulant dans le sang et dans les capillaires où ils restent coincés. Ils finissent par bloquer l'arrivée du sang dans divers organes, entraînant une nécrose de certaines parties du cerveau, du foie, des reins, des poumons, des intestins, des testicules, de la poitrine et de la peau. Les taches rouges qui marbrent la peau sont des pétéchies, c'est-à-dire des hémorragies sous-cutanées. L'Ébola attaque les tissus conjonctifs avec une férocité particulière ; il se multiplie dans le collagène, qui constitue la structure de la peau et maintient les organes en une seule pièce. Tandis qu'à l'intérieur du corps le collagène est transformé en bouillie, les sous-couches de la peau meurent et se liquéfient, formant sur la peau une multitude de bulles blanches et rouges dites maculopapulaires. L'aspect qui en résulte a été comparé à celui d'un gâteau de tapioca. Des déchirures se forment spontanément sur la peau, et du sang hémorragique s'écoule des blessures. Les taches rouges grandissent et se fondent pour devenir une grosse tuméfaction spontanée, la peau s'amollit et s'affaisse au point qu'on pourrait la déchirer en la touchant. La bouche saigne, le sang coule autour des dents, l'hémorragie s'écoule par les glandes salivaires. La surface de la langue tourne au rouge vif, puis pèle et peut s'arracher au cours des vomissements. Même le cœur saigne ; ses muscles s'amollissent et l'hémorragie s'écoule dans les cavités cardiaques. Le sang sort comme d'une éponge du muscle cardiaque à chaque battement et inonde la cavité thoracique. Le cerveau est encombré de cellules sanguines mortes, ce qui entraîne un « ramollissement cérébral ». L'Ébola attaque la sclérotique, le globe oculaire se remplit de sang, ce qui entraîne la cécité. Le sang coule des yeux sur les joues et refuse de coaguler. Il peut se produire une hémiplégie, tout un côté du corps se paralysant, ce qui est invariablement mortel dans le cas de l'Ébola.

L'Ébola tue beaucoup de tissus tandis que son hôte est toujours en vie. Il déclenche une nécrose rampante qui s'étend à tous les organes internes. Le foie gonfle, tourne au jaune, se liquéfie avant de se rompre. Les reins engorgés de caillots de sang et de cellules mortes cessent de fonctionner, et l'urée intoxique le sang. La rate n'est plus qu'un unique et énorme caillot de sang de la taille d'une balle de base-ball. Les testicules des hommes gonflent et tournent au bleu, leur semence est infectée par le virus et les bouts des seins peuvent saigner. Chez les femmes, ce sont les lèvres qui deviennent bleues et gonflent, et elles souffrent d'hémorragies vaginales massives. Le virus est une catastrophe pour les femmes enceintes : l'enfant est expulsé spontanément et comme il est généralement infecté lui aussi, il naît avec les yeux rouges et le nez en sang.

L'Ébola détruit le cerveau plus complètement que le Marbourg et, au stade terminal, ses victimes ont souvent des convulsions épileptoïdes. Le « grand mal » entraîne des convulsions généralisées : le corps se tord et tremble, les bras et les jambes s'agitent en tout sens, les yeux, d'où s'écoulent parfois de grandes quantités de sang, roulent dans les orbites. Les tremblements et convulsions des malades projettent du sang partout. Il est possible que ce soit là d'ailleurs une des stratégies de l'Ébola pour réussir à infecter un nouvel hôte : la victime, en mourant, subit une série de crises, au cours desquelles elle fournit au virus de multiples possibilités de contaminer un nouvel hôte par projection de sang.

L'Ébola (et le Marbourg) se multiplie si rapidement et avec une telle puissance que les cellules infectées du corps deviennent des blocs semblables à du cristal, constitués de particules virales agglutinées. Ces cristalloïdes sont des nichées de virus prêts à sortir de la cellule. On les appelle des « briques ». Elles apparaissent d'abord au centre de la cellule, puis migrent vers sa paroi. Quand une brique atteint la paroi externe de la cellule, elle se désintègre en centaines de particules virales, qui percent la surface de la cellule comme des cheveux pour partir à la dérive dans les vaisseaux sanguins. Les particules d'Ébola s'accrochent aux cellules partout dans le corps, y pénètrent et continuent à se multiplier dans le cœur, les intestins, les yeux. L'Ébola continue à se multiplier jusqu'à ce que des zones entières de tissus soient pleines de cristalloïdes, qui s'échappent dans le sang et libèrent encore plus de particules. Cette amplification continue inexorablement jusqu'à ce qu'une gouttelette du sang de l'hôte contienne cent millions de particules virales.

Après la mort, le cadavre se détériore très vite : les organes internes, déjà partiellement ou totalement morts depuis plusieurs jours, commencent à se décomposer et il se produit une sorte de désagrégation : la peau et les organes, déjà parsemés de zones mortes, surchauffés par la fièvre et endommagés par le choc, commencent à se liquéfier, et les humeurs qui s'écoulent du cadavre sont saturées de virus Ébola.

*

* *

Quand tout fut terminé, le sol, la chaise et les murs de la chambre d'hôpital qui abritait sœur M. E. étaient couverts de sang. Un témoin m'a raconté qu'après qu'on eut emporté son corps, pour l'enterrer, enveloppé dans plusieurs draps, personne à l'hôpital ne voulut entrer nettoyer la pièce. Infirmières et médecins refusaient de toucher au sang et avaient même peur de respirer l'air de la chambre qui fut donc fermée à clé et resta en l'état pendant plusieurs jours.

Personne ne savait ce qui avait tué la religieuse, mais il était clair qu'il s'agissait d'un agent réplicateur. Les rumeurs provenant de la jungle sur les effets du virus n'incitaient guère au calme et à la sérénité : il effaçait des villages entiers de la carte, en amont sur le Congo. Ces rumeurs étaient fausses. Le virus frappait certaines familles de façon sélective, mais personne ne pouvait le savoir, parce que les nouvelles provenant du fleuve étaient étouffées. Des médecins de l'hôpital de Kinshasa examinèrent le cas de la religieuse et commencèrent à soupçonner qu'elle aurait pu mourir du Marbourg ou d'un agent semblable.

Sœur E. R., qui avait accompagné la sœur M. E. jusqu'à Kinshasa, déclara à son tour « l'épidémie ». On la plaça dans une chambre privée de l'hôpital où elle entra en agonie.

Une certaine Mayinga N. était infirmière à l'hôpital Ngaliema. Elle s'était occupée de la première religieuse morte en éclaboussant sa chambre de sang. Il est possible que le sang ou le vomito-negro de la religieuse l'ait contaminée. Elle eut soudain mal à la tête et se sentit épuisée. Elle ne voulait pas s'avouer qu'elle tombait malade. Originaire d'une famille pauvre mais ambitieuse, elle venait d'obtenir une bourse pour aller étudier en Europe, et elle craignait qu'on ne la laissât pas partir si elle était malade. Quand les maux de tête commencèrent, elle quitta son travail et disparut pendant deux jours. Elle occupa ce temps à obtenir ses autorisations de voyage avant que la maladie ne soit visible. Elle passa notamment une journée entière au milieu d'une file d'attente, devant les bureaux du ministère des Affaires étrangères.

Le lendemain, elle allait plus mal, mais elle retourna en ville. Cette fois, elle prit un taxi pour le plus grand hôpital de Kinshasa. Ses maux de tête étaient devenus insupportables et elle souffrait aussi beaucoup du ventre. Elle devait avoir terriblement peur mais sans doute pour une raison psychologique, elle ne se rendit pas à l'hôpital Ngaliema, où elle travaillait et où les médecins auraient pris soin d'elle. Elle ne voulait pas s'avouer qu'elle avait été contaminée. Elle espérait qu'il ne s'agissait que d'une crise de malaria, et alla à l'hôpital Mama Yemo, dernier recours des plus pauvres. Elle attendit longtemps aux urgences grouillantes d'adultes et d'enfants en haillons.

J'imagine l'infirmière Mayinga N., source du virus que l'armée des États-Unis conserve soigneusement dans ses coffres, déambulant dans Kinshasa ce 12 octobre 1976. C'est une ravissante jeune Africaine, douce, d'environ vingt ans, avec des rêves. Ses parents l'aimaient tendrement. Elle attend aux urgences de Mama Yemo avec les cas de malaria, les enfants dépenaillés au gros ventre, sans que personne ne lui prête attention. Elle a mal à la tête et les yeux rougis. Peut-être parce qu'elle a pleuré. Un médecin lui administre une piqûre contre la malaria et lui dit qu'elle devrait être mise en quarantaine, mais il n'y a pas de place. Elle quitte alors l'hôpital et demande à un chauffeur de taxi de l'emmener à l'hôpital de l'université, où les médecins pourront peut-être la traiter. Mais à son arrivée, ceux-ci ne semblent pas trouver autre chose que de petits signes de malaria. Les maux de tête empirent. Je l'imagine assise dans la salle d'attente de l'hôpital. Je suis presque certain qu'elle pleure.

Finalement, elle retourne à l'hôpital Ngaliema et demande à y être admise en tant que malade. On la met dans une chambre particulière et elle sombre dans la léthargie, le visage figé ressemblant à un masque.

Des histoires provenaient de la forêt sur le virus et la façon dont il agissait sur les gens. On racontait aussi qu'une infirmière malade avait parcouru Kinshasa pendant deux jours et côtoyé beaucoup de gens dans des lieux publics surpeuplés. La panique gagna la capitale. La rumeur, partie de la mission, relayée par une chaîne de fonctionnaires, parvint aux diplomates, et atteignit l'Europe. Dans les bureaux de l'OMS à Genève, ce fut une panique totale. Des témoins rapportent que la peur était palpable dans les couloirs, et que le directeur lui-même était en état de choc. L'infirmière Mayinga N. semblait être le vecteur d'une chaîne explosive de transmission mortelle au cœur d'une ville du tiers monde comptant plus de deux millions d'habitants. Les responsables de l'OMS commencèrent à craindre que l'infirmière ne déclenche une épidémie à l'échelle mondiale. Des gouvernements européens envisagèrent d'interdire leur territoire aux avions en provenance de Kinshasa. Le fait qu'une personne infectée ait parcouru cette ville surpeuplée pendant deux jours, alors qu'elle aurait dû être isolée dans une chambre d'hôpital, faisait figure de menace contre l'espèce humaine.

Le président Mobutu Sese Seko envoya l'armée. Il posta des soldats autour de l'hôpital Ngaliema avec ordre de ne laisser entrer ni sortir personne, à l'exception des médecins. Presque tout le personnel médical se trouvait en quarantaine dans l'hôpital et les soldats vieillaient à ce que cette quarantaine fût bien respectée. Mobutu ordonna aussi à des unités de l'armée de boucler la zone Bumba en plaçant des barrages routiers et de tirer à vue sur toute personne tentant d'en sortir. Le principal lien entre Bumba et le monde extérieur était le Congo. Les capitaines des bateaux circulant sur le fleuve avaient entendu parler du virus et refusaient de s'arrêter dans ce territoire, même quand des gens les suppliaient depuis les rives. Puis tout contact avec Bumba cessa. Personne ne savait ce qui s'y passait, qui mourait, les effets du virus. Bumba avait comme disparu de la surface de la terre, sombrant dans le cœur silencieux des ténèbres.

*
* *

Alors que la première religieuse se mourait à l'hôpital Ngaliema, les médecins décidèrent de lui faire une biopsie. Il s'agit du prélèvement d'un échantillonnage rapide de tissus, pratiqué à la place d'une autopsie qui eût été impossible dans la mesure où l'ordre auquel appartenait cette religieuse l'interdisait. Les médecins, désireux de savoir ce qui se multipliait en elle, insérèrent une aiguille dans son abdomen et ponctionnèrent une certaine quantité de foie, qui avait commencé à se liquéfier. Il est possible que ce soit pendant cette biopsie que le sang ait giclé sur les murs. Les médecins prélevèrent aussi du sang dans la veine du bras. Quelques jours plus tard, un peu du sérum sanguin de la religieuse se retrouva au Service des pathologies spéciales du CDC, le Centre de contrôle des maladies d'Atlanta, en Géorgie.

Ce service traite de virus apparaissant pour la première fois. Le docteur Karl M. Johnson, un virologue de terrain qui avait longtemps exercé dans les forêts d'Amérique latine, venait de le fonder et c'est lui qui dirigea l'équipe chargée d'analyser le sang de la religieuse.

Le sang arriva conservé dans des tubes à essai en verre placés dans une glacière. Patricia Webb, membre de l'équipe et mariée à l'époque à Karl Johnson, l'ouvrit et s'aperçut que les tubes étaient fêlés et que du sang poisseux était répandu dans le conteneur. Elle en gratta un peu pour les analyses, sans prendre aucune précaution particulière. (Nous étions en 1976, avant l'apparition du sida.) Johnson et son équipe ignoraient presque tout des cas déclarés au Zaïre ; ils avaient juste entendu dire que des gens y mouraient d'une « fièvre » avec « symptômes généralisés ». Aucun autre détail n'était parvenu de la brousse ou de l'hôpital où la religieuse venait de mourir.

Patricia Webb introduisit le sérum dans des échantillons de cellules de singe, qui bientôt se modifièrent et moururent. L'agent inconnu pouvait infecter les singes.

L'équipe de Karl Johnson comptait dans ses rangs le Dr Frederick A. Murphy, un des meilleurs photographe de virus au microscope électronique. Ses photos de virus ont même été exposées dans des musées ! Murphy voulut observer de près ces cellules en train de mourir et voir s'il pourrait y photographier un virus. Le 13 octobre — le jour même où l'infirmière Mayinga était assise dans les salles d'attente des hôpitaux de Kinshasa — il déposa une gouttelette de liquide provenant des cellules sur une plaque pour qu'elle sèche, puis il plaça la croûte ainsi formée sous son microscope électronique.

Il n'en crut pas ses yeux. La croûte était bourrée de particules de virus. Il n'avait jamais rien vu de tel. Le liquide séché grouillait de ce qu'on aurait pu prendre pour des vers de terre. Il retint son souffle. Le Marbourg, pensa-t-il. En 1976, le Marbourg était le seul filovirus connu au monde. Jamais Murphy n'avait vu autant de virus dans une seule gouttelette de liquide.

Il se leva brutalement, angoissé. Les plaques où il avait préparé l'échantillon étaient chaudes comme l'enfer. Il sortit de la salle du microscope, referma la

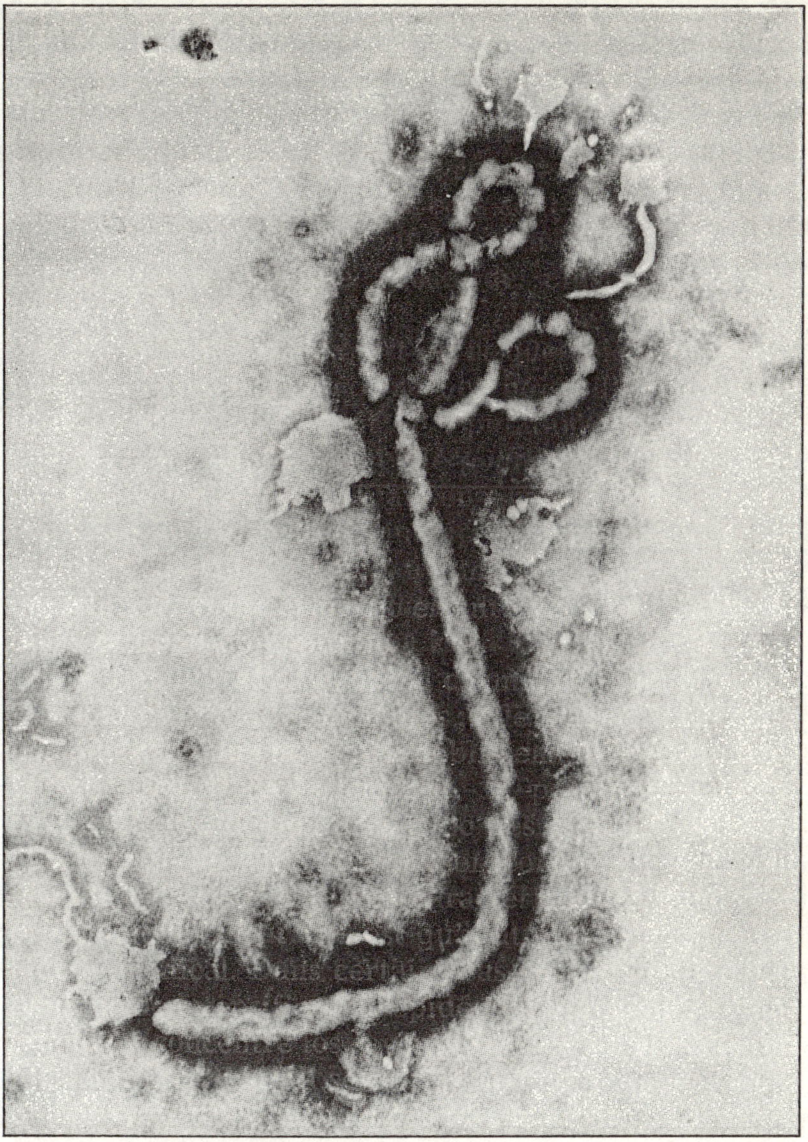

Particule isolée de l'Ébola présentant une « houlette de berger » très nette — dans ce cas une double boucle emmêlée. Il s'agit d'une des premières photos de l'Ébola. Elle fut prise le 13 octobre 1976 par Frederick A. Murphy au Centre de contrôle des maladies. Les dessins rappelant une corde sur le filament sont les protéines inconnues qui le constituent. Elles entourent un unique brin d'ARN, porteur du code génétique du virus. Agrandissement 112 000 fois.

Photo : Frederick A. Murphy/Centers for Disease Control

porte derrière lui, puis fila jusqu'au laboratoire où il avait travaillé sur le sang de la religieuse. A l'aide d'eau de Javel, il nettoya la pièce du sol au plafond, frottant les plans de travail et les éviers. Il désinfecta partout. Quand il eut terminé, il alla trouver Patricia Webb et lui dit ce qu'il avait vu dans son microscope. Elle appela son mari :

« Karl, tu devrais vite venir au labo. Fred a regardé les échantillons, et il a vu des *vers.* »

Ils observèrent ces vers et tentèrent de les classer en fonction de leur forme. Il y avait des serpents, des queues de cochon, des branches, des fourches en Y, et ils remarquèrent également des tortillons, comme de petits g, des courbes comme des U, et des 6 — et aussi la forme classique de l'Ébola qu'ils appelèrent « houlette de berger ».

D'autres spécialistes ont aussi baptisé cette forme « boulon à œil », du nom de certains boulons que l'on trouve dans les quincailleries et dont l'aspect évoque celui du virus.

Le lendemain, Patricia Webb fit quelques essais sur le virus et constata qu'il ne réagissait à aucun des tests du Marbourg ni d'aucun autre virus connu. C'était donc un agent inconnu, un nouveau virus. L'équipe avait isolé la souche et prouvé qu'elle était nouvelle : elle avait conquis le droit de lui donner un nom ; Karl Johnson choisit « Ébola ».

Depuis, il a quitté le CDC et il passe maintenant beaucoup de temps dans le Montana à pêcher les truites à la mouche. Il travaille à l'occasion comme consultant, en particulier pour concevoir des zones chaudes pressurisées. J'avais obtenu son numéro à Big Sky, et je lui envoyai une télécopie. Je déclarais que j'étais fasciné par le virus Ébola. Pas de réponse. J'attendis une journée et envoyai un second message, sans plus de résultat. L'homme devait être trop occupé à pêcher. J'avais presque perdu espoir quand mon télécopieur transmit soudain ces lignes :

> Monsieur Preston,
> A moins que vous n'entendiez par « fascination » le sentiment qu'on éprouve à regarder dans les yeux un cobra royal énervé, ce n'est pas ce que j'ai ressenti à propos de l'Ébola. Que diriez-vous de « mort de trouille » ?

Deux jours après que son équipe eut isolé pour la première fois l'Ébola, Karl Johnson partit pour le Zaïre en compagnie d'un autre médecin du CDC, le Dr Joel Breman. Accompagnés de dix-sept caisses de matériel, ils se posèrent sur l'aéroport de Kinshasa à l'aube.

« Quand nous sommes arrivés, m'a expliqué le Dr Karl Johnson, nous avions l'impression d'être chez les fous. Aucune nouvelle ne filtrait de la province de Bumba, avec laquelle il n'y avait plus de contact radio. Nous savions que le virus était localisé là, et que nous avions affaire à quelque chose de nouveau, mais nous ne savions pas si le virus pouvait être véhiculé par des gouttelettes, dans l'air, un peu comme pour la grippe. Si tel avait été le cas, le monde serait très différent aujourd'hui.

— C'est-à-dire ? demandai-je.

— Nous serions beaucoup moins nombreux. Il aurait été *excessivement* difficile de contenir ce virus s'il avait pu être transmis par voie respiratoire. Je m'étais dit que, si l'Ébola était du type Andromède — incroyablement mortel et diffusé par voie aérienne —, plus aucun lieu sûr n'existerait au monde. Alors, à partir de ce constat, on pouvait aussi bien travailler à l'épicentre que risquer l'infection à l'Opéra de Londres.

— Trouvez-vous que les virus soient beaux ?

— Oh, oui ! N'est-il pas vrai, lorsque vous regardez un cobra dans les yeux, que la peur diminue dès que vous commencez à voir l'essence de la beauté. Observer l'Ébola au microscope électronique, c'est comme regarder un château de glace merveilleusement ouvragé, si froid et totalement pur. »

Karl Johnson prit la tête de l'équipe internationale de l'OMS arrivée à Kinshasa pour tenter de contenir le virus et stopper sa diffusion à travers la ville, tandis que Joel Breman s'intégrait à une équipe d'exploration qui prit place à bord d'un transporteur de troupes C-130 Buffalo en direction de l'intérieur du pays. Pour découvrir ce qui se passait dans la zone Bumba.

Le Buffalo était un avion militaire de fabrication américaine appartenant à l'armée de l'air zaïroise, équipé de sièges couverts de peaux de léopards, de lits pliants et d'un bar. C'était en fait l'avion privé du président Mobutu, celui avec lequel il emmenait sa famille en vacances en Suisse. Ce palace volant présidentiel emportait une équipe de l'OMS en zone chaude, le long du Congo, au nord-est. Les médecins, assis sur leurs sièges léopard, observaient par les hublots les interminables pistes dans la forêt et le fleuve brun, interrompu à l'occasion par le scintillement d'un bras mort ou des huttes rondes ordonnées comme des perles le long d'un sentier à peine visible. Penché au-dessus de la terre d'Afrique, Breman sentit la terreur monter en lui à l'idée d'y poser le pied. Il était en sécurité en l'air, au-dessus de cette forêt, mais au sol... Il songea qu'il allait peut-être dans la zone Bumba pour y mourir. Il avait laissé sa femme chez lui dans le Michigan, avec leurs deux enfants, et jamais plus il ne les reverrait. Il avait emporté un petit sac de voyage contenant, outre sa brosse à dents, quelques masques chirurgicaux et des gants en caoutchouc, mais ce n'était pas un équipement suffisant pour manipuler un agent chaud. Le Buffalo amorça sa descente, et la ville de Bumba apparut, port équatorial à l'aspect pourrissant, au bord du Congo.

L'avion se posa sur une piste en bordure de la ville. L'équipage, zaïrois, terrifié à l'idée même de respirer, laissa les hélices tourner pendant qu'il faisait descendre les médecins et leur tendait leurs bagages. Il partit si vite que la petite équipe fut happée par le souffle de l'avion quand il reprit de la vitesse pour redécoller.

En ville, ils rencontrèrent le gouverneur de la zone, un politicien local désemparé. « Tout va mal. Nous n'avons pu obtenir ni sel ni sucre, expliqua-t-il aux médecins d'une voix tremblante comme s'il allait pleurer. Nous n'avons pas non plus de bière. »

Un médecin belge de l'équipe posa d'un geste théâtral une trousse de médecin en cuir noir. Quand il la retourna sur la table, des piles de devises se déversèrent, formant un tas impressionnant.

« Monsieur le gouverneur, peut-être que cela rendra l'épreuve un peu moins pénible, dit-il.

— Que faites-vous ? s'étonna Breman.

— C'est comme ça que les choses se passent par ici », répondit le Belge.

Le gouverneur prit l'argent et promit sa plus complète coopération. Il leur prêta deux Land-Rover avec lesquelles ils partirent vers le nord à la recherche de l'Ébola.

C'était la saison des pluies, et la « route » n'était qu'une succession de nids-de-poule boueux entre de vrais ruisseaux. Les moteurs hurlaient, les roues patinaient et ils avançaient dans la forêt au rythme de la marche. La pluie continuelle n'atténuait pas la chaleur oppressante. De temps à autre, ils traversaient des villages où ils trouvaient un barrage d'arbres en travers de la route. Instruits par des siècles de variole, les anciens avaient institué leur propre méthode pour tenter d'endiguer le virus : ils coupaient les villages du reste du monde pour protéger leurs habitants de l'épidémie. C'était une pratique ancienne en Afrique, les villages se fermant aux étrangers pendant une épidémie, repoussant ceux qui se présentent.

« Qui êtes-vous ? Que faites-vous ici ? demandaient aux passagers des Land-Rover les villageois cachés derrière leurs barricades.

— Nous sommes médecins ! Nous venons vous aider ! »

Finalement les villageois écartaient les arbres et l'équipe médicale s'enfonçait chaque fois plus profondément dans la forêt. Au terme d'une épuisante journée, elle arriva à une rangée de huttes rondes précédant une église blanche, entourée de deux terrains de football.

Au milieu de l'un d'eux, ils remarquèrent un tas de matelas brûlés. Deux cents mètres plus loin, ils arrivèrent à l'hôpital de Yambuku, un ensemble de bâtiments bas en ciment blanchi à la chaux avec des toits de tôle.

L'endroit semblait aussi silencieux qu'un tombeau et totalement désert. Les lits d'acier ou de bois, dépourvus de matelas — ceux-ci, imbibés de sang, avaient été brûlés sur le terrain de foot —, étaient aussi propres que le sol que l'on venait de laver. L'équipe découvrit trois religieuses et un prêtre qui avaient survécu, en compagnie de quelques infirmières africaines dévouées. Les médecins les trouvèrent dans une salle vide en train de pulvériser de l'insecticide, dans l'espoir que cela pourrait éloigner le virus. Une salle de l'hôpital, cependant, n'avait pas été nettoyée : personne, pas même les religieuses, n'avait eu le courage d'entrer à la maternité. Quand Joel Breman et son équipe y pénétrèrent, ils trouvèrent des cuvettes d'eau sale et des seringues maculées de sang. La pièce avait été abandonnée alors que des mères accouchaient, donnant naissance à des fœtus aux yeux rouges. L'équipe venait de découvrir tout au bout de la terre la chambre de la reine virus, où cette forme de vie inconnue s'était amplifiée.

La pluie continua de tomber toute la journée et toute la nuit. De merveilleux arbres aux troncs puissants, un ensemble de camphriers et de tecks, se dressaient autour de l'hôpital et de l'église. Leur feuillage se mêlait et ils s'agitaient quand un groupe de singes les traversait comme un souffle de vent, sautant de branche en branche en criant. Le lendemain, les médecins s'enfoncèrent toujours plus profondément dans la forêt et pénétrèrent dans des villages infectés, où ils découvrirent des mourants. Certaines victimes avaient été placées dans des cases d'isolement en bordure du village, une vieille technique africaine en cas de variole. On avait brûlé certaines des cases où les gens étaient morts. Le virus semblait se retirer après avoir traversé la province à toute vitesse. L'émotion envahit Joel Breman quand il comprit que les victimes avaient été infectées à l'hôpital. Le virus s'était implanté chez les religieuses, et avait accompli son travail destructeur chez ceux venus chercher de l'aide. Dans un village, il examina un homme mourant de l'Ébola. Il était assis dans un fauteuil, tenant son estomac, plié en deux par la douleur, du sang coulait autour de ses dents.

Ils essayèrent de joindre Kinshasa par radio, pour annoncer à Karl Johnson et aux autres que l'épidémie était sur le déclin. Une semaine plus tard ils tentaient toujours, en vain, d'obtenir la liaison. Ils refirent donc la route dans l'autre sens et attendirent à Bumba, près du fleuve. Un jour, un avion passa au-dessus d'eux, survola une nouvelle fois la ville, puis se posa. Ils coururent à sa rencontre.

*
* *

L'infirmière Mayinga N. avait été placée dans une pièce à laquelle on accédait par une sorte d'antichambre, véritable zone grise où les infirmières et le personnel devaient mettre des vêtements de protection avant d'entrer. Un médecin sud-africain, Margaretha Isaäcson, s'occupait de Mayinga. Elle portait un masque à gaz militaire qui se révélait de plus en plus inconfortable à cause de la chaleur. Elle se dit : « Je ne peux plus le supporter. De toute façon, ça m'étonnerait que j'en ressorte vivante. Mes enfants sont grands, ils n'ont plus vraiment besoin de moi. »

Elle retira le masque et continua de soigner la jeune mourante, face à face.

Le Dr Isaäcson fit tout ce qu'elle put pour sauver Mayinga, mais elle était aussi impuissante que les médecins du Moyen Age confrontés à la peste noire. (« Ce n'était pas comme le sida, expliqua-t-elle plus tard. Le sida est un jeu d'enfant, comparé à ça ! ») Elle donna à Mayinga des cubes de glace à sucer pour soulager sa gorge douloureuse, et lui administra du Valium pour tenter de dissiper sa peur.

« Je sais que je vais mourir, lui dit Mayinga.

— Mais non, voyons, vous n'allez pas mourir », répondait le Dr Isaäcson.

Quand les hémorragies commencèrent, la bouche et le nez de Mayinga se remplirent de sang. Il coulait sans arrêt, et sans coaguler. Ces hémorragies nasales ne s'arrêtent que lorsque le cœur cesse de battre. Le Dr Isaäcson lui administra trois transfusions totales pour remplacer le sang qu'elle perdait. Mayinga conserva sa conscience et sa raison jusqu'à la fin. Au stade final, son cœur se mit à galoper. L'Ébola y avait pénétré. Elle le sentait bouillonner dans sa poitrine et cela lui causait une indescriptible frayeur. Pendant la nuit, elle mourut d'une crise cardiaque.

La chambre était contaminée par son sang, comme celle de la religieuse, toujours fermée. Le Dr Isaäcson déclara au personnel : « Je ne vous servirai plus à grand-chose, maintenant », puis elle prit un seau de désinfectant et une serpillière pour aller nettoyer les deux chambres.

Des équipes de l'hôpital partirent à travers la ville pour retrouver les gens qui avaient été en contact avec Mayinga. Elles en identifièrent trente-sept qu'elles installèrent pendant deux semaines dans les pavillons de quarantaine de l'hôpital. On enveloppa les cadavres des religieuses et de Mayinga dans des draps imbibés de désinfectant, puis on les enferma dans deux sacs en plastique avant de sceller leurs cercueils. Les services funèbres eurent lieu à l'hôpital même, sous la surveillance des médecins.

Karl Johnson, sans nouvelles de l'équipe de médecins envoyée à Bumba, se demandait s'ils étaient tous morts, et pensait que le virus s'apprêtait à ravager la ville. Il aménagea un bateau-hôpital qu'il fit ancrer sur le fleuve Congo. Il permettait aux médecins de s'isoler. A l'époque, un millier d'Américains vivaient au Zaïre. Aux États-Unis, la 82e division aéroportée fut mise en état d'alerte et se préparait à évacuer les Américains par avion dès que le premier cas d'Ébola se déclarerait en ville. Mais au soulagement général, le virus ne se dissémina pas. Il se retira dans les eaux de l'Ébola, en amont, pour se réfugier à nouveau dans la forêt. L'agent Ébola ne semblait pas contagieux par simple contact. Il ne paraissait pas capable de passer par l'air. Personne n'avait attrapé le virus de Mayinga, alors qu'elle avait côtoyé au moins trente-sept personnes. Elle avait même partagé une bouteille de soda avec quelqu'un, qui n'était pas tombé malade. La crise passa.

PETER CARDINAL

2 septembre 1987-printemps 1988

Après qu'il eut touché Charles Monet et le Dr Shem Musoke, le Marbourg disparut, et personne ne peut dire où il s'est retiré. Il a semblé disparaître de la surface de la terre, mais les virus ne disparaissent pas, ils se cachent seulement. Comme pour l'Ébola, personne ne connaît sa cachette.

Le 2 septembre 1987, en début de soirée, Eugene Johnson, l'expert attaché à l'USAMRIID, attendait à l'aéroport international Dulles, près de Washington, l'arrivée d'un vol KLM en provenance d'Amsterdam qui transportait un passager de retour du Kenya. Un homme portant un sac de toile passa la douane et fit un signe de tête à Johnson. (« Je ne vais pas citer le nom de cette personne. Disons seulement que c'était quelqu'un que je connaissais, en qui j'avais confiance », m'expliqua Johnson.) L'homme posa son sac aux pieds de l'expert, l'ouvrit et en sortit des serviettes de bain qu'il écarta. Elles entouraient une boîte sans marquage distinctif, solidement fermée par du ruban adhésif. Il la remit à Johnson, qui l'emporta hors de l'aérogare, la plaça dans le coffre de sa voiture et gagna l'Institut. La boîte contenait le sérum sanguin d'un enfant de dix ans que nous appellerons Peter Cardinal. Il venait de mourir à l'hôpital de Nairobi d'une combinaison de symptômes extrêmes qui désignaient comme responsable un virus non identifié de niveau 4.

Tandis qu'il roulait vers l'Institut, Johnson se demanda ce qu'il allait faire de la boîte. Il eut envie de stériliser son contenu dans un four, puis de l'incinérer et de l'oublier. La plupart des échantillons qui parvenaient à l'Institut — il arrivait constamment, du monde entier, des échantillons de sang et de tissus — ne contenaient rien d'inhabituel, aucun virus intéressant. En d'autres termes, la plupart de ces échantillons ne représentaient que de fausses alertes. Johnson n'était pas certain de vouloir prendre le temps d'analyser le sang de ce petit garçon si, comme c'était le plus probable, on ne devait rien trouver dedans. Mais quand il franchit le portail de Fort Detrick, il s'était décidé à procéder à l'analyse. Il savait que ce travail le tiendrait éveillé presque toute la nuit, mais il fallait le faire immédiatement, avant que le sérum ne se détériorât.

Il enfila une tenue de chirurgien et des gants de caoutchouc, puis emporta la boîte au niveau 3 du laboratoire Ébola, où il l'ouvrit. Elle était pleine de flocons de polystyrène, d'où il pêcha un cylindre de métal scellé avec du ruban adhésif, étiqueté du symbole du danger biologique. Le long d'un mur, une rangée de niches tapissées d'acier inoxydable étaient aménagées, fermées par une vitre à travers laquelle passaient les gants de caoutchouc.

Il s'agissait des niches de sécurité biologique de niveau 4. On pouvait les isoler du monde extérieur afin de manipuler un agent chaud grâce aux gants de caoutchouc. Elles ressemblaient à celles utilisées pour manipuler des objets radioactifs. Johnson fit jouer une des sécurités et ouvrit la porte. Il plaça le cylindre métallique dans la niche puis referma la porte et s'assura de l'étanchéité de la niche.

Il inséra ses mains dans les gants, prit le cylindre et, les yeux rivés dessus, retira le ruban adhésif qui le fermait. Le ruban colla à ses gants. Il n'arrivait pas à s'en débarrasser. Merde ! jura-t-il. Il était 8 heures du soir, et jamais il ne serait rentré chez lui. Finalement il ouvrit le cylindre et trouva à l'intérieur des serviettes en papier imbibées de désinfectant qu'il écarta pour découvrir un sac muni d'une fermeture à glissière. Il contenait deux tubes en plastique fermés par un bouchon. Il les dévissa et sortit deux toutes petites fioles de plastique contenant un liquide doré : le sérum sanguin de Peter Cardinal.

Le père et la mère de l'enfant travaillaient pour une organisation humanitaire au Kenya, et vivaient dans une maison de Kisumu, sur le lac Victoria. Peter était pensionnaire au Danemark, et au mois d'août, quelques semaines avant sa mort, il était venu en Afrique voir ses parents et sa sœur aînée. Celle-ci étudiait dans une école privée, à Nairobi. Peter et elle étaient très proches, et pendant ces vacances au Kenya, ils ne se quittèrent pratiquement jamais.

Les parents prirent leurs vacances peu après l'arrivée de Peter et la famille partit en voiture à travers le Kenya, pour en montrer toutes les beautés à Peter. Ils séjournaient à Mombasa, dans un hôtel en bord de mer, quand les yeux de Peter virèrent au rouge. Ses parents l'emmenèrent à l'hôpital, où les médecins diagnostiquèrent la malaria. Mais sa mère ne pensait pas que ce fût cela. Elle sentait que son fils allait mourir. Il fut décidé d'emmener l'enfant à Nairobi. Des médecins vinrent le chercher en avion et une ambulance fonça ensuite jusqu'à l'hôpital. On le plaça dans le service de David Silverstein, celui qui avait soigné le Dr Musoke après que Charles Monet lui eut projeté du vomito-negro au visage.

*
* *

« Peter Cardinal était un beau petit garçon de dix ans, un gamin aux cheveux blonds et aux yeux bleus, grand et mince », raconte le Dr Silverstein tandis que nous buvons l'un un café, l'autre du thé à une table de la galerie commerciale proche de sa maison, dans la banlieue de Washington. Je regarde attentivement son visage, lunettes cerclées d'acier, moustache, yeux dans le vide — tandis qu'il raconte la mort à laquelle il a assisté : « Quand Peter est arrivé, il était fébrile, mais tout à fait conscient. Je lui ai fait une radio, ses poumons étaient pelucheux. » Une sorte de mucus aqueux commençait à se déposer dans les poumons et le gênait pour respirer. « C'était un syndrome typique de détresse respiratoire, comme pour un début de pneumonie, poursuit Silverstein. Peu après, il commença à avoir le bout des doigts bleus, et aussi de petites taches rouges. J'ai obligé tout le monde à porter des gants avant de le toucher. On n'en était pas à la paranoïa de l'époque du Dr Musoke, mais on prenait des précautions. Au bout de vingt-quatre heures, il a été placé sous assistance respiratoire. Nous avions remarqué qu'il saignait facilement quand on le piquait, et que son foie ne fonctionnait pas correctement. Les petites taches rouges devinrent de vastes tuméfactions spontanées. Il était couvert de bleus. Puis ses pupilles se dilatèrent, signe de la mort du cerveau. »

Il se mit à gonfler et sa peau se remplit de poches de sang. A certains endroits, la peau se séparait presque des tissus sous-jacents. Tout cela se déroula tandis qu'il était sous assistance respiratoire, au cours du « troisième espace ». Dans le premier espace, on saigne aux poumons ; dans le deuxième, à l'estomac et aux intestins. Le troisième se situe entre la peau et la chair. En fait la peau se boursoufle et se sépare de la chair comme une enveloppe. Peter Cardinal se vidait de son sang sous sa propre peau.

*

* *

Plus on observe les virus chauds, et moins ils ressemblent à des parasites. Ils se rapprochent au fond des prédateurs, dont une des caractéristiques est qu'ils deviennent invisibles à leur proie pendant la période, silencieuse et parfois longue, qui précède leur attaque.

L'herbe de la savane ondule et le seul bruit qui agite l'air est celui des colombes qui s'appellent d'un acacia à l'autre. Au loin, dans la chaleur scintillante, un troupeau de zèbres broute. Soudain, l'herbe s'agite, un lion s'accroche à la gorge d'un zèbre, qui émet un cri étouffé, et les deux animaux commencent leur danse de mort. Le lendemain, les os sont couverts de mouches. Certains prédateurs qui s'attaquent à l'homme vivent sur terre depuis bien plus longtemps que la race humaine, et leur origine remonte, semble-t-il, presque au début de la vie sur terre.

Les parents et la sœur de Peter Cardinal le regardaient, lentement dépecé par un prédateur invisible. Il était plongé dans un voyage au pays de l'horreur, où ils ne pouvaient plus ni l'atteindre, ni le réconforter. Tandis que le sang inondait son troisième espace, ses yeux restaient ouverts et dilatés, fixes, sanglants, profonds. Les parents ne savaient pas si l'enfant pouvait les voir, ni ce qu'il voyait, ou ce qu'il pensait, derrière ses yeux ouverts. Les machines reliées aux électrodes de son cuir chevelu ne montraient, sur leur écran, qu'un tracé plat qui, de temps à autre, s'animait un peu, comme si quelque chose continuait de lutter dans l'enfant, quelque fragment de son esprit détruit.

Ils durent prendre une décision concernant l'assistance respiratoire.

« Il n'y a aucune raison de le maintenir en vie. Son cerveau est mort, expliqua le Dr Silverstein.

— Si seulement on l'avait amené plus tôt de Mombasa ! répondit la mère.

— Ça aurait été bien, mais ce ne fut pas le cas, répondit le docteur. Il était condamné dès son arrivée. »

*

* *

Les mains gantées, Gene Johnson préleva dans la niche un peu du sérum de l'enfant et l'introduisit dans des flacons qui contenaient des cellules vivantes d'un singe. Si quelque chose vivait dans le sang de Peter Cardinal, il pourrait commencer sa réplication dans ces cellules. Puis Johnson rentra chez lui à 3 heures du matin pour dormir un peu.

Les jours suivants, il observa les changements survenus dans les cellules des singes. Infectées, elles éclataient et mouraient. La souche Cardinal était bel et bien un agent chaud qui tuait les cellules en grand nombre, et vite.

Il prit une partie de cette souche et l'injecta à des cochons d'Inde qu'elle tua comme des mouches. En outre, les testicules des mâles gonflaient jusqu'à atteindre la taille d'une balle de golf et viraient au pourpre. La souche Cardinal était un organisme complexe qui pouvait se multiplier dans des chairs de différentes origines. Elle envahissait, dévastait et tuait. Elle séjournait quelque part en Afrique, et se multipliait facilement dans diverses espèces — singes, humains, cochons d'Inde. Elle était extrêmement mortelle pour ces espèces, ce qui signifiait que son hôte d'origine n'était probablement ni un singe, ni un humain, puisque le virus ne tue généralement pas son hôte d'origine. Le Marbourg était un voyageur ; il pouvait passer d'une espèce à l'autre et il la dévastait. Il ne connaissait aucune limite.

Dès qu'il eut isolé la souche Cardinal et confirmé qu'il s'agissait du Marbourg, Johnson se demanda où et comment Peter Cardinal avait pu être infecté. Qu'avait-il fait pour se retrouver infecté ? Où exactement s'était-il rendu ? Ces questions hantaient Johnson. Il y avait des années qu'il tentait de trouver le foyer secret des filovirus.

Il appela un ami et collègue au Kenya, le Dr Peter Tukei, qui travaillait à l'Institut de recherche médicale du Kenya à Nairobi. « Nous savons qu'il s'agit du Marbourg, lui dit Gene. Pouvez-vous connaître l'histoire de ce gosse ? Trouver où il est allé et ce qu'il a fait ? »

Le Dr Tukei lui répondit qu'il allait interroger les parents.

Une semaine plus tard, le téléphone de Gene sonna. C'était le Dr Tukei. « Savez-vous où est allé le gosse ? déclara-t-il. Il est allé à la grotte de Kitum, sur le mont Elgon. »

Gene eut la chair de poule. Les chemins de Charles Monet et de Peter Cardinal ne s'étaient croisés qu'en un seul lieu sur terre : la grotte de Kitum. Qu'y avaient-ils fait et qu'avaient-ils trouvé ou touché ? Qu'avaient-ils respiré ? Qu'est-ce qui pouvait bien vivre dans la grotte de Kitum ?

DANS LES PROFONDEURS

Eugene Johnson était assis à une table de pique-nique de Fort Detrick, près de la mare aux canards. C'était une chaude journée d'été. Il posa les coudes sur la table, retira ses lunettes de soleil et se frotta les yeux. Il mesurait 1,88 mètre et pesait sûrement plus de 110 kilos. Ses yeux bruns, profondément enfoncés dans son visage barbu, étaient soulignés par des cernes sombres. Il avait l'air fatigué.

« Alors, dit-il, Peter Tukei m'a appelé pour m'annoncer : "Savez-vous où est allé le gosse ? Dans la grotte de Kitum." » J'en ai encore des frissons quand j'y repense. Quelques semaines plus tard, je me suis envolé pour Nairobi, et j'ai eu une conversation avec David Silverstein. Peter Tukei m'accompagnait. Nous sommes allés partout où le gosse était passé au Kenya, même chez ses parents qui avaient une jolie maison à Kisumu, près du lac Victoria. C'était une habitation en stuc entourée d'un mur, où ils vivaient avec un cuisinier, des jardiniers et un chauffeur. La maison était propre et jolie, ouverte et claire. Nous avons repéré un daman, une sorte de petit lapin des rochers très familier, qui vivait sur le toit, dans les gouttières. Il y avait aussi un couple de cigognes, des lapins, des chèvres et toutes sortes d'oiseaux, mais aucune chauve-souris en vue. »

Il s'interrompit pour réfléchir.

« J'étais nerveux à l'idée de parler aux parents, continua-t-il. Vous comprenez, je suis un homme de terrain. Ma femme et moi n'avons pas d'enfant et je ne suis pas le genre de type capable de consoler une mère. En plus, je travaille pour l'armée. Je ne savais pas du tout comment les aborder. J'ai essayé de me mettre à leur place, de me souvenir des sentiments que j'avais éprouvés quand mon père est mort. Je les ai laissés parler de leur fils. Peter Cardinal et sa sœur avaient passé tout leur temps ensemble, tout fait ensemble. Alors quelle était la différence de comportement ? Pourquoi Peter avait-il attrapé le virus, et pas elle ? Il existait quelque chose qu'ils n'avaient pas partagé. Les parents m'ont raconté une histoire sur les roches se trouvant dans la grotte. Le gosse était géologue amateur. C'était une piste : s'était-il coupé la main sur un cristal dans la grotte ? Nous avons évoqué cette possibilité avec les parents. Peter voulait emporter des échantillons de cristaux de la grotte de Kitum, et il a cogné sur les murs avec un petit marteau pour récupérer de la roche incrustée de cristaux. Le chauffeur a ensuite brisé ces blocs et le cuisinier les a lavés. Nous avons analysé leur sang ; pas de trace de Marbourg. »

Les mains du petit garçon ont peut-être été le point de contact et le virus a pénétré dans le sang de Peter par une petite coupure. Il est possible aussi qu'il se soit piqué le doigt sur un cristal sortant du mur de la grotte, qui avait été contaminé par l'urine d'un animal, ou les restes d'un insecte écrasé. Cela ne nous disait pas où le virus vivait à l'origine et n'identifiait pas son hôte naturel.

« Nous sommes allés étudier la grotte, expliqua Johnson. Nous nous sommes protégés, parce que nous savions que le Marbourg se transmet par voie aérienne. »

En 1986, un an avant que Peter Cardinal ne meure, Gene Johnson et Nancy Jaax tentèrent une expérience qui prouva que le Marbourg et l'Ébola pouvaient effectivement se transmettre par voie aérienne : ils découvrirent qu'une très petite dose de Marbourg ou d'Ébola dans l'air pouvait être le point de départ d'une infection explosive chez le singe. L'expérience montrait que le virus pouvait infecter les poumons et y commencer sa réplication mortelle. En conséquence, Johnson ne voulait pas que les membres de l'expédition pénètrent dans la grotte sans combinaison.

« J'avais emporté des masques à gaz militaires avec filtre. Nous avions besoin aussi de nous couvrir la tête, si nous ne voulions pas que des fientes de chauves-souris nous tombent dans les cheveux. Sur place, nous avons acheté des taies d'oreiller blanches, avec de grosses fleurs. La première fois que nous sommes entrés dans la grotte, j'étais accompagné d'un groupe de Kenyans, et quand ils nous ont vus avec nos masques à gaz militaires et nos taies d'oreiller à fleurs sur la tête, ils se tordirent de rire. »

Après cette première exploration, Gene Johnson réussit à convaincre l'armée de financer une grande expédition dans la grotte de Kitum. Six mois après la mort de Peter Cardinal, au printemps 1988, Gene arriva à Nairobi avec vingt caisses de matériel scientifique et des tenues de protection contre la contamination biologique. Gene savait que le virus serait difficile à trouver, même si son milieu naturel était circonscrit à la grotte de Kitum, mais il se sentait trop près pour ne pas réussir dans sa quête. Le monstre vivait là et il allait y pénétrer pour le trouver.

Le gouvernement kenyan accepta d'interdire la grotte de Kitum aux touristes pendant que l'expédition américano-kenyane la fouillait. Peter Tukei, de l'Institut de recherche médicale du Kenya, prit la tête de l'expédition. Gene Johnson conçut le programme de recherche, rassembla l'équipement et trouva l'argent nécessaire. Composée de trente-cinq membres, presque tous kenyans, l'équipe comportait des spécialistes de la faune sauvage, des scientifiques, des médecins et des aides. Ils emportèrent de nombreux cochons d'Inde ainsi que dix-sept singes, dont des babouins, des singes de Sykes et des singes verts d'Afrique. Ces animaux allaient devenir des sentinelles : on installerait leurs cages dans la grotte de Kitum, ou à proximité, pour voir si certains d'entre eux seraient infectés par le Marbourg. Johnson se disait qu'ainsi, il pourrait isoler le virus à partir de l'animal malade et découvrir la manière dont les animaux l'attrapaient.

Printemps 1988

L'expédition installa son quartier général au Pavillon du mont Elgon, propriété délabrée qui datait du XIXe siècle, époque où les Anglais régnaient sur l'Afrique orientale. L'auberge, destinée aux sportifs et pêcheurs de truites, avait été construite sur un promontoire dominant la route de terre rouge qui serpentait au flanc de la montagne jusqu'à la grotte de Kitum. Elle était jadis entourée de jardins anglais, aujourd'hui en partie recouverts d'argile ou enfouis sous les mauvaises herbes. A l'intérieur, le parquet précieux est encore ciré chaque jour. Des pièces rondes occupent les tourelles et les portes en ogive, bien que sculptées dans de l'olivier africain, se veulent médiévales, tout comme le manteau de la cheminée monumentale du salon. Le personnel parle très peu anglais, mais s'efforce de perpétuer une qualité d'hospitalité britannique pour les rares clients qui y descendent. Le soir, quand la nuit tombe, chargée de givre, le personnel allume un feu de bois d'olivier dans les cheminées et sert une nourriture horrible. Le bar, en revanche, installé un peu à l'écart dans une tour, est splendide, avec ses murs arrondis tapissés de rangées luisantes de bouteilles de bière Tusker, d'apéritifs français et d'alcools africains inconnus. Les hommes de l'expédition s'asseyaient au bar et buvaient de la Tusker, ou bien s'accoudaient au manteau de la cheminée pour contempler le feu et discuter après une dure journée passée dans la grotte où ils avaient dû supporter leurs combinaisons spatiales.

Ils emportèrent les animaux dans la montagne, par étapes, pour qu'ils s'habituent au climat. Quand ils atteignirent la vallée qui conduit à la grotte, ils la nettoyèrent de ses broussailles et dressèrent des tentes bleues. La grotte elle-même était considérée comme une zone chaude de niveau 4, car on ne connaissait ni l'emplacement ni l'origine de l'agent. La tente la plus proche de la grotte faisait fonction de zone grise : après un séjour dans la grotte, les hommes se douchaient avec du désinfectant sous cette tente pour décontaminer leurs combinaisons. Une seconde tente servait de zone d'équipement de niveau 3. Là les membres de l'expédition revêtaient et enlevaient leurs combinaisons. Une troisième abritait une zone d'autopsie de niveau 4. Sous cette tente, revêtus de combinaisons spatiales, ils disséquaient tout petit animal qu'ils avaient pu attraper, cherchant la moindre trace de virus Marbourg.

« Nous avions apporté dans cette jungle, me dit Johnson, les principes de sécurité biologique qui prévalent au niveau 4. »

Dans la grotte, ils portaient des combinaisons autonomes Racal à pression positive où de l'air propre était fourni grâce à des batteries. On les utilise quand on redoute un grave danger biologique véhiculé par l'air. Plus légère que la Chemturion la combinaison Racal est également tout à fait autonome avec son appareil respiratoire intégré, et entièrement jetable (en dehors du casque et du système de fourniture d'air), si bien qu'on peut la brûler après une ou deux utilisations. Vêtus de ces combinaisons ils tracèrent une piste qui pénétrait dans la grotte de Kitum et la balisèrent avec des piquets d'avalanche pour que personne ne se perde. Tout le long, ils placèrent les cages contenant les animaux et les entourèrent de câbles électrifiés, alimentés par des batteries pour décourager les léopards d'essayer d'y puiser leur nourriture. Ils placèrent certaines cages juste sous la colonie de chauves-souris suspendues à la voûte de la grotte, espérant que quelque chose tomberait sur un singe qui déclarerait alors le Marbourg.

Ils recueillirent dans la grotte de trente à soixante-dix mille insectes.

« Nous avions accroché du papier collant devant les fissures pour attraper les insectes rampants, me dit

Johnson, et disposé des pièges lumineux pour attirer les insectes volants. Les lampes étaient alimentées par batteries. Savez-vous comment recueillir des tiques ? Quand elles sentent le gaz carbonique de votre haleine, elles sortent du sol pour vous mordre le cul. Alors on a apporté d'énormes bidons de gaz carbonique que nous avons utilisés pour les attirer. Nous avons attrapé également tous les rongeurs qui entraient. Au fond de la grotte, près d'une mare, on a trouvé des puces d'eau, qui mordaient, ainsi que des empreintes de léopard, partout, et des empreintes de buffle du Cap. Il n'y a pas eu de prélèvement sanguin sur les léopards, ni sur les buffles ni sur les antilopes.

— Le Marbourg pourrait-il vivre dans un grand félin d'Afrique tel le léopard ? demandai-je.

— C'est possible, mais nous n'avions pas l'autorisation de piéger les léopards. Nous avons testé des genettes, elles n'avaient rien.

— Et l'éléphant ?

— Avez vous déjà jamais essayé de prélever du sang à un éléphant ? Pas nous. »

Les naturalistes kenyans piégèrent au filet des centaines d'oiseaux, de rongeurs, de damans et de chauves-souris. Dans la zone chaude de dissection, installée sous la tente, ils autopsiaient les animaux et recueillaient des échantillons de sang et de tissus qu'ils congelaient dans des récipients emplis d'azote liquide. Des indigènes, des Masais, avaient vécu dans certaines grottes du mont Elgon et y avaient élevé du bétail. Les médecins prélevèrent leur sang et celui de leurs bêtes. Aucun, homme ou animal, ne réagit positivement au test d'anticorps du Marbourg. Dans le cas contraire, la preuve aurait été faite que le Marbourg circulait parmi la population et le bétail de la montagne. Bien que personne ne montrât de signes d'infection, les Masais racontaient des histoires d'enfants ou de jeunes femmes morts d'hémorragies multiples dans les bras d'un membre de leur famille. Ils avaient vu des gens se désintégrer, saignés à blanc. Mais personne ne pouvait en conclure qu'il s'agissait vraiment du Marbourg.

Aucun des singes sentinelles ne tomba malade, et seul l'ennui aurait pu les tuer après des semaines dans les cages. L'expérience exigeait qu'ils soient sacrifiés à la fin du temps requis pour que les médecins puissent prélever des échantillons de tissus et les étudier pour y déceler tout signe d'infection. Gene Johnson ne pouvait se résoudre à tuer les singes et il attendit dehors, dans la forêt, pendant qu'un autre membre de l'équipe enfilait une combinaison et entrait dans la grotte pour administrer aux singes, par piqûre, une dose massive de sédatif qui les endormit à jamais.

« Je n'aime pas tuer les animaux, me dit-il. Quand vous avez pris soin de singes pendant trente jours, ils deviennent vos amis. C'était terrible. Dégueulasse. »

Il les disséqua et sa tristesse augmenta encore quand il découvrit que tous les singes étaient en bonne santé.

L'expédition était un échec complet. Tous les animaux étaient restés en bonne santé, et les échantillons de sang et de tissus prélevés sur d'autres mammifères, sur les insectes, les oiseaux et les Masais et leur bétail ne portaient aucune trace du virus de Marbourg. Ce fut si décourageant pour Gene Johnson que jamais il ne put se résoudre à publier un compte rendu de l'expédition et de ses conclusions. Pourquoi prendre la peine d'annoncer qu'il n'avait rien trouvé dans la grotte de Kitum ? La seule chose qu'il pouvait affirmer, c'était que le Marbourg vivait autour du mont Elgon.

Johnson cependant, presque instinctivement, après l'échec de l'expédition, eut la conviction que les connaissances et l'expérience acquises dans la grotte de Kitum, de même que les combinaisons et les instruments utilisés, resserviraient ailleurs, plus tard. Il conserva son équipement entassé dans des cantines militaires vertes à la réserve de l'Institut, ainsi que dans des remorques cadenassées, garées derrière le bâtiment ; il ne voulait pas que l'on utilisât ni même touchât son équipement. Il aimait à se répéter une remarque de

Louis Pasteur qui avait découvert les vaccins contre le charbon et la rage : « La chance arrive aux esprits préparés. »

Été 1989

L'armée avait toujours eu du mal à savoir que faire de Nancy et Jerry Jaax. Que faire quand un couple marié de médecins, de même grade, doit avoir une promotion ? Et si l'un d'eux est un expert en utilisation de combinaisons spatiales ? Où les envoyer ? L'armée muta les Jaax à l'Institut de défense chimique, près d'Aberdeen, dans le Maryland. Nancy n'était pas triste de quitter sa maison de Thurmont. Ils emménagèrent dans un pavillon qui correspondait mieux à ses goûts, et entreprirent d'élever des poissons en aquarium. Elle se vit confier une étude sur les effets des gaz innervants sur les rats. Son travail consistait à ouvrir la tête des rats et à découvrir ce que le gaz avait fait à leur cerveau. C'était moins dangereux que de travailler sur l'Ébola, mais quelque peu ennuyeux. Finalement, Jerry et elle furent promus au grade de lieutenant-colonel. Jaime devint une superbe gymnaste, petite et toute en nerfs comme sa mère, et Nancy et Jerry nourrirent l'espoir qu'elle passe en sélection nationale, voire qu'elle aille aux jeux Olympiques ! Jason devenait un grand garçon silencieux. Herky le perroquet, qui avait encore de très nombreuses années à vivre, continuait à crier « Maman ! Maman ! » et à siffler *Le Pont de la rivière Kwaï*.

Le colonel Tony Johnson, l'officier supérieur quand elle travaillait à l'Institut, n'avait pas oublié combien elle était compétente. Le jour où on le nomma chef du département de pathologie au Centre médical de l'armée Walter Reed, son ancien poste de chef du département de pathologie à l'Institut se trouva libre. Il insista pour que Nancy Jaax lui succède, et on l'écouta. Elle obtint le poste à l'été 1989. Parallèlement, l'armée nomma Jerry à la tête de la division vétérinaire de l'Institut, si bien que les Jaax devinrent des personnages importants et assez puissants. Nancy reprit ses travaux biologiques en combinaison spatiale, ce que Jerry désapprouvait ; mais il avait appris à s'en accommoder.

Ils vendirent donc leur maison d'Aberdeen et revinrent à Thurmont en août. Cette fois, Nancy insista pour dire son mot dans l'achat de la maison. Ils achetèrent une maison contemporaine avec des fenêtres dans le toit et beaucoup de terrain formé de prairie et forêt où les chiens pourraient courir et les enfants auraient plaisir à jouer. Située au flanc du mont Catoctin, elle dominait la ville par-delà une mer de pommiers. Depuis la fenêtre de leur cuisine, ils apercevaient au loin les terres cultivées où les armées du Nord et du Sud s'étaient affrontées pendant la guerre de Sécession. Le Maryland s'étendait jusqu'à l'horizon en une succession de collines et de vallées, de rangées d'arbres et de champs bien droits, de silos et de fermes familiales. Au-dessus de ce merveilleux paysage de campagne, les avions de ligne striaient le ciel, laissant derrière eux de longues traînées blanches.

DEUXIÈME PARTIE

LE PAVILLON DES SINGES

RESTON

4 octobre 1989

La ville de Reston, en Virginie, est une communauté prospère située à une quinzaine de kilomètres à l'ouest de Washington, D.C. La population de Reston s'est accrue, ces dernières années, et les entreprises de haute technologie, comme les cabinets de consultants, s'y sont installées dans des immeubles en verre qui ont poussé comme des cristaux durant les années quatre-vingt. Avant, Reston était un village entouré de terres cultivées, et la ville compte encore beaucoup de prairies. Elle offre de beaux quartiers résidentiels, de bonnes écoles, des parcs, des terrains de golf, d'excellentes garderies d'enfants. Les lacs, baptisés de noms de naturalistes américains (lac Thoreau, lac Audubon), sont entourés de somptueuses demeures. Il est très facile de se rendre de Reston au quartier des affaires de Washington.

Non loin de Leesburg Pike s'est implanté un petit centre d'affaires. On l'a construit dans les années soixante, et il n'est ni en verre ni à la mode comme le nouveau parc de bureaux, mais il est propre, agréable et assez ancien pour que les sycomores et les gommiers ombragent les pelouses. De l'autre côté de la route, un McDonald's se remplit d'employés à l'heure du déjeuner. Il y a peu, l'entreprise Hazleton Research Products utilisait encore un immeuble d'un étage construit dans le parc comme pavillon pour ses singes. Hazleton Research Products, une division de Corning Inc., l'entreprise qui fabrique les plats de cuisine en Pyrex, importe et vend en effet des animaux de laboratoire. Ce Pavillon des singes Hazleton porte officiellement le nom d'Unité de quarantaine pour primates.

Chaque année, environ seize mille singes sauvages sont importés aux États-Unis. Ils doivent être gardés en quarantaine pendant un mois, avant de pouvoir être expédiés à travers le pays, afin d'éviter la dissémination de maladies infectieuses.

A l'automne 1989, Dan Dalgard, médecin vétérinaire, était consultant à cette Unité de quarantaine pour primates. Il devait s'occuper des singes s'ils tombaient malades et nécessitaient des soins. En fait, il occupait un poste plus important dans Hazleton Washington, une autre entreprise du groupe Corning. Elle avait son quartier général sur Leesburg Pike, non loin du Pavillon des singes, et il était donc facile à Dalgard de se rendre à Reston pour voir les singes. La cinquantaine, grand, les yeux bleu pâle derrière des lunettes cerclées de métal, il portait en général un costume gris, comme s'il travaillait dans un bureau, ou une blouse blanche quand il s'occupait des animaux. Il jouissait d'une réputation internationale de vétérinaire érudit, spécialisé dans la reproduction des primates. C'était un homme calme et peu émotif, avec un doux accent qu'il avait attrapé à l'école vétérinaire, au Texas. Le soir et en fin de semaine, il réparait des horloges anciennes. Il aimait faire des choses de ses mains, cela lui apportait la quiétude.

Le mercredi 4 octobre 1989, Hazleton Research Products réceptionna un arrivage de cent singes sauvages en provenance des Philippines. Ils étaient partis de Ferlite Farms, une entreprise d'exportation en gros située non loin de Manille. Les singes provenaient des forêts denses et humides des côtes de l'île de Mindanao, et ils avaient été envoyés par bateau à Ferlite Farms où on les avait placés à plusieurs dans des cages. Enfermés ensuite dans des caisses en bois, ils furent expédiés à

Amsterdam par un avion-cargo spécial de la compagnie KLM. De là, ils s'envolèrent à nouveau pour New York. Ils arrivèrent à l'aéroport international J. F. Kennedy et c'est en camion qu'ils furent conduits au Pavillon des singes de Reston.

Il s'agissait de singes crabiers qui vivent au bord des rivières et des mangroves marécageuses d'Asie du Sud-Est. On utilise beaucoup ces singes en laboratoire parce qu'ils sont bon marché et faciles à obtenir. Ils possèdent de longues queues, comme des fouets, et leur fourrure crème sur le dos tourne au blanc sur la poitrine. Le *Macaca fascicularis*, appelé parfois macaque à longue queue, a un museau proéminent, un peu semblable à celui d'un chien, et des narines très sensibles au-dessus de canines tranchantes. Sa peau d'un gris rosé rappelle celle d'un homme blanc. Ses mains sont également assez humaines, avec un pouce et des doigts délicats terminés par des ongles. Les seins des femelles ressemblent de façon tout à fait stupéfiante à des seins de femme.

Ces macaques n'aiment pas les humains. Ils établissent une relation de compétition avec les gens qui vivent dans la forêt humide et se déplacent en bandes, bondissant d'arbre en arbre en criant *Kra ! Kra !* Dans certaines parties du monde, ils sont d'ailleurs appelés *kras* à cause de leur cri, et beaucoup d'habitants des forêts humides d'Asie les considèrent comme d'abominables casse-pieds. A la tombée du jour, la bande s'endort dans sa « maison » : un arbre mort, sans feuilles, pour être en mesure de voir dans toutes les directions, surveillant l'approche d'un humain ou de tout autre prédateur. Ces arbres s'avancent souvent en surplomb au-dessus d'une rivière, pour que les singes puissent se soulager depuis les branches sans souiller le sol.

Au lever du jour, ils s'agitent et accueillent l'arrivée du soleil à grands cris. Les mères rassemblent les enfants et les conduisent le long des branches. La petite troupe s'en va, sautant d'arbre en arbre à la recherche de fruits. En plus des légumes et des fruits, ils mangent des insectes, de l'herbe, des racines, de petits bouts d'argile qu'ils mastiquent et avalent, peut-être pour le sel et les minéraux qu'elle contient. Mais ils recherchent surtout les crabes. Ils descendent des arbres et prennent position dans l'eau près des trous. Dès qu'un crabe sort, le singe le saisit par-derrière et lui arrache les pinces qu'il jette avant de dévorer le reste de la bête.

La bande obéit à une hiérarchie stricte. Elle est menée par le mâle dominant, le plus grand et le plus agressif de tous. Il contrôle ses troupes du regard, toise les subordonnés qui osent le défier. Si un humain fixe un mâle dominant placé dans une cage, le singe va se jeter sur les barreaux et le regarder à son tour sans baisser les yeux. Il deviendra furieux et fera tout pour attaquer l'insolent. Il veut tuer l'humain qui l'a regardé dans les yeux : il ne peut se permettre de montrer sa peur quand son autorité est en jeu face à un autre primate. Si l'on place deux mâles dominants dans la même cage, un seul la quittera vivant.

Les macaques furent installés au Pavillon des singes de Reston dans des cages individuelles, sous lumière artificielle, et on les nourrissait de biscuits et de fruits. Le Pavillon comptait douze pièces désignées par les lettres A à L. A l'arrivée, deux singes furent trouvés morts dans leur caisse. Personne ne s'en étonna : il n'était pas rare que certains ne survivent pas au voyage. Mais dans les trois semaines qui suivirent, un nombre inhabituel de singes se mit à mourir dans le Pavillon qui leur était réservé à Reston.

*

* *

Le 4 octobre, jour où le chargement arriva au Pavillon des singes de Reston, il se produisit un événement qui allait changer à jamais la vie du lieutenant-colonel Jerry Jaax. Il avait un frère, John, qui vivait à Kansas City avec sa femme et leurs deux jeunes enfants. John Jaax était un homme d'affaires et un banquier en vue, et il était également associé dans une entreprise fabriquant du plastique pour les cartes de crédit. Il avait deux ans de moins que Jerry, et les deux hommes avaient grandi ensemble dans une ferme du Kansas, et fréquenté la même université. Ils se ressemblaient beaucoup : grands, les cheveux prématurément gris, le nez busqué, les yeux vifs, les gestes calmes ; et ils avaient la même voix. Seule différence dans leur apparence : John portait la moustache et Jerry non.

John Jaax et sa femme devaient se rendre à une réunion de parents d'élèves à l'école de leurs enfants ce 4 octobre. En fin d'après-midi, John appela sa femme du bureau de l'usine pour lui dire qu'il travaillerait tard et qu'il irait directement à la réunion, où il la retrouverait. Mais il ne vint pas et sa femme commença à s'inquiéter. En sortant de la réunion, elle se rendit à l'usine.

L'endroit était désert, les machines silencieuses. Le bureau de John, à l'étage supérieur, donnait sur l'atelier. Elle monta l'escalier. La porte du bureau était entrouverte et elle découvrit John assassiné de plusieurs balles ; il y avait du sang dans toute la pièce.

L'officier de police chargé de l'enquête à la police criminelle de Kansas City, Reed Buente, avait travaillé comme garde chargé de la sécurité de la banque de Kansas City quand John en était le président, et il le connaissait personnellement et l'admirait. Il était bien décidé à élucider l'affaire mais le temps passa sans qu'aucune piste sérieuse ne s'ouvrît à lui. John Jaax ayant eu des difficultés avec John Weaver, son associé à l'usine de plastique, on considéra celui-ci comme suspect. Weaver avait un alibi. Depuis, il est mort d'une crise cardiaque et l'affaire n'a toujours pas été résolue. Il n'y avait que peu d'indices matériels. L'enquête rencontra difficulté sur difficulté.

Le meurtre de John Jaax paralysa Jerry de douleur. Le temps est censé guérir ce genre de blessure, mais dans ce cas il ne fit qu'aviver sa douleur.

« J'ai l'impression que ma vie est finie, dit-il à Nancy. Je n'arrive pas à comprendre comment Johnny pouvait avoir un ennemi. » Au cours des funérailles, les enfants de Nancy et Jerry, Jaime et Jason, regardèrent le cercueil et dirent : « Papa ! On dirait que c'est toi qui es couché là ! »

En octobre et novembre, Jerry téléphona presque quotidiennement à la police criminelle de Kansas City. Il finit par envisager de prendre un revolver et d'aller tuer l'associé de John. Puis il se dit que, s'il le faisait, il irait en prison — que deviendraient ses enfants ? Et si l'associé de John n'avait rien à voir avec ce meurtre, il tuerait un innocent.

*

* *

Le gérant du Pavillon des singes de Reston était un homme aux épaules larges et puissantes que nous appellerons Bill Volt. Il commença à s'inquiéter. Le 1er novembre, un peu moins d'un mois après l'arrivée des animaux, il appela Dan Dalgard pour lui dire que les singes récemment arrivés des Philippines mouraient en nombre curieusement élevé. Il y avait déjà vingt-neuf morts sur cent singes, soit près d'un tiers des animaux. Dans le même temps, un problème avait surgi dans le système de chauffage du bâtiment. Le thermostat s'était déréglé et on ne parvenait pas à diminuer la chaleur. Les bouches d'aération soufflaient de l'air chaud dans tout le bâtiment. La température était devenue insupportable. Volt se demandait si cela pouvait énerver et angoisser les animaux au point de les faire mourir. Il avait remarqué que presque tous les décès avait eu lieu dans la salle F, au bout d'un long couloir, à l'arrière du bâtiment.

Dalgard accepta de venir au Pavillon des singes, mais pris par d'autres urgences il ne vint qu'une semaine plus tard. Quand il arriva, Bill Volt l'emmena dans la salle F. Ils enfilèrent des blouses blanches et mirent des masques de chirurgien avant d'emprunter le long couloir bordé de chaque côté de portes d'acier menant dans les différentes salles. Il faisait très chaud et ils commencèrent à transpirer. Par les fenêtres ménagées dans les portes, ils apercevaient des centaines de singes qui les regardaient passer. Les singes étaient extrêmement sensibles à la présence des hommes.

La salle F ne contenait que des macaques en provenance de Ferlite Farms aux Philippines. Les singes étaient assis dans leurs cages, taciturnes. Deux semaines plus tôt, ils se balançaient encore dans les arbres, et ils n'appréciaient pas ce qui leur était arrivé. Dalgard alla de cage en cage et inspecta les animaux. Il pouvait comprendre bien des choses rien qu'en regardant un singe dans les yeux. Il pouvait aussi déchiffrer le langage de leur corps. Il recherchait des animaux qui lui semblaient passifs ou souffrants.

Il passa devant un mâle dominant et le fixa : l'animal se rua vers lui. Puis il s'approcha d'un singe qui avait les yeux ternes, vitreux et les paupières à demi fermées. Les yeux d'un singe en bonne santé ressemblent à deux cercles brillants dans son visage. Les paupières de celuici étaient quelque peu fermées, si bien que l'iris n'était plus qu'une ellipse.

Dalgard enfila des gants de cuir et ouvrit la porte de la cage. Il neutralisa le singe, sortit une main de son gant et lui tâta le ventre. L'animal était chaud au toucher. Il avait de la fièvre. Son nez coulait. Dalgard lâcha le singe et referma la porte. Il ne pensait pas que l'animal souffrait de pneumonie ni même d'un rhume, mais peut-être réagissait-il excessivement à la chaleur, vraiment étouffante, de cette salle. Il conseilla à Bill Volt d'insister auprès du propriétaire pour qu'il fasse réparer le chauffage. Il trouva un autre animal aux paupières tombantes et au regard trouble. Lui aussi était fiévreux. Il y avait donc deux singes malades dans la salle F.

*

* *

Ils moururent dans la nuit. Bill Volt les trouva au matin, recroquevillés, les yeux fixes, vitreux, à demi fermés. Cela l'inquiéta tellement qu'il décida de les disséquer. Il emporta les deux animaux dans une salle d'examen et referma la porte derrière lui, pour ne pas être vu des autres singes. On ne peut dépecer un singe mort devant d'autres qui sont vivants sans déclencher une émeute. Il prit donc un scalpel et commença son inspection. Il n'aima pas ce qu'il découvrit, et d'ailleurs ne le comprit pas, si bien qu'il appela Dalgard : « Pourriez-vous venir jeter un coup d'œil à ces singes ? »

Dalgard arriva immédiatement. Ses mains, si minutieuses avec les horloges, palpèrent les singes. Ce qu'il vit à l'intérieur des animaux l'étonna. On croyait qu'ils étaient morts à cause de la chaleur inhabituelle des locaux, mais leur rate était énorme et la tension créée par la chaleur ne peut augmenter ainsi la taille d'une rate ! D'autre part, les deux animaux avaient du sang dans les intestins. Ce n'était pas une pneumonie. Qu'est-ce qui avait bien pu provoquer leur mort ?

Plus tard, au cours de la même journée, un autre gros envoi de singes crabiers arriva de Ferlite Farms. Bill Volt installa les nouveaux venus dans la salle H, à deux portes de la salle F.

Dan Dalgard commençait à s'inquiéter pour les singes de la salle F. Il se demandait si un agent infectieux circulait dans la pièce. Le sang dans le ventre rappelait les effets d'un virus spécifique, celui de la fièvre hémorragique du singe, ou FHS. Ce virus, mortel pour les singes, n'affecte pas les humains, chez qui il ne peut vivre. Cette fièvre peut se diffuser très rapidement dans une colonie de singes, qu'elle anéantira, en général.

Ce vendredi 10 novembre, Dalgard rentra chez lui. Il avait l'intention de passer son week-end à régler les horloges du salon. Mais tandis qu'il sortait ses outils, il ne cessait de penser aux singes. Il finit par dire à sa femme qu'il devait sortir pour son travail, mit son manteau et partit pour le Pavillon des singes. Il gara sa voiture devant le bâtiment et franchit la porte d'entrée en verre. En l'ouvrant la chaleur inhabituelle qui régnait là fut comme une véritable gifle. Les cris des singes faisaient vibrer l'air surchauffé. Il pénétra dans la salle F. Il y avait encore plusieurs morts, roulés en boule dans leurs cages, les yeux entrouverts, sans expression. Ce n'était pas bon signe. Il les emporta dans la salle d'examen et les autopsia.

*

* *

Peu après, Dalgard décida de tenir un journal quotidien. Il créa à cet effet, sur son ordinateur personnel, un document auquel il donna pour titre : « Chronologie des événements ». On approchait maintenant de la mi-novembre et le soleil se couchait déjà quand les embouteillages à la sortie des bureaux commençaient à se former sur Leesburg Pike, près de son bureau. Dalgard se plongea dans son journal et tandis qu'il frappait les touches, il revoyait les entrailles des singes.

> Les lésions montraient une forte dilatation de la rate, une étonnante sécheresse des tissus, des reins trop gros, et des hémorragies sporadiques dans divers organes... Sur le plan clinique, les animaux avaient été brusquement atteints d'anorexie et de léthargie. Quand un animal commence à perdre l'appétit, son état se détériore rapidement. La température rectale des singes sacrifiés n'était pas élevée. Écoulement nasal, pas d'epistaxis ni d'autres saignements visibles... Beaucoup de ces animaux étaient en très bon état, avec plus de graisse qu'on n'en trouve généralement chez des animaux sauvages.

Il compara mentalement les singes aux dindes des fêtes — grosses, saines, bien nourries, avec plein de graisse sous la peau. Thanksgiving approchait, et Dalgard à l'évidence pensait aux vacances.

Les animaux morts n'avaient rien de visiblement grave, rien sur quoi s'appuyer. Ils avaient tout simplement cessé de manger et ils étaient morts, les yeux ouverts, le visage fixe comme s'ils avaient eu une attaque. La cause de la mort n'était pas évidente. Était-ce une crise cardiaque ? Une fièvre ?

Il ne s'expliquait pas l'étrangeté de la rate. Cet organe est une sorte de sac qui filtre le sang, et il joue un rôle dans le système immunitaire. Une rate normale est souple, avec un centre humide et rouge, comme un beignet à la confiture. Quand on coupe une rate normale avec un scalpel, elle ne résiste d'ailleurs pas plus à la lame qu'un beignet, et beaucoup de sang s'écoule. Mais la rate des singes avait gonflé et était devenue dure comme le roc. Une rate de singe normale a la taille d'une noix. Celles-ci atteignaient la taille d'une mandarine. Parcheminées, elles faisaient penser à du saucisson — charnu, dur et sec. Son scalpel rebondissait presque dessus. Ce qu'il ne comprit pas était que la rate n'était plus qu'un caillot de sang solidifié.

Le lendemain, dimanche 12 novembre, Dalgard répara dans la matinée quelques petites choses chez lui. Après le déjeuner, il retourna au Pavillon. Un véritable mystère régnait dans l'Unité de quarantaine pour primates de Reston. Il retrouva trois nouveaux singes morts dans la salle F. Ils continuaient à succomber au rythme d'une poignée par nuit.

Un des animaux morts s'était vu attribuer le numéro 053. Dalgard emporta sa carcasse dans la salle d'examen et l'ouvrit. A l'aide d'un scalpel, il préleva un morceau de la rate, énorme, dure et sèche. Il prit un Coton-Tige et en frotta la gorge du singe, prélevant un peu de la muqueuse. Puis il agita le Coton-Tige dans un tube d'eau distillée qu'il referma. Tout ce qui vivait dans la muqueuse était conservé temporairement dans ce tube à essai.

AU NIVEAU 3

13 novembre 1989

Le lendemain lundi, Dalgard décida d'exposer son problème aux responsables de l'USAMRIID, à Fort Detrick. Il avait entendu dire qu'il y avait là des experts capables d'identifier les maladies des singes. Fort Detrick se trouvait à une heure de route au nord-ouest de Reston, de l'autre côté du Potomac.

Dalgard parla à un virologue civil, Peter Jahrling, qui connaissait bien les virus du singe. Ils ne s'étaient jamais rencontrés auparavant.

« Je crois que je suis confronté à des cas de fièvre hémorragique. La rate de mes singes ressemble à un morceau de saucisson quand on la coupe. »

Dalgard demanda à Jahrling s'il voulait bien étudier quelques échantillons pour lui fournir un diagnostic. Jahrling accepta ; le problème piquait sa curiosité.

Il avait fait presque toute sa carrière à l'Institut, après avoir vécu en Amérique centrale et traqué les virus dans les forêts humides. Il avait alors découvert plusieurs souches inconnues jusque-là. Ses cheveux blonds tournaient au blanc, il portait des lunettes cerclées de métal sur un visage mobile et agréable et possédait un grand sens de l'humour allié à un tempérament prudent et circonspect. Il était chargé des recherches concernant la défense contre des virus chauds — vaccins, traitements médicamenteux — et il travaillait notamment sur les virus des forêts humides. Les tueurs et les inconnus étaient sa spécialité, et il refusait délibérément de songer aux dangers que représentaient pour lui ces agents chauds. S'il y pensait, se disait-il, il envisagerait alors de gagner sa vie d'une autre manière.

Jahrling, sa femme et leurs trois enfants vivaient dans un ranch en brique rouge avec une clôture blanche qui entourait la cour sans arbres devant la maison et un garage pour leur grosse voiture marron. Les Jahrling n'avaient pas de relations avec les Jaax en dehors du travail, bien qu'ils aient vécu assez près les uns des autres à Thurmont, mais Peter s'entendait assez bien avec Nancy et Jerry.

Jahrling tondait régulièrement sa pelouse, pour que le gazon soit bien net et que ses voisins ne le prennent pas pour une personne négligée. Apparemment, il menait une vie sans histoires dans une banlieue bourgeoise, et bien peu de gens savaient, lorsqu'il montait dans sa voiture couleur de boue, qu'il partait travailler dans une « zone chaude » — même si, par humour, il avait choisi pour sa voiture une plaque minéralogique qui portait le mot : LASSA. Le Lassa, un virus de niveau 4 originaire d'Afrique de l'Ouest, était une des formes de vie préférées de Peter Jahrling. Il la trouvait fascinante et belle — à condition d'oublier ce qu'elle faisait aux gens ! Il avait tenu entre ses mains gantées presque tous les agents chauds connus — sauf l'Ébola et le Marbourg. Quand les gens lui demandaient pourquoi il avait fait ce choix, il répondait : « Je n'ai pas particulièrement l'intention de me suicider. »

*

* *

Après sa conversation téléphonique avec Dalgard, Peter Jahrling fut surpris et ennuyé quand, le lendemain, quelques morceaux de chair congelée du singe 053 lui arrivèrent à l'Institut par coursier. Ce qui l'ennuya, c'est que les bouts de viande étaient enveloppés dans une feuille d'aluminium, comme des morceaux de saucisse.

Cette viande rose provenait de la rate du singe. La glace placée autour était teintée de rouge et avait commencé à fondre et à couler. La boîte contenait également un morceau de foie, un tube de prélèvements de gorge et un autre tube contenant du sérum de singe. Jahrling emporta les échantillons dans le laboratoire de niveau 3, qui est sous pression négative pour empêcher que l'air en sorte, mais où l'on n'est pas obligé de revêtir une combinaison. Ceux qui travaillent en niveau 3 portent les tenues des chirurgiens en salle d'opération. Jahrling mit un masque en papier, revêtit une tenue et des gants en caoutchouc. Aidé par un pathologiste, il écarta une feuille d'aluminium. Le morceau de rate roula et ils l'immobilisèrent en le piquant. Il s'agissait d'un bout de viande rose tout dur, comme Dalgard l'avait décrit. Jahrling se dit qu'il ressemblait à la viande inindentifiable que l'on sert dans les cantines. Il se tourna vers son assistant :

« Heureusement que ce n'est pas le Marbourg ! »

Ils rirent en chœur.

Plus tard dans la journée, il appela Dalgard : « J'aimerais vous expliquer comment nous envoyer des échantillons. Les gens d'ici peuvent vous sembler un peu paranoïaques, mais ils n'aiment pas beaucoup les échantillons qui gouttent sur la moquette. »

*

* *

On peut identifier un virus, par exemple, en l'introduisant dans des cellules flottant dans une fiole pleine d'eau. S'il aime ces cellules, il se multiplie et un ou deux virus peuvent devenir un milliard de virus en quelques jours. La population de la Chine concentrée dans une fiole de la taille d'un pouce.

Joan Rhoderick, technicienne civile à l'USAMRIID, fut chargée de cultiver l'agent inconnu du singe 053.

Elle pila un peu de la rate dans un mortier et obtint une bouille sanguinolente, qu'elle introduisit dans des fioles contenant des cellules vivantes de reins de singe. Elle prit aussi un peu de muqueuse de la bouche du singe et fit de même, ainsi qu'avec son sérum sanguin. Elle finit par avoir toute une rangée de fioles qu'elle plaça dans un incubateur à la température du corps, en espérant que quelque chose se développerait.

⋆

⋆ ⋆

Dan Dalgard ne se rendit pas au Pavillon des singes le lendemain, mais il appela Bill Volt pour savoir comment évoluaient les choses. Volt lui dit que tous les animaux avaient l'air bien, qu'aucun n'était mort pendant la nuit. La maladie semblait s'éteindre naturellement. Les choses paraissaient se calmer à Reston, et Dalgard se sentit soulagé que son entreprise ait évité le pire.

Mais que faisaient ces types de l'armée avec ses échantillons ? Il appela Jahrling, et apprit qu'il fallait plusieurs jours pour cultiver un virus et qu'il était donc trop tôt pour savoir quelque chose.

Le lendemain, Volt annonça à Dalgard de mauvaises nouvelles : huit singes de la salle F avaient cessé de manger, et s'apprêtaient à mourir. La « chose » était revenue.

Dalgard se précipita au Pavillon, où il trouva une situation qui s'était soudain détériorée. Beaucoup plus d'animaux avaient les yeux mi-clos, vitreux, de forme ovale. Quelle que fût cette maladie, elle progressait toujours dans la salle F, où une bonne moitié des animaux étaient morts. Tous y passeraient si on ne faisait rien. Dalgard attendait avec une impatience accrue des nouvelles de Peter Jahrling.

Le 16 novembre, des singes commencèrent à mourir dans d'autres salles. En fin de matinée, Dalgard reçut un appel de Peter Jahrling : un pathologiste de l'Institut avait très conscencieusement inspecté l'échantillon de rate, et avait établi un diagnostic provisoire de fièvre hémorragique du singe — inoffensive pour les humains, mortelle pour les singes.

Dalgard savait maintenant qu'il devait agir vite pour tenter d'enrayer l'épidémie avant que le virus ne gagnât tout le pavillon. La fièvre hémorragique du singe est extrêmement contagieuse. L'après-midi, Dalgard emprunta Leesburg Pike jusqu'au centre d'affaires de Reston. A 17 heures, au cours d'une fin d'après-midi pluvieuse et grise qui annonçait l'hiver, tandis que les gens rentraient de leur travail à Washington, il injecta, en compagnie d'un autre vétérinaire de Hazleton, à tous les singes de la salle F une dose mortelle d'anesthésiant. En quelques minutes, les singes décédèrent.

Il ouvrit huit des carcasses pour y déceler des signes de fièvre hémorragique et il eut la surprise de constater qu'il n'y avait rien d'anormal à l'intérieur des animaux. Cela le troubla profondément. Il savait qu'il y avait une maladie dans cette salle, et pourtant ces singes étaient beaux et en bonne santé. Et il venait de les tuer. Il se dit qu'il avait dû le faire pour sauver la vie des autres animaux. La maladie avait pénétré dans le Pavillon début octobre, et on était maintenant à la mi-novembre. L'armée lui avait fourni un diagnostic provisoire, et il n'en obtiendrait probablement pas de meilleur. Il ne lui restait donc plus qu'à accomplir cette tâche déplaisante en espérant sauver ainsi la vie des animaux restants. Il rentra chez lui avec le sentiment d'avoir passé une très mauvaise journée. Plus tard, il devait écrire dans son journal :

> Il y avait une absence totale de toute composante hémorragique. En général, les animaux étaient bien en chair (boules de graisse), jeunes (moins de 5 ans), et en excellente forme.

Avant de quitter le Pavillon des singes, il plaça, en compagnie de l'autre vétérinaire, les animaux morts dans des sacs en plastique transparent qu'ils emportèrent par le couloir jusqu'au congélateur. Un congélateur peut devenir biologiquement chaud et aucun signal, aucune alarme, ne peut le révéler. Les corps des singes étaient visibles dans leurs sacs. Congelés, leur poitrine ouverte laissait déborder les intestins couverts de glaçons rouges. Certains avaient les poings serrés, d'autres les mains ouvertes telles des serres, comme s'ils voulaient attraper quelque chose, et leurs visages aux yeux gelés fixaient le vide.

EXPOSITION AU VIRUS

17 novembre

Thomas Geisbert préparait son doctorat en microbiologie tout en travaillant comme technicien dans un laboratoire de l'Institut pour financer ses études. Vingt-sept ans, grand, les yeux bleu sombre, ses cheveux bruns, plutôt longs sur le front et les oreilles, étaient séparés par une vague raie au milieu. Pêcheur habile et as du fusil, il passait beaucoup de temps dans les bois. Vêtu d'un jean et de bottes de cow-boy, il ne se souciait guère des autorités, qu'il narguait depuis l'enfance. Il était originaire de cette région, puisqu'il avait grandi près de Fort Detrick. Son père, ingénieur en bâtiment à l'Institut, entretenait et faisait fonctionner les zones chaudes. Quand Tom était enfant, son père l'avait emmené visiter l'Institut. Il avait regardé à travers les vitres épaisses ces gens qui travaillaient en combinaison et s'était dit qu'il aimerait faire la même chose.

L'Institut l'avait engagé pour faire fonctionner le microscope électronique qui, grâce à un balayage de faisceaux d'électrons, fournit une image des objets les plus petits, tels que les virus. Il s'agit d'un outil essentiel dans un laboratoire parce qu'on peut l'utiliser pour photographier un petit bout de chair et y trouver des virus. Pour Tom, identifier des souches chaudes et classifier les genres de virus était un travail agréable comme épingler des papillons, ou constituer un herbier. Il aimait l'impression d'être oublié du monde. Il se sentait en paix avec lui-même quand il déambulait dans une zone chaude en transportant des tubes à essai remplis d'agents inconnus. Il aimait entrer seul dans les suites de niveau 4, même au milieu de la nuit. Sa tendance à passer beaucoup de temps sur son milieu de travail commençait à affecter sa vie personnelle : Tom et sa femme s'étaient séparés en septembre, et ses ennuis personnels n'avaient fait que renforcer sa tendance à s'enfouir au cœur du niveau 4.

Son plus grand bonheur, en dehors du travail, était de partir pêcher la perche ou chasser le daim. Chaque année, vers la fête de Thanksgiving, début novembre, il allait chasser en Virginie de l'Ouest, où il louait une maison avec des amis. Ses compagnons de chasse ignoraient presque tout de la façon dont il gagnait sa vie.

Les échantillons de sang et de tissus parvenaient à l'Institut, en provenance des quatre coins du monde, et Tom tentait d'en observer le plus grand nombre possible pour perfectionner sa technique au microscope électronique. Il apprenait comment identifier à l'œil un « agent chaud » rien qu'en regardant une photo des particules. Quand les échantillons du jeune Peter Cardinal étaient arrivés d'Afrique, Tom avait passé des journées entières à les examiner, comme fasciné. La souche Cardinal était une masse enchevêtrée de 6, de U, de g, de Y, de serpents, houlettes de berger et Cheerios, mêlés à de la chair humaine partiellement liquéfiée. Tom passa tellement de temps à regarder ce virus, une des véritables horreurs de la nature, que les formes finirent par se graver dans son cerveau.

*

* *

Tom avait entendu parler des singes malades en Virginie, et il voulait prendre des photos de leur chair pour voir s'il pouvait identifier des particules du virus de la fièvre hémorragique. Le vendredi matin, 17 novembre, le lendemain du jour où Dan Dalgard tua tous les animaux de la salle F, Tom jeta un coup d'œil aux flacons de cellules de singes qui étaient en culture. Il voulait les examiner au microscope avant de partir pour sa chasse de Thanksgiving. Il n'utilisa qu'un ultramicroscope, microscope optique dans lequel un éclairage spécial permet de percevoir des particules très petites.

A 9 heures, il enfila une tenue et pénétra dans le laboratoire de niveau 3 où les flacons étaient gardés au chaud. Il y retrouva Joan Rhoderick, la technicienne qui avait placé les cellules en culture. Elle regardait dans un microscope le résultat de son travail. Le flacon contenait des cellules infectées par le singe 053, mort dans la salle F et que Dalgard avait disséqué.

« Il y a quelque chose de curieux, dans ce flacon », dit-elle à Geisbert.

Il s'agissait d'un flacon à virus tout à fait normal, de la taille d'un pouce, fermé par un bouchon noir, en plastique transparent, pour qu'on puisse le placer directement sous le microscope.

Geisbert regarda dans le microscope, et distingua à l'intérieur du flacon tout un monde complexe. En biologie, le problème est de savoir ce que l'on regarde. Les différents agencements naturels sont profonds, compliqués, et en constant changement.

Les cellules vivantes se tiennent d'ordinaire au fond du flacon pour former une sorte de tapis vivant ; elles préfèrent s'accrocher à quelque chose quand elles se développent. En l'occurrence, le tapis était comme mangé aux mites. Les cellules étaient mortes et partaient à la dérive, laissant des trous dans le tapis.

Il regarda tous les flacons. La plupart présentaient le même aspect de tapis mité. C'était moche, malsain. Quelque chose tuait ces cellules. Elles étaient gonflées et boursouflées, trop grosses, comme enceintes. Elles contenaient des granules et des taches, qui ressemblaient à des grains noirs, comme si quelqu'un avait répandu le contenu d'un moulin à poivre sur des œufs. Il avait également l'impression que la lumière se reflétait sur ces grains, comme si elle traversait des cristaux.

Les cellules avaient une maladie qu'il ne reconnaissait pas, mais elles étaient très malades, parce que le liquide était laiteux et encombré de cellules mortes, des cellules qui avaient explosé.

Ils décidèrent que leur patron, Peter Jahrling, devait venir voir ce phénomène. Geisbert sortit du niveau 3, retira son ensemble de chirurgien et prit une douche avant de revêtir ses vêtements normaux. Il trouva Jahrling dans son bureau, et ils revinrent ensemble au laboratoire. Il ne leur fallut que quelques minutes pour se changer et ils s'installèrent au microscope.

« Il se passe, lui dit Geisbert, quelque chose de très étrange dans ces flacons, mais je ne vois pas ce que cela peut être. Cela ne ressemble pas à la fièvre hémorragique du singe. »

Jahrling regarda l'aspect laiteux du liquide, comme s'il pourrissait.

« C'est contaminé, dit-il. Ces cellules sont pulvérisées. Une vraie chiasse ! »

Les cellules étaient mortes et semblaient avoir explosé. Jahrling pensa qu'une souche sauvage de bactéries avait dû envahir la culture de cellules. C'est un problème courant et gênant quand on essaie de cultiver un virus, parce que le flacon devient alors inutilisable. La bactérie consomme la culture de cellules, la dévore, et cela dégage une odeur nauséabonde, tandis qu'un virus tue les cellules sans produire la moindre odeur. Pour Jahrling le flacon avait été contaminé par le pseudomonas, une bactérie commune qui vit dans la terre. Nous en avons tous dans nos jardins et sous nos ongles. C'est une des formes de vie les plus communes sur la planète, et elle s'introduit souvent dans les cultures de cellules, qu'elle anéantit.

Jahrling dévissa le bouchon et inspira. Curieux. Aucune odeur.

« Avez-vous déjà senti le pseudomonas ? demanda-t-il à Tom Geisbert.

— Non.

— Ça pue le jus de raisin en conserve. Tenez... » dit-il en tendant le flacon à Tom.

Tom renifla et ne sentit rien.

Jahrling lui reprit le flacon et huma à nouveau. Son nez n'enregistra rien. Le flacon était laiteux, et les cellules détruites. Perplexe, il redonna le flacon à Tom.

« Allez me balayer ça, qu'on y voie plus clair. »

Il lui demandait d'utiliser le microscope électronique à balayage, beaucoup plus puissant qu'un simple ultramicroscope, et grâce auquel on peut observer plus en profondeur l'univers que l'on fouille.

*

* *

Geisbert versa un peu du liquide laiteux dans un tube à essai, qu'il plaça dans une centrifugeuse. Un « bouton » de résidus grisâtres, c'est-à-dire une petite pilule de cellules mortes ou mourantes, se concentra au fond du tube. La pilule était de la taille d'une tête d'épingle et d'un brun très pâle. Tom songea qu'elle avait l'air d'une projection de purée de pommes de terre. Il sortit le bouton avec une spatule en bois et le plongea dans de la résine epoxy pour qu'il s'y conserve sous forme d'inclusion, dont on pourrait ensuite faire des coupes très fines, exploitables au microscope électronique.

Maintenant, il n'avait plus que la saison de chasse en tête. Ce vendredi après-midi, il rentra chez lui pour préparer son expédition. Il avait prévu de conduire sa Ford Bronco, mais elle était en panne, et un de ses compagnons de chasse vint le prendre avec sa camionnette à ridelles. Ils chargèrent le sac de Tom et son fusil à l'arrière et partirent pour la Virginie de l'Ouest.

Quand un filovirus commence à s'amplifier dans un être humain, la période d'incubation dure de trois à dix-huit jours, pendant lesquels le taux de particules virales augmente régulièrement dans le sang. Puis surviennent les maux de tête.

THANKSGIVING

20-25 novembre

Pour Nancy et Jerry Jaax, ce furent les pires fêtes de Thanksgiving de leur vie. Le mercredi 22 novembre, ils partirent dans leur van et conduisirent toute la nuit pour atteindre le Kansas. Âgés respectivement de douze et treize ans, Jaime et Jason étaient habitués aux longs trajets et dormirent paisiblement. Jerry avait pratiquement perdu toute capacité de sommeil depuis le meurtre de son frère, et Nancy resta éveillée à ses côtés, le relayant au volant. Ils arrivèrent à Wichita le jour de Thanksgiving et mangèrent la dinde traditionnelle avec le père de Nancy, Curtis Dunn, qui vivait chez le frère de Nancy.

Le père de Nancy se mourait d'un cancer. Il avait été hypocondriaque toute sa vie, hanté par le spectre du cancer. Il avait passé une fois huit mois au lit pour une tumeur qu'il n'avait pas, et maintenant il était bel et bien malade. Il avait perdu beaucoup de poids cet automne et on aurait dit un squelette humain, avec ses cinquante kilos. Mais il était encore relativement jeune, et il enduisait ses cheveux noirs et bouclés de brillantine. Pourtant, il avait l'air si mal en point que les enfants eurent peur de lui — de leur propre grand-père ! — et restèrent à l'écart, évitant même de le regarder. Il fit de son mieux pour témoigner sa sympathie à Jerry.

« C'est vraiment horrible, ce qui est arrivé à la famille Jaax... », dit-il à Jerry.

Jerry ne voulait pas en parler.

Le père de Nancy restait dans une chaise longue presque toute la journée, somnolant. La nuit, il n'arrivait pas à dormir tant il souffrait, et il se réveillait à trois heures du matin, se levait et entreprenait de fouiller la maison à la recherche de quelque chose. Il fumait continuellement des cigarettes et se plaignait de ne pas sentir le goût des aliments, d'avoir perdu tout appétit. Nancy était désolée pour lui, mais il existait entre eux une distance qu'elle ne parvenait pas à combler. C'était un homme aux opinions tranchées.

Les quelques jours suivants, Nancy et Jerry restèrent à Wichita pour aider le père de Nancy à entrer à l'hôpital afin d'y suivre un traitement sérieux. Puis ils retournèrent dans le Maryland avec leurs enfants.

*

* *

Dan Dalgard passa une semaine de Thanksgiving difficile. Le lundi, il appela Peter Jahrling à l'Institut pour savoir s'il avait d'autres nouvelles sur ce qui avait tué ses singes à Reston. Jahrling lui assura que le diagnostic provisoire de fièvre hémorragique du singe était sans doute le diagnostic définitif, mais qu'il ne pouvait encore totalement l'affirmer. Il voulait attendre les résultats des derniers tests.

Dalgard raccrocha en pensant que sa décision de tuer les animaux de la salle F avait été la bonne. Ces singes, infectés, seraient morts de toute façon, et la fièvre se serait disséminée dans le bâtiment, tuant tous les autres. Mais Dalgard craignait que le virus ne se soit échappé de la salle F. Il deviendrait alors encore plus difficile à contrôler.

Le matin de Thanksgiving, Dan et sa femme partirent tôt à Pittsburgh pour passer les fêtes avec les parents de la femme de Dan. Ils revinrent en Virginie le vendredi et Dan repartit immédiatement au Pavillon des singes. Pendant les fêtes, cinq spécimens étaient morts dans la salle H, à deux portes de la salle F. Le virus progressait donc, et le pire, c'est qu'il sautait des salles dans sa progression. Comment cela se pouvait-il ? Cinq singes morts dans une seule salle pendant la nuit... Il se sentit très mal.

MÉDUSE

27 novembre, 7 heures

Le lundi de la semaine qui suivit Thanksgiving, Tom Geisbert arriva tôt à l'Institut vêtu d'un jean, d'une chemise de flanelle et de bottes de cow-boy, comme pour ne pas oublier son expédition dans les bois. Il était anxieux d'examiner à nouveau le bouton de cellules de singe mort qu'il avait prélevé du petit flacon juste avant de partir chasser. Il voulait regarder ces cellules au microscope électronique et tenter de trouver une preuve visuelle qu'il s'agissait bien de la fièvre hémorragique du singe.

Le bouton, piégé dans son petit bloc de plastique jaune, était de la taille d'une miette de pain. Tom Geisbert déverrouilla le placard et y prit son couteau diamant — un objet large comme un petit taille-crayon et long de deux centimètres — qui valait 4 000 dollars. Le tranchant était constitué d'un gros diamant sans le moindre défaut, un vrai bijou.

Il emporta le tout dans la salle de coupe et s'installa devant le microtome, machine de grande précision qui permettait de réaliser des coupes infiniment minces. Il inséra son diamant dans la machine en prenant grand soin de ne pas en toucher la pointe, ce qui lui aurait enlevé toute efficacité. L'instrument était extraordinairement affûté. Cette lame était la plus coupante qui existât sur terre, assez coupante pour trancher proprement un virus en deux comme une lame de rasoir le fait d'une cacahuète. Si vous imaginez que cent millions de virus tiennent sur la surface qu'occupe le point de ce i, vous pouvez aussi évaluer la précision de ce couteau diamant. Si vous vous coupiez accidentellement avec, il traverserait votre peau sans résistance, comme s'il s'agissait d'air — et il trancherait, au passage, des cellules sanguines.

Tom fixa le bloc de résine à l'extrémité du bras du microtome et regarda dans le microscope dont l'appareil était muni. Il voyait clairement l'inclusion, maintenant. Il enclencha un interrupteur, et la machine se mit à ronronner. Le bloc de résine amorça un mouvement circulaire en passant devant le tranchant du diamant. La machine opérait comme si elle coupait des tranches de jambon, prélevant des tranches de la taille d'un point, qui tombaient sur une goutte d'eau et restaient à sa surface. Chacune contenait près de dix mille cellules. Les tranches coupées par la lame tombaient et se juxtaposaient comme des nymphéas sur un lac.

Tom quitta le microscope des yeux et chercha une baguette de bois prolongée par un cil collé à l'aide de vernis à ongle. C'était l'outil servant à manipuler les tranches. Le cil était celui d'une des laborantines et on disait que ses cils étaient les meilleurs pour ce genre de travail : ni trop épais, ni trop fins, en fuseau, avec une pointe très fine. Il plongea le cil dans la goutte d'eau, souleva quelques tranches abîmées et s'en débarrassa sur une serviette en papier.

Ensuite, avec une pince, il prit une petite grille, un objet en cuivre de cette taille : — • —. Il plongea la grille dans l'eau et la remonta lentement sous une tranche qui flottait, comme un pêcheur relève un filet. Il déposa ensuite la grille dans une petite boîte, qu'il emporta dans une pièce sombre, au milieu de laquelle se dressait une tour de métal, plus haute qu'une personne : le microscope électronique. Mon microscope, se dit-il. Il l'aimait beaucoup. Il ouvrit la petite boîte, souleva la grille avec la pince et la plaça dans une tige métallique de la taille d'un démonte-pneu : le support d'échantillon. Il inséra la tige dans le microscope jusqu'à ce qu'il entende le déclic signalant qu'elle était en place. Maintenant, la tranche, posée sur sa grille, occupait dans le microscope la position rêvée pour que le faisceau d'électrons la balayât.

Il éteignit les lumières dans la pièce et s'assit à la console couverte de cadrans et d'indicateurs électroniques, avec, au milieu, un écran de contrôle. La pièce ressemblait au tableau de bord d'un vaisseau spatial.

Il appuya sur un bouton et se laissa tomber sur sa chaise, la tête proche de l'écran, le visage éclairé par une lueur verte se réfléchissant sur la vitre. Il regarda dans un coin d'une cellule. C'était comme contempler un paysage du haut d'un avion. Il avait sous les yeux une image énorme et complexe, fourmillant de plus de détails qu'il ne pensait pouvoir en faire absorber à son esprit. Il pouvait consacrer des journées entières à scruter une cellule, à la recherche d'un virus. Dans une seule tranche, il pouvait y avoir jusqu'à dix mille cellules à fouiller. Le plus incroyable dans les systèmes vivants, c'est que, même avec un grossissement fantastique, la situation restait toujours aussi complexe. Il distinguait des formes qui ressemblaient à des fleuves avec leurs affluents, des bras morts transformés en lacs, quelques villages, la forêt — une vue aérienne de la forêt vierge. La cellule était un monde, et quelque part dans cette jungle se cachait un virus.

Il tourna un bouton et le paysage défila sous ses yeux. Il se promena dans la cellule, se rapprocha des détails et le paysage se précipita vers lui.

Il retint sa respiration. Une minute !... Il y avait un problème... Cette cellule était anormale. Elle n'était pas simplement morte, elle avait été détruite, pulvérisée. Et elle grouillait de *vers*. La cellule était *pleine* de vers. Certaines parties étaient tellement encombrées de virus qu'elles avaient l'air d'un amas de cordes. Il n'existait qu'une catégorie de virus ressemblant à des cordes : les filovirus.

Marbourg, pensa-t-il, on dirait le Marbourg. Il se pencha à nouveau sur l'écran et son estomac se serra. Il ressentit cette impression très déplaisante qui vous envahit parfois lorsque vous êtes face à un agent chaud : la nausée. Il paniqua, et bondit hors de la pièce en criant :

« Du Marbourg ! On a un Marbourg ! »

Il s'arrêta brusquement, se demandant si tout cela était bien réel. Il n'était pas *certain* que ce fût le Marbourg, mais, bon sang, ça faisait plus que ressembler à un filovirus. Une image lui revint immédiatement en mémoire : celle des cellules hépatiques de Peter Cardinal, explosées et pleines de serpents. Il fixa son attention sur ce souvenir et le compara à ce qu'il voyait sur l'écran. Il savait exactement quel était l'aspect de la souche Cardinal, parce qu'il en avait mémorisé les courbes et les anneaux. Ce que le virus avait fait à ce gamin... les effets dévastateurs sur ses tissus... « Oh, mon Dieu ! Mon Dieu ! Pete et moi avons reniflé ce truc, nous l'avons manipulé, et c'est un agent biologique de niveau 4. Le Marbourg... Ohhh, Seigneur, Seigneur, oh ! Je me trouve avec un virus qui, lorsqu'il atteint l'homme, le tue presque à coup sûr, et de la manière la moins plaisante qui soit. » Une sensation de malaise l'inonda, et il eut soudain la vision de testicules de la taille de citrons, noirs, prêts à éclater, la peau pelant.

Il se mit à prendre des photos. En quelques minutes, plusieurs négatifs sortirent de la machine. Il les emporta dans une salle obscure et entreprit de les développer. Il compta les jours qui le séparaient de la première fois où il avait été exposé au virus. Il avait respiré le flacon le vendredi avant de partir chasser. C'était... dix jours plus tôt. Quel était le temps d'incubation du Marbourg ? Il ne s'en souvenait plus. Voyons... Les singes à qui on avait fait inhaler le Marbourg avaient mis de six à dix-huit jours avant de déclarer la maladie. Il en était à dix.

« Je vais tomber malade, pensa-t-il. Est-ce que j'ai eu mal à la tête hier ? Ai-je de la fièvre ? » Il posa la main sur son front. Tout avait l'air normal. « Mais ce n'est pas parce que je n'ai pas mal à la tête le dixième jour que ça n'arrivera pas le douzième. Ai-je vraiment inspiré profondément le contenu de ce flacon ? Est-ce moi qui ai remis le bouchon ? En le faisant, j'ai pu projeter des gouttelettes sans m'en rendre compte. Me suis-je frotté les yeux avec mes doigts, après ? Je ne m'en souviens pas. Ai-je touché ma bouche de mes doigts ? C'est possible. Je n'en sais rien. »

Peut-être au fond n'était-ce pas le Marbourg. Il n'était qu'un étudiant qui commençait juste à apprendre. Trouver un puissant agent de niveau 4 dans la banlieue de Washington, D. C., n'était pas le genre de chose qui arrivait tous les jours à un étudiant. Peut-être n'était-ce pas un filovirus ? « Si tu vas dire au patron que tu as trouvé le Marbourg et que c'est faux, ta carrière tombera au fond de l'éprouvette. En ce domaine, on ne peut tolérer aucune marge d'erreur. Si tu te trompes, tu commences par provoquer une belle panique, et puis tu deviens la risée de tous. »

Il alluma et sortit les négatifs du bain pour les examiner en transparence.

Il distingua des particules virales en forme de serpents, dans ces négatifs, des cobras blancs entremêlés, comme les cheveux de la Méduse. C'était la Nature, déesse obscène, qui révélait sa nudité. Cette chose était d'une beauté à couper le souffle. Plus il la regardait, plus il se sentait entraîné loin des humains vers un monde où les barrières morales s'estompaient avant de disparaître totalement. Là, il ne restait plus que l'obscénité absolue qu'on ne pouvait séparer de la beauté absolue. Il se perdit dans l'émerveillement et l'admiration alors même qu'il savait que la proie, c'était *lui*.

Il vit alors autre chose dans les images, qui l'emplit de terreur : le virus avait modifié la structure de la cellule au point qu'on avait peine à la reconnaître. Il l'avait transformée en une sorte de sac de briques. Les objets étaient des blocs cristalloïdes de virus pur. Il connaissait ces corps en inclusion, il s'agissait de proliférations de virus prêts à tuer. Quand une cellule est infestée par un virus, des cristalloïdes ou « briques » apparaissent au centre, puis migrent vers la surface de la cellule, et quand ils touchent la paroi extérieure de la cellule, ils se divisent en centaines de virus individuels, en forme de fils, qui percent la paroi et sortent de la cellule, comme l'herbe d'une pelouse ensemencée. La cellule est alors déformée, gonflée, puis elle éclate et meurt. Les fils s'en détachent et dérivent dans les vaisseaux sanguins de l'hôte, s'introduisant et se multipliant dans d'autres cellules avant de former des briques qui feront à nouveau éclater leurs abris provisoires.

Tandis qu'il observait les briques, il se rendit compte que les granulations noires sur les cellules, qui lui étaient apparues comme semblables à du poivre quand il avait regardé les cellules du flacon dix jours plus tôt, étaient en fait des briques, des cristalloïdes. C'était la raison pour laquelle les cellules avaient l'air gonflées, grosses : elles étaient enceintes de briques de virus et prêtes à éclater.

LE PREMIER ANGE

10 heures

Tom Geisbert fit des tirages 16 × 24 sur papier glacé, puis partit vers le bureau de son patron, Peter Jahrling. Il emprunta un long couloir, descendit un escalier, franchit une porte de sécurité grâce à sa plaque d'identification, et pénétra dans le secteur réservé. Il adressa un signe de tête à un soldat — il y avait des militaires partout — et monta un escalier avant de passer devant une salle de conférence où, sur un mur, était accrochée une carte du monde. Dans cette pièce, les militaires faisaient le point sur les lieux où se déclaraient des virus. Une réunion s'y tenait ce jour-là. Tom continua jusqu'à un dédale de bureaux. L'un d'eux était dans un fouillis indescriptible, avec des papiers partout : celui de Gene Johnson, le spécialiste en biologie à haut risque qui avait mené l'expédition à la grotte de Kitum. En face, celui de Peter Jahrling était petit mais bien rangé avec une fenêtre, devant laquelle Peter avait placé son bureau pour profiter de la lumière. Sur les murs, il avait punaisé des dessins de ses enfants — par exemple un lapin devant son terrier sous un splendide soleil jaune, œuvre de sa fille. Sur une étagère, une statuette africaine représentait un être humain tenant un œuf du bout des doigts, comme si l'œuf contenait quelque chose d'intéressant sur le point de briser la coquille.

« Tom ! Quoi de neuf ? demanda Jahrling.

— On a un gros problème. »

Tom aligna les photos sur le bureau devant Jahrling. C'était une journée sinistre de novembre, et une lumière tamisée éclairait les clichés.

« Ça vient du singe de Reston. Je crois que c'est un filovirus, et il y a une bonne chance pour que ce soit le Marbourg.

— Vous plaisantez ! sursauta Jahrling qui se revoyait en train de renifler le flacon. Ce n'est pas drôle. Fichez-moi le camp !

— Ce n'est pas une plaisanterie, Pete. »

Jahrling se souvint que lorsqu'ils avaient retiré le petit morceau de viande rose mystérieuse de sa feuille d'aluminium avec l'aide du pathologiste, ils avaient ri en lançant : « *Heureusement que c'est pas le Marbourg !* »

« Vous en êtes sûr ? » demanda-t-il.

Tom lui répondit que oui. Jahrling étudia les photographies. Oui, il voyait bien des vers, et les inclusions — les briques. Tom et lui avaient pu inspirer le virus dans leurs poumons. Bon. Ils n'avaient pas encore mal à la tête.

« Ces trucs ont la bonne taille ? demanda Jahrling en sortant une règle pour mesurer les particules.

— C'est un peu long pour du Marbourg », admit Geisbert.

De plus, les particules de Marbourg forment des anneaux, comme des Cheerios. Ces « trucs »-là ressemblaient plus à des spaghettis. Ils ouvrirent un rapport et comparèrent les photos de Tom à celles du rapport.

« Bien, dit Jahrling. Je vais en référer à C. J. Peters. »

*
* *

Jahrling, le civil, avait décidé de mettre au courant la hiérarchie militaire. Il commença par le colonel Clarence James Peters, un médecin qui assurait la direction du département des diagnostics de l'Institut, et qui s'occupait des agents inconnus et dangereux — « les trucs intéressants », comme il les qualifiait. Peters avait monté pratiquement seul son service. C'était un curieux militaire, aimable et brillant, sans affectation, avec un léger accent traînant du Texas. Visage rond, rose et avenant agrémenté d'une moustache, lunettes cerclées de métal, il n'avait pas une silhouette imposante, mais il aimait manger, et se croyait trop gros. Il parlait espagnol couramment depuis qu'il avait passé des années dans les jungles d'Amérique centrale et du Sud à la recherche d'agents chauds. Le règlement de l'armée lui imposait de se présenter au travail à huit heures chaque matin, mais il arrivait en général paisiblement vers dix heures. Il n'aimait pas porter l'uniforme et venait le plus souvent en jean délavé, chemise hawaïenne flamboyante et sandales sur des chaussettes blanches, comme s'il venait de passer la nuit dans un hôtel mexicain. Son excuse pour ne pas porter l'uniforme était qu'il souffrait d'une sorte de « pied d'athlète », une mycose tropicale attrapée en Amérique centrale qu'il affirmait incurable, si bien qu'il devait porter de simples sandales pour que l'air puisse circuler autour de ses orteils. Peters accomplissait ensuite des journées de douze heures, ne quittant son travail qu'à la nuit, bien souvent après que tous les autres étaient rentrés chez eux.

Il évoluait dans la bureaucratie avec l'aisance d'un requin. Il inspirait une grande loyauté à son équipe mais se faisait facilement, on pourrait même dire délibérément, des ennemis. Il conduisait une Toyota rouge dont la carrosserie portait la trace de plusieurs petits accrochages, tout à fait le genre de voiture qui se fait arrêter par la police pour défaut de contrôle de sécurité. Lors de ses voyages dans les forêts vierges et les savanes, il dégustait avec plaisir tout ce que mangeaient les habitants du lieu : sauterelles, serpents, zèbres, méduses, lézards et crapauds cuits entiers dans leur peau. Mais il *croyait* qu'il n'avait jamais mangé de salamandre, à moins qu'il n'ait pu l'identifier dans une soupe. Il avait en revanche dévoré des cuisses de singe en ragoût et bu de la bière de banane fermentée à la salive humaine. En Afrique centrale, alors qu'il conduisait une expédition à la recherche du virus Ébola, il s'était retrouvé dans une zone à termites. Il avait attendu devant les nids, ramassant les termites qui en sortaient pour les manger crus. Il disait qu'ils avaient un délicieux goût de noisette. Il aimait tant les termites qu'il les gardait au réfrigérateur avec ses échantillons de sang pour les déguster bien frais, en amuse-gueule, avec son gin à l'heure où le soleil se couchait sur les plaines d'Afrique. Il raffolait des cochons d'Inde tués par étouffement, non vidés et cuits dans leur sang. Il les ouvrait et se délectait des poumons, des glandes surrénales et de la cervelle. Ensuite, inévitablement, il en payait le prix : « Je suis toujours malade, mais ça vaut le coup », expliqua-t-il un jour. Il adorait les cartes, et les murs de son bureau en étaient couverts, indiquant les lieux d'apparition des virus. Il recommandait toujours : « Où que vous alliez, emportez une carte et une bouteille de gin, et tout se passera bien. »

Jahrling glissa les photos de Geisbert dans une chemise pour que personne ne les voie et alla chercher Peters dans la salle de conférence tapissée de la carte du monde. Il lui tapa sur l'épaule.

« Je ne sais pas ce que vous faites en ce moment, C.J., mais j'ai quelque chose de plus important.

— Quoi ?

— C'est un peu délicat. Je ne veux pas en parler ici.

— Qu'est-ce qui est tellement délicat ? »

Jahrling entrouvrit la chemise, juste assez pour que C.J. aperçoive les spaghettis, et la referma.

Surpris, le visage du colonel se figea. Il se leva et, sans même s'excuser, il sortit de la salle. Ils allèrent s'enfermer dans le bureau de Jahrling où Tom les attendait.

Jahrling disposa les photos sur son bureau.

« Regardez un peu ça.

— Ça vient d'où ?

— Des singes de Reston. Ça ne me plaît pas. Tom pense que c'est le Marbourg.

— Il nous est déjà arrivé de nous tromper, fit remarquer Peters.

— C'est vrai.

— Beaucoup de choses ressemblent à des vers », continua C.J. Peters en étudiant les photos.

C'étaient indiscutablement des vers. Et il y avait aussi des cristalloïdes, des briques. Ça semblait bien authentique. Il se dit que la pression allait devenir énorme. Il la sentit monter. Le problème allait être incommensurable pour cette ville de Virginie et ses habitants.

« Première question, dit-il brusquement : quelles sont les chances d'une contamination en laboratoire ? »

Ce qu'ils avaient sous les yeux pouvait être dû à une contamination par la souche Cardinal que possédait le laboratoire, à la suite d'une fuite d'un congélateur, qui aurait atteint les flacons. Mais plus ils y réfléchissaient, plus c'était impossible. La souche Cardinal était conservée dans un autre secteur du bâtiment, séparé par plusieurs murs de sécurité biologique, très loin des flacons du singe 053. Les mesures de sécurité ne manquaient pas pour prévenir toute fuite accidentelle d'un virus comme le Marbourg Cardinal. C'était tout simplement impossible. Il ne pouvait y avoir eu de contamination. Mais ce pouvait être autre chose qu'un virus, une simple fausse alerte.

« Dès que les gens voient quelque chose d'allongé comme une corde, ils croient que c'est un filovirus, dit C.J. Je reste sceptique. Beaucoup de choses ressemblent au Marbourg.

— Je suis bien d'accord, dit Jahrling. C'est peut-être juste un autre monstre du Loch Ness.

— Que faites-vous pour le confirmer ? »

Jahrling expliqua qu'ils avaient l'intention de tester les cellules avec une substance composite qui les ferait luire si elles étaient infectées par le Marbourg.

— D'accord, vous recherchez le Marbourg, dit C.J., mais avez-vous pensé à l'Ébola ?

— Bien sûr.

— Quand réaliserez-vous ces tests ? Parce que, si ces singes ont le Marbourg, il faut prendre des décisions.

— Nous aurons une réponse définitive demain. »

Peters se tourna vers Tom Geisbert et lui dit qu'il voulait davantage de preuves, notamment des photos de l'agent en train de proliférer dans les cellules du foie d'un singe mort au Pavillon, cela prouverait qu'il vivait dans les singes.

Ils sentaient tous qu'une crise tant militaire que politique couvait. Si les gens découvraient ce dont le Marbourg était capable, ce serait une panique totale. C.J. Peters se leva, une photo des serpents à la main.

« Si on doit annoncer que le Marbourg se promène du côté de Washington, nous ferions mieux d'avoir des certitudes. »

Il reposa la photo sur le bureau de Jahrling et retourna à sa réunion, sous la carte du monde.

*

* *

Après que Peters eut quitté le bureau, Peter Jahrling et Tom Geisbert eurent une conversation délicate. Ils fermèrent la porte et discutèrent calmement de la façon dont ils avaient respiré le flacon. C'était une chose qu'ils devaient mettre au clair entre eux. Ni l'un ni l'autre n'avait signalé l'incident au colonel Peters.

Ils recomptèrent ensemble le nombre de jours qui les en séparaient : dix jours, depuis qu'ils avaient ouvert le flacon et humé ce qui pouvait être de l'« eau de Marbourg ». Demain serait le onzième jour. Le temps s'égrenait. Ils étaient en période d'incubation. Que devaient-ils faire ? Et leur famille ?

Ils savaient ce que déciderait le colonel Peters s'il découvrait qu'ils avaient respiré des flacons de Marbourg : il leur donnerait l'ordre de se rendre sur-le-champ au Claquoir, l'hôpital de sécurité biologique de niveau 4. Ce serait son devoir de le faire. Ils se retrouveraient en quarantaine derrière sas et portes blindées, soignés par des infirmières et des médecins en combinaison spatiale. Un mois au Claquoir, pendant que des médecins vous prélèvent des échantillons de sang, en attendant de vous voir vous désintégrer.

Les portes du Claquoir étaient toujours fermées, avec de l'air recyclé à l'intérieur et sous pression inférieure à la normale, et le téléphone en permanence sur écoute. Les gens ne tenaient pas le coup, sur le plan émotionnel, et essayaient de s'échapper. Ils commençaient à flancher lors de la deuxième semaine. Soudain, ils montraient tous les signes cliniques de la dépression. Ils ne communiquaient plus, fixaient les murs sans rien dire, complètement passifs, sans même regarder la télévision. Certains souffraient de phases d'agitation et de peur, au point qu'il fallait parfois en arriver à des perfusions de Valium pour les empêcher de s'acharner à coups de poing contre les murs, de tenter de briser les vitres de surveillance ou encore de saccager les équipements médicaux. Ils attendaient dans le couloir de la mort, en isolement, que la fièvre, les douleurs horribles, une attaque cérébrale annoncent la fin, avec ses giclées de sang, soudaines et incontrôlables. La plupart d'entre eux clamaient que jamais ils n'avaient été exposés. Ils niaient qu'ils puissent aller mal, et en général c'était vrai. Sur le plan physique, ils ressortaient du Claquoir en parfaite santé. Quant à leur esprit, c'était une autre histoire. Au Claquoir, ils devenaient paranoïaques, convaincus que la bureaucratie de l'armée les avait totalement oubliés, qu'elle les laissait pourrir sur place. Quand ils ressortaient, ils étaient désorientés, pâles, tremblants, hésitants, furieux contre l'armée, furieux contre eux-mêmes, et contre le sas qui les avait séparés du monde normal.

Beaucoup de ceux qui avaient connu cet isolement se montraient ensuite peu disposés à reprendre leur travail en niveau 4. Ils commençaient par trouver toutes sortes d'excuses pour ne pas se mettre en combinaison spatiale. Un grand nombre d'entre eux finissait par quitter pour de bon leur travail, et même l'Institut.

Peter Jahrling avait le sentiment malgré tout que lui et Tom n'avaient pas contracté le virus. S'il se trompait, il le saurait bien assez tôt. Son sang réagirait positivement aux tests, ou bien il aurait des maux de tête impossibles à dissiper. Il croyait fermement que le Marbourg ne s'attrapait pas facilement, et qu'il ne faisait courir aucun risque à sa famille ni à ses proches.

Quant à Dan Dalgard en train de disséquer ses singes... penché sur eux, *respirant* au-dessus de leur abdomen ouvert, travaillant dans un bain de sang imprégné de Marbourg... Pourquoi n'était-il pas mort ? Peut-être était-il encore en période d'incubation.

D'où était-ce venu ? S'agissait-il d'une nouvelle souche ? Quelle action avait-elle sur les hommes ? Celui qui découvre une nouvelle souche de virus gagne le droit de lui donner un nom. Jahrling y pensa. S'il se retrouvait enfermé au Claquoir avec Tom, ils ne pourraient continuer leurs recherches, et toute la gloire reviendrait à un autre. Ils étaient à un cheveu d'une découverte majeure. Localiser un filovirus près de Washington, c'était la découverte d'une vie.

Pour toutes ces raisons, ils décidèrent de ne rien dire.

Ils choisirent aussi de tester leur propre sang. Jahrling dit à Geisbert quelque chose comme : « On va se prélever du sang *tout de suite.* » S'il était positif, ils pourraient immédiatement se rendre au Claquoir. Dans le cas contraire, ils avaient peu de chance d'infecter leur famille ou qui que ce fût.

A l'évidence, il n'était pas question qu'ils aillent à la clinique de l'armée pour qu'une infirmière leur fasse une prise de sang. Ils trouvèrent donc un gentil technicien civil qui savait comment s'y prendre. Il leur attacha une bande élastique autour du bras, piqua la veine et regarda les tubes se remplir de sang. Il comprit très bien ce qui se passait et promit de ne rien dire. Jahrling enfila ensuite une combinaison spatiale et emporta son propre sang ainsi que celui de Tom et les flacons de liquide laiteux qu'ils avaient reniflés dans un labo de niveau 4. Il lui avait semblé trop risqué de laisser leur sang traîner : quelqu'un pourrait accidentellement se trouver exposé. Ce sang ne *devait* plus sortir d'une zone de niveau 4. S'il était infecté par le Marbourg, il ne voulait pas porter la responsabilité de mettre la vie d'autrui en danger. « Étant donné que c'était une chair mystérieuse prélevée sur une carcasse de singe, j'aurais dû être plus prudent », se dit-il.

Tom Geisbert partit à la recherche de foie de singe qu'il pourrait photographier, espérant prouver qu'un agent de type Marbourg y vivait. Il trouva un flacon en plastique contenant des morceaux du foie stérilisé du singe 053 et en préleva un peu qu'il fixa dans du plastique. C'était un travail lent, et il lui fallut plusieurs heures pour le terminer. Il laissa le plastique prendre et rentra chez lui dans l'espoir de dormir un moment.

LE DEUXIÈME ANGE

28 novembre, mardi

Geisbert vivait dans une petite ville de Virginie de l'Ouest, sur l'autre rive du Potomac. Après sa séparation d'avec sa femme, leurs deux enfants étaient restés un temps avec elle, et maintenant, ils vivaient chez lui, ou plutôt chez ses parents, dans une maison un peu plus loin sur la route. C'étaient encore des bébés.

Il se leva à 4 heures du matin, but une tasse de café sans rien manger et, dans la nuit noire, traversa le Potomac et la plaine où s'était déroulée la bataille d'Antietam, dont les champs de céréales sont parsemés de pierres tombales. Il pénétra dans Fort Detrick, se gara et passa les contrôles de la sécurité pour gagner le secteur où se trouvait son microscope.

Le jour se leva, gris, venteux et chaud. Dans la lumière métallique, Tom tranchait des morceaux de foie de singe avec son diamant et les disposait dans le microscope électronique. Quelques minutes plus tard, il prit des photos de particules de virus émergeant des cellules du foie du singe 053. Le foie de l'animal était plein de serpents. Ces photos constituaient la preuve définitive que le virus se multipliait dans les singes de Reston, qu'il ne s'agissait pas d'une contamination en laboratoire. Il découvrit aussi des cristalloïdes dans les cellules du foie. Le foie de l'animal était transformé en briques de cristaux.

Il emporta ces nouvelles photos dans le bureau de

Peter Jahrling, puis ils se rendirent ensemble chez C.J. Peters. Le colonel regarda les photos. D'accord, il était convaincu lui aussi. L'agent Marbourg se développait dans ces singes. Il fallait maintenant attendre les résultats des tests de Jahrling, qui seraient la confirmation finale qu'il s'agissait effectivement du Marbourg.

Jahrling voulait épingler ce Marbourg aussi vite que possible. Il passa presque toute la journée en combinaison spatiale, travaillant dans son laboratoire à réaliser les tests. Il décida d'appeler Dan Dalgard. Il ne pouvait plus attendre, même si les résultats définitifs manquaient encore. Il fallait qu'il le prévienne du danger, mais il craignait qu'une mise en garde maladroite l'alarme et crée un mouvement de panique.

« C'est à coup sûr la fièvre hémorragique du singe, dit-il au vétérinaire. Nous en avons la confirmation. Il est cependant possible qu'un *second agent* soit en cause, au moins chez certains des animaux.

— Quel agent ? Pouvez-vous me le dire ? demanda Dalgard.

— Je ne peux l'identifier pour le moment. Je ne veux pas déclencher inutilement un mouvement de panique. Mais un risque grave pour la santé publique est associé à ce virus, si, effectivement, nous avons affaire à cet agent *particulier.* »

A la façon dont Jahrling avait utilisé les mots « panique » et « particulier », Dalgard pensa au Marbourg. Ceux qui travaillent avec des singes connaissent le Marbourg. C'était en effet le genre de virus qui pouvait déclencher un mouvement de panique.

« Est-ce le Marbourg ou quelque chose dans ce genre ? demanda Dalgard.

— Oui, quelque chose dans ce genre. Nous en aurons la confirmation plus tard dans la journée. Je suis sur les tests en ce moment même. Je crois *improbable* qu'ils soient positifs pour ce second agent, mais vous devriez prendre des précautions et ne plus pratiquer d'autopsie sur les animaux avant que nous en ayons terminé avec ces tests. Écoutez, je ne veux pas déclencher toutes les alarmes du pays, mais vous et vos employés *ne devez plus pénétrer dans cette pièce sans nécessité absolue.*

— Dans combien de temps pourrez-vous me donner une réponse définitive concernant ce second agent ? Il faut que nous sachions le plus vite possible.

— Je vous rappelle aujourd'hui. Promis. »

Dalgard raccrocha, profondément secoué. Mais il garda son calme. Un second agent, et ce pourrait être le Marbourg... Les gens qui étaient morts en Allemagne, il le savait, avaient manipulé de la chair de singe crue et sanglante, qui grouillait de virus, et ils avaient eu du sang sur les mains ; ils s'étaient parfois frotté les yeux... Lui et d'autres employés avaient découpé des singes malades depuis octobre, et pourtant personne n'avait été atteint. Tout le monde portait toujours des gants en caoutchouc. Il n'avait pas peur pour lui — il se sentait bien — mais il commença à s'inquiéter pour les autres. Il appela Bill Volt et lui ordonna de ne plus disséquer d'autres singes. Puis il s'installa à son bureau, traversé de pensées de plus en plus sombres au fur et à mesure que le jour baissait et que Peter Jahrling ne le rappelait pas. Il se demandait si un de ses hommes avait pu se blesser avec un scalpel en travaillant sur un singe malade. Pour une simple égratignure, ils n'auraient sûrement pas rempli un rapport d'accident. Il savait avec certitude qu'il ne s'était pas coupé. Mais il avait été en contact avec *cinquante* animaux malades. Combien de temps cela faisait-il ? Il aurait dû montrer quelque symptôme maintenant — saignement de nez, fièvre.

A 17 h 30, il appela le bureau de Jahrling. Un soldat décrocha.

« En quoi puis-je vous aider, monsieur — ou madame ? Oh désolé, monsieur, le Dr Jahrling n'est pas dans son bureau. Non, monsieur je ne sais pas où il est, monsieur. Non, il n'a pas quitté son travail. Puis-je prendre un message, monsieur ? »

Dalgard demanda que Jahrling le rappelle chez lui. Il était de plus en plus nerveux.

*
* *

Jahrling était toujours en combinaison spatiale. Il avait travaillé tout l'après-midi dans son laboratoire, l'AA-4, au centre du bâtiment, où il s'était occupé des tubes de culture de virus provenant du Pavillon des singes. C'était un travail lent et agaçant. Les tests visaient à faire luire les échantillons sous une lampe à ultraviolets. Si les échantillons luisaient, c'était le bon virus.

Mais pour déclencher la réaction, il fallait utiliser des composés spéciaux conçus par Gene Johnson pour identifier les filovirus. Il disposait de trois composés contenant des anticorps reproduits à partir de victimes humaines. Ces trois composés portaient le nom des victimes, dont deux étaient mortes.

1. Musoke. Test du Marbourg, issu des cellules de Shem Musoke, un survivant ; il identifiait probablement la souche de la grotte de Kitum qui avait d'abord infecté Charles Monet, puis contaminé le Dr Musoke par le biais du vomito-negro.
2. Boniface. Test de l'Ébola Soudan ; il portait le nom d'un malade mort au Soudan.
3. Mayinga. Test de l'Ébola Zaïre, dont était morte l'infirmière Mayinga N.

La manipulation était délicate, et il fallait des heures pour la réaliser. Toujours encombré de sa combinaison, il lui avait fallu déposer des gouttes de la culture de cellules du singe sur une plaque en verre, laisser sécher, ajouter des produits chimiques, puis introduire le réactif. La plaque se mettait à luire en présence du virus recherché.

L'heure était venue d'allumer les ultraviolets. Il fallait le faire dans l'obscurité totale, parce que la lueur serait faible. Jahrling emporta les plaques dans un placard et referma la porte derrière lui. Un microscope attendait sur une table, il y avait aussi une chaise et une prise d'air au mur. Il brancha sa combinaison et introduisit les plaques dans le microscope, puis il éteignit. Il trouva la chaise à tâtons et s'assit. Ce n'était pas une situation amusante que de se retrouver en combinaison spatiale dans un placard d'une zone de sécurité biologique de niveau 4, plongé dans le noir absolu, surtout si on avait la moindre tendance à la claustrophobie. Heureusement Peter Jahrling avait réglé le problème de la suffocation et de l'obscurité bien longtemps auparavant. Il attendit une minute pour laisser à ses yeux le temps de s'adapter à l'obscurité, le temps que les étincelles de lumières dans ses yeux se dissipent dans l'air frais et bruyant qui tourbillonnait autour de son visage. Ce n'est qu'ensuite qu'il se pencha sur le microscope. Il portait ses lunettes à l'intérieur de la combinaison, et cela rendait les choses particulièrement difficiles. Il écrasa la visière contre son nez et écarquilla les yeux, tournant la tête de droite et de gauche pour mieux se placer. Pour arriver à voir correctement, il dut presque tourner son casque de côté. Il vit des cellules faiblement auréolées d'une pâle lueur. C'était comme survoler de nuit un paysage presque inhabité. La lueur faible était normale. Il recherchait une lueur franche. Il cherchait une ville. Il parcourut de long en large ce monde microscopique, traquant la lueur verdâtre caractéristique.

Le Musoke ne luisait pas.

Le Boniface luisait faiblement.

Horreur ! *Le Mayinga luisait avec éclat.*

Il recula la tête. Oh, non ! Il rajusta son casque et regarda à nouveau. Le Mayinga lui renvoya sa lumière. Il ressentit une impression affreuse au creux de l'estomac. Ces singes n'avaient pas le Marbourg, mais l'Ébola. *Ces animaux mouraient de l'Ébola Zaïre.* Son estomac se serra et il resta figé dans le noir, avec pour seuls compagnons l'air fusant dans sa combinaison et le martèlement de son cœur.

VOIE HIÉRARCHIQUE

16 heures

C'était impossible. Cela ne pouvait pas être l'Ébola Zaïre. Quelqu'un avait accidentellement interverti les échantillons, se dit Jahrling. Il vérifia. Oui, le Mayinga luisait bien. Cela signifiait que Tom et lui risquaient d'être infectés par l'Ébola Zaïre, qui tue neuf sur dix de ses victimes. Il avait dû faire une erreur de manipulation, accidentellement s'embrouiller dans la procédure, mal appliquer les consignes.

Il décida donc de recommencer le test. Il alluma la lumière et repartit dans le laboratoire, sans quitter des yeux ses fioles, flacons et plaques de verre, pour être certain qu'il n'y avait pas d'erreur possible. Puis il emporta les nouveaux échantillons dans le placard, éteignit la lumière et regarda à nouveau dans le microscope.

Cette fois encore, le Mayinga luisait fortement.

Peut-être était-ce vraiment l'Ébola Zaïre, ou quelque chose de si proche qu'il réagissait au test Mayinga. Jamais on n'avait trouvé d'Ébola hors d'Afrique. Comment était-il arrivé près de Washington ? Comment *diable* était-il ici ? Il se dit : c'est vraiment de la dynamite. Je vais appeler C.J. immédiatement.

Il portait encore sa combinaison, mais ne voulait pas perdre de temps à la décontamination. Il débrancha son arrivée d'air pour ne plus être assourdi par le ronronnement et entendre ce qu'on lui dirait, et composa le numéro de C.J. sur le téléphone d'urgence fixé au mur de son labo.

« C.J., cria-t-il à travers son casque. C'EST PETE JAHRLING. C'EST BIEN VRAI, ET C'EST L'ÉBOLA.

— Non !

— SI.

— L'Ébola ? C'est forcément une contamination.

— NON, CE N'EST PAS UNE CONTAMINATION.

— Ne pouvez-vous avoir confondu les différents échantillons ?

— J'Y AI PENSÉ. MA PREMIÈRE RÉACTION A ÉTÉ QUE QUELQU'UN AVAIT INTERVERTI LES ÉCHANTILLONS. MAIS CE N'EST PAS LE CAS, C.J., PARCE QUE J'AI FAIT LE TEST DEUX FOIS.

— Deux fois ?

— ÉBOLA ZAÏRE LES DEUX FOIS. J'AI LE RÉSULTAT ICI. JE PEUX VOUS LE MONTRER.

— J'arrive. »

C.J. raccrocha et se précipita au laboratoire.

En attendant, Jahrling prit la feuille résistante à l'eau sur laquelle il avait consigné les résultats de ses tests et la plongea dans un bac d'Envirochem qui communiquait à travers un mur avec un couloir de niveau zéro, hors de la zone chaude. Le bac fonctionnait selon le même principe que les tiroirs coulissant aux caisses des banques. On pouvait transmettre des objets de la zone chaude vers le monde normal par ce bac, où ils se désinfectaient.

C.J. attendit plusieurs minutes derrière la vitre épaisse, les yeux fixés sur Jahrling, que le produit pénètre le papier au point de le stériliser. Puis il ouvrit le bac de son côté, en retira la feuille dégoulinante de désinfectant et fit signe à Jahrling de reprendre le téléphone. Celui-ci s'exécuta et attendit que l'appareil sonne. Il entendit la voix de C.J. qui lui ordonnait :

« Sortez de là qu'on aille voir le général ensemble ! »

Il était temps que l'information empruntât la voie hiérarchique.

Jahrling passa toutes les étapes de la décontamination avant d'accourir dans le bureau de C.J. Peters. Tous deux allèrent voir le colonel commandant l'USAMRIID, David Huxsoll. Ils annoncèrent juste à sa secrétaire, en arrivant, que c'était une urgence et pénétrèrent dans le bureau sans plus de formalités.

« Vous n'allez pas le croire, dit C.J. On dirait que nous avons trouvé un filovirus dans une bande de singes, en banlieue de Washington. Nous pensons que c'est l'Ébola. »

Le colonel Huxsoll était un expert en risques biologiques, et il pensait que l'Institut était prêt à faire face à ce type de situation. Il appela immédiatement le général Philip K. Russell, le médecin qui dirigeait le département de la recherche et du développement du service de santé de l'armée des États-Unis, dont dépendait hiérarchiquement l'USAMRIID, qui convint d'une rencontre sur-le-champ dans son bureau.

Huxsoll et C.J. se demandèrent un instant qui d'autre convoquer. Ils songèrent au lieutenant-colonel Nancy Jaax, chef du département de pathologie de l'Institut. Elle pourrait identifier les signes de l'Ébola chez un singe. Huxsoll prit le téléphone.

« Nancy ? Dave Huxsoll. Pouvez-vous venir immédiatement au bureau de Phil Russell ? C'est terriblement important. »

C'était une sombre soirée de novembre, et la base commençait à retrouver le calme de la nuit. Au crépuscule, ce jour-là, le soleil n'était pas visible, et quand Nancy Jaax retrouva Jahrling et les deux autres colonels dans la cour de l'Institut, on ne remarquait qu'une baisse de lumière derrière les nuages qui partaient vers les monts Catoctin. Un détachement de soldats se tenait au garde-à-vous devant le drapeau. Le petit groupe s'arrêta. Un haut-parleur répercuta le grondement d'un canon, puis une sonnerie de clairon, et les soldats amenèrent les couleurs tandis que les officiers saluaient. C.J. Peters se sentit à la fois embarrassé et curieusement ému. Le clairon s'interrompit et les soldats plièrent le drapeau. Le petit groupe de scientifiques continua sa route.

Le bureau du général Russell occupait un coin d'une caserne datant de la Seconde Guerre mondiale et récemment ravalée dans le vain espoir de la faire paraître neuve. Il donnait sur le château d'eau de Fort Detrick, si bien que le général n'ouvrait jamais ses rideaux. Les visiteurs s'installèrent dans le canapé et les fauteuils, et le général s'assit à son bureau. Médecin, il avait chassé les virus dans le Sud-Est asiatique. La cinquantaine avancée, grand, les cheveux gris aux tempes et de plus en plus clairsemés sur le sommet du crâne, les joues ridées, la mâchoire allongée et des yeux bleu pâle qui lui donnaient un regard intense, il parlait d'une voix profonde et forte.

C.J. lui tendit une chemise contenant toutes les photos représentant la forme de vie découverte au Pavillon des singes.

« Nom de Dieu de merde ! dit-il en retenant sa respiration. C'est un sacré filovirus. Qui a pris cette photo ?

— Le technicien chargé du microscope, Tom Geisbert, dit Jahrling. Ce pourrait être l'Ébola. Les tests sont positifs pour l'Ébola Zaïre. »

C.J. résuma alors la situation, racontant au général tout ce qu'il savait sur le Pavillon de Reston et termina par ces mots :

« Je dirais que sommes confrontés à un grave facteur viral chez ces singes.

— Pouvez-vous affirmer que c'est l'Ébola ? demanda le général Russel. Ça ne pourrait pas être le Marbourg ? »

Jahrling expliqua qu'il avait accompli les tests deux fois, et les échantillons avaient réagi, chaque fois, à la souche Mayinga de l'Ébola Zaïre. Il prit bien soin de dire que ce test ne prouvait pas en lui-même que le virus fût bien l'Ébola Zaïre. Il ne faisait que révéler son *lien étroit* avec l'Ébola Zaïre. Cela pouvait être l'Ébola, mais aussi quelque chose d'autre, nouveau et différent.

« Nous avons beaucoup de souci à nous faire si c'est de la même eau que l'Ébola, conclut-il.

— Nous avons une urgence nationale sur les bras,

approuva Russell. C'est une menace d'infection aux conséquences majeures, continua-t-il en faisant remarquer que ce type de virus, qui n'était jamais parvenu aux États-Unis, se trouvait maintenant aux portes de Washington. Et que pouvons-nous faire contre ça ? » demanda-t-il.

Il voulut savoir s'il existait des preuves que ce virus pût s'attraper par voie aérienne. La question en effet était cruciale.

Certains indices, terrifiants mais incomplets, laissaient penser que l'Ébola pouvait se transmettre par voie aérienne. Nancy Jaax relata l'incident où deux de ses singes sains étaient morts d'Ébola, probablement contracté par voie aérienne quelques semaines après l'accident du trou dans sa combinaison, en 1983. Il y avait eu aussi d'autres expériences, qu'elle décrivit. En 1986, elle avait, avec Gene Johnson, inoculé l'Ébola et le Marbourg à des singes en le leur faisant respirer. Le virus pouvait donc infecter les poumons par simple contact. De plus, la dose mortelle était extrêmement faible : pas plus de cinq cents particules virales. Or cinq cents particules d'Ébola dans l'air, ce n'était rien, absolument rien. Elles pouvaient facilement s'échapper d'une seule cellule. Une toute petite quantité d'Ébola dans l'air pouvait infester tout un immeuble si elle pénétrait dans le système d'air conditionné. C'était encore pire que du plutonium, *parce que ça pouvait se répliquer*.

« Nous savons que ce virus est contagieux par voie aérienne, dit C.J., mais nous ne savons pas *à quel point*.

— Est-ce que vos conclusions ont été publiées ? demanda Russell à Nancy.

— Non, mon général. »

Il la fixait de son regard bleu. Elle l'imaginait en train de penser : « Eh bien, colonel Jaax, pouvez-vous m'expliquer *pourquoi* elles n'ont pas été publiées ? »

Il existait plein de raisons, mais elle n'avait pas envie de les exposer pour le moment. Gene Johnson, son collaborateur, avait des difficultés de rédaction. Et puis... ils ne les avaient pas publiées, c'était tout. Cela arrive. Parfois les gens ne sont pas dans les dispositions nécessaires pour publier leurs résultats.

Peter Jahrling écouta cette discussion sans mentionner le fait qu'il avait peut-être senti un tout petit peu le flacon... De toute façon, il ne l'avait pas *reniflé*, il l'avait juste *senti*. Il ne l'avait pas *inhalé*. Et pourtant il savait que le général, s'il avait connaissance de cet incident, exploserait en une rafale de blasphèmes qui le propulseraient directement au Claquoir.

Il restait une dernière possibilité, tout aussi effrayante : que ce virus présent près de Washington ne fût *pas* l'Ébola Zaïre, mais une autre souche chaude de la forêt dense. Un nouveau venu. Qui pouvait dire comment il évoluait et ce qu'il pouvait faire aux humains ? Le général Russell se mit à réfléchir à haute voix.

« Ce sont les portes de l'enfer qui s'ouvrent devant nous. Étant donné que nous avons un agent potentiellement capable de produire chez l'homme des conséquences catastrophiques, et étant donné qu'il semble que personne ne contrôle la situation au Pavillon des singes, que pouvons-nous faire ? Il faut prendre la bonne décision, et vite. Quelle est l'envergure du problème ? Des gens vont-ils mourir ? Nous devons agir dans l'intérêt de la nation. Il faut nous débarrasser de cette saloperie ! Quelle solution préconisez-vous, Peters ? »

C.J. y avait déjà réfléchi. Il existe trois moyens de se débarrasser d'un virus : la vaccination, les médicaments et la quarantaine. Mais il n'y avait pas de vaccin contre l'Ébola, et aucun traitement médicamenteux. Il ne restait que la quarantaine.

Comment y parvenir ? C'était compliqué. Selon C.J., il n'y avait le choix qu'entre deux solutions. La première consistait à boucler le Pavillon et à regarder les singes mourir, tout en surveillant si possible en quarantaine les gens qui les avaient manipulés. La seconde était d'entrer dans le bâtiment et de stériliser les lieux en tuant les singes par injection mortelle et en brûlant leurs carcasses, puis de noyer le bâtiment de produits chimiques et de fumigations. Une entreprise de grande envergure.

« Donc, résuma le général Russel, soit on coupe les singes du reste du monde et on laisse le virus terminer son travail, soit on fait le ménage. Rien d'autre ? »

Tous admirent qu'il n'y avait pas d'autre solution.

Nancy Jaax réfléchissait. Le virus se cantonnait peut-être pour l'instant au Pavillon des singes, mais il n'y resterait pas longtemps. Jamais elle n'avait vu un singe survivre à l'Ébola, qui est un virus sauteur pouvant se répliquer dans une autre espèce. Tous ces singes allaient mourir d'une façon presque inimaginable. Très peu de gens sur terre avaient vu l'Ébola à l'œuvre sur un primate, mais Nancy savait exactement ce qui se passerait. Elle ne voyait pas comment le virus pourrait être contenu, à moins que le Pavillon ne fût mis en quarantaine avec un approvisionnement en air indépendant et filtré.

« Avons-nous moralement le droit de condamner ces animaux à une mort lente ? demanda-t-elle. Et comment assurer la sécurité des gens pendant ce temps ? J'ai vu comment on meurt de l'Ébola, et ce n'est pas drôle. Ces animaux sont très, très malades. J'aimerais aller au Pavillon. »

Elle voulait aussi regarder les tissus sous microscope, chercher des cristalloïdes, des inclusions — des briques. Elle savait les reconnaître.

En attendant, une grave question politique se posait. L'armée devait-elle s'impliquer dans l'opération ? Sa mission fondamentale était de protéger le pays contre toute menace militaire. Un virus était-il une menace militaire ? La conclusion fut celle-ci : si on voulait arrêter cet agent, il fallait jeter dans la bataille toutes les forces dont on disposait.

Pour tout dire, cela allait créer un gros problème politique. Le problème concernait le CDC, le Centre de contrôle et de prévention des maladies d'Atlanta, en Géorgie, une agence fédérale qui détient un mandat du Congrès pour contrôler les maladies touchant l'homme.

L'armée n'avait pas précisément mandat de combattre les virus sur le sol américain, pourtant, elle possédait la capacité et le savoir-faire nécessaires. Chacun dans la pièce savait qu'un affrontement aurait lieu avec le CDC si l'armée décidait d'intervenir au Pavillon des singes. Les gens du CDC, jaloux de leurs prérogatives, seraient furieux.

« L'armée n'a pas la responsabilité statutaire de s'occuper d'une situation de ce type, rappela le général Russel, mais elle en a la capacité, pas le CDC. Nous avons les *muscles* mais pas l'*autorité.* Le CDC, lui, a l'autorité, mais pas les muscles. Il va y avoir une confrontation des plus crispantes. »

Selon le général, il s'agissait d'un travail de soldats, obéissant à une hiérarchie. On aurait besoin de gens formés à travailler en milieu à haut risque biologique. Il faudrait qu'ils soient jeunes, sans attaches familiales, et capables de travailler en équipe. Il faudrait qu'ils soient prêts à mourir.

En fait, l'armée n'avait jamais mené de grave opération sur le terrain contre un virus chaud. Ces militaires devraient tout inventer.

A l'évidence, des problèmes légaux se posaient. Il faudrait consulter des avocats. L'armée pouvait-elle légalement constituer une équipe d'intervention spéciale et investir le Pavillon des singes ? Russell craignait que les avocats de l'armée lui disent que cela ne pouvait ni ne devait être fait, si bien qu'il trancha ce problème juridique en déclarant :

« Mieux vaut se bouger, le faire et demander pardon après. Si nous demandons la permission, on nous la refusera. Nous allons faire ce qui doit être fait et les avocats devront trouver *pourquoi* c'était légal. »

Tout le monde parlait en même temps et s'interrompait. Le général Russell, réfléchissant toujours à haute voix, domina le brouhaha :

« Question suivante : qui va payer ? Je trouverai l'argent, répondit-il avant que quiconque en ait eu l'occasion. Je le soutirerai à quelqu'un. »

Puis il ajouta :

« C'est une grosse affaire, les gars, alors ce n'est pas le moment de foirer. Nous allons tout mettre sur pied en détail, et puis nous passerons à l'exécution. Nous devons nous mettre d'accord sur celui qui prendra la tête de cette opération, continua le général. Le colonel C.J. Peters est dans le coup depuis le début. C'est lui qui aura la direction des opérations. D'accord ? Des objections ? »

Tout le monde était d'accord. C.J. Peters, l'homme qui pensait qu'une carte et une bouteille de gin pouvaient vous sortir de n'importe quelle situation, venait de se voir confier la direction d'une équipe spéciale non encore définie et devant intervenir sur un grave risque biologique.

« C.J., il faut réunir tout le monde. Demain à la première heure. »

Il regarda l'horloge fixée au mur. Il était 17 heures 30. Les gens quittaient leur travail, des singes mouraient à Reston et le virus continuait son œuvre. Il se répandait au moment même où ils parlaient.

« Il faut tirer toutes les ficelles, simultanément, et aussi vite que possible. Je commence par Fred Murphy, au CDC. Je ne veux pas qu'il soit laissé à l'écart. »

Fred Murphy, un des découvreurs de l'Ébola, était ce magicien du microscope électronique qui avait photographié le virus pour la première fois et dont les musées s'honoraient d'exposer les œuvres. Il avait un poste de responsabilité au CDC, mais c'était aussi un vieil ami du général Russell.

Russell posa la main sur le téléphone, puis parcourut la pièce du regard :

« Une dernière fois : êtes-vous certains de ce que nous croyons avoir ? Parce que je vais décrocher ce téléphone, et si ce n'est pas un filovirus, nous aurons l'air de vrais cons. »

Chacun à son tour lui dit qu'il était convaincu de la présence d'un filovirus.

« D'accord. Je suis content de cette unanimité. »

Il composa le numéro de Murphy à Atlanta.

« Désolée, le Dr Murphy est rentré chez lui », s'entendit-il répondre.

Il sortit son gros répertoire noir et trouva le numéro personnel de Murphy. Celui-ci décrocha, dans sa cuisine, où il bavardait avec sa femme.

« Fred, c'est Phil Russell. Très bien, et toi ? Fred, nous avons isolé un agent de type Ébola en banlieue de Washington. Oui. A côté de Washington. »

Un sourire éclaira le visage de Russell et il écarta le combiné de son oreille en regardant son équipe. A l'évidence Murphy exprimait sa stupéfaction à grand bruit.

« Non, Fred, répondit Russell, nous n'avons rien fumé. Nous avons un virus de type Ébola. Nous l'avons vu. Oui, nous avons des photos. *Il croit qu'on a mis du sperme sous le microscope !* dit-il aux autres en obstruant le micro du téléphone. C'est un de nos gars qui a pris les photos, il s'appelle — c'est quoi son nom ? — Geisbert. »

Murphy annonça qu'il prenait le premier avion et qu'il serait à Fort Detrick dans la matinée pour regarder les photos et vérifier les preuves. Il prenait les choses très au sérieux.

18 h 30

Il fallait maintenant appeler Dan Dalgard et mettre au courant les autorités sanitaires de Virginie.

« Je ne sais même pas qui sont les autorités dans cet État, grommela Russell, et il faut qu'on les prévienne tout de suite. Il va falloir les joindre chez eux. On n'a pas fini de composer des numéros ! »

« Il faut joindre les autorités sanitaires du comté », ajouta le général.

Il fallait aussi appeler le ministère de l'Agriculture, qui contrôlait l'importation des singes, et l'agence de protection de l'environnement, qui avait force de loi en cas de contamination de l'environnement par un agent biologique extrêmement dangereux. Le général Russell décida également d'appeler le sous-secrétaire d'État à la Défense, pour que le Pentagone soit informé.

L'équipe quitta la pièce et s'égailla dans les couloirs pour aller téléphoner dans des bureaux vides. Peters, maintenant chef de mission, alla appeler Dan Dalgard, Peter Jahrling participant à la conversation sur un autre poste. Dalgard était parti. Ils l'appelèrent chez lui, et son épouse leur dit qu'il n'était pas encore arrivé. Vers 18 h 30, ils rappelèrent, et cette fois le joignirent.

« Colonel C.J. Peters, de l'USAMRIID, à l'appareil. Je dirige le département des diagnostics. Enchanté. Je vous appelle pour vous dire que le second agent n'est pas le Marbourg. C'est le virus Ébola.

— Ébola ? s'étonna Dalgard, qui n'avait jamais entendu ce mot de sa vie.

— C'est une maladie virale assez rare, répondit C.J. de sa voix la plus douce. Elle a été responsable de morts d'hommes lors de divers incidents au Zaïre et au Soudan ces dix ou douze dernières années. »

Dalgard se sentait soulagé : heureusement, ce n'était pas le Marbourg.

« Quelle est la nature du virus Ébola ? demanda-t-il.

— Il est de la famille du Marbourg, répondit C.J., restant volontairement dans le vague. Il se transmet de la même façon, par contact avec des tissus et du sang infecté, et les symptômes sont presque les mêmes.

— A quel point est-ce grave ?

— Le taux de mortalité est de cinquante à quatre-vingt-dix pour cent. »

Soudain, Dalgard comprit : ce virus était pire que le Marbourg.

« Nous avons suffisamment d'informations, continua C.J., pour alerter les autorités sanitaires tant au niveau fédéral qu'au niveau de l'État.

— Pourriez-vous... hum... attendre 19 heures, que j'aie le temps d'informer des événements la direction de mon entreprise ? »

C.J. accepta d'attendre avant de faire exploser la bombe, même s'il savait que le général Russell avait déjà appelé le CDC. Il demanda à Dalgard une faveur : pourrait-il envoyer quelqu'un à Reston demain pour jeter un coup d'œil aux singes morts ?

Dalgard hésita. Il avait envoyé un tout petit peu de sang et de chair à l'armée pour un diagnostic, et voilà où on en était ! Les choses risquaient de lui échapper totalement. Il sentit que C.J. ne lui disait pas tout ce qu'il savait sur cet Ébola. Il craignit de perdre tout contrôle de la situation s'il laissait l'armée poser le pied dans le Pavillon.

« Pourquoi ne pas reprendre contact demain matin et en reparler ? » répondit-il.

Quand il eut raccroché, Peters alla trouver Nancy Jaax et lui demanda si elle voudrait bien venir avec lui voir Dalgard le lendemain pour étudier les tissus des singes. Elle accepta.

*

* *

Nancy Jaax traversa la cour pour regagner l'Institut. Elle trouva Jerry dans son bureau. Il leva les yeux vers elle, une expression douloureuse sur le visage. Il avait passé la dernière heure à regarder par la fenêtre en pensant à son frère. Il faisait nuit. Elle referma la porte derrière elle.

« J'ai une nouvelle, dit-elle. C'est top secret. Mais il faut que tu le saches, et tu ne vas pas le croire : le virus Ébola se propage dans une colonie de singes en Virginie. »

Ils rentrèrent dans leur Honda, remontant vers le nord par la route qui longeait le pied du mont Catoctin jusqu'à Thurmont.

« Ça me tue. Jamais je ne me débarrasserai de cette saloperie de virus ! » lança Nancy à un moment de leur conversation.

Il semblait évident que tous deux allaient être impliqués dans la mission. Elle annonça à Jerry qu'elle irait probablement dès le lendemain au Pavillon des singes avec C.J.

Jerry fut profondément surpris. Alors c'était à ça qu'avait abouti son travail en combinaison spatiale sur l'Ébola ! Il fut très impressionné et troublé par la situation. S'il s'inquiéta pour sa femme, il n'en montra rien.

Les Jaax couchaient dans un lit à eau, où ils passaient beaucoup de temps aussi à parler de leur travail. Jaime mit son pyjama, vint se lover près de sa mère sur le matelas à eau et se rendormit immédiatement.

Nancy et Jerry lurent un moment. Le balcon de la chambre au papier peint rouge dominait la ville. Ils parlèrent encore un peu du Pavillon des singes, puis ils emportèrent Jaime dans sa propre chambre. Ce n'est que vers minuit que Nancy s'endormit.

Jerry continua à lire. Il aimait les livres d'histoire militaire. Certains des combats les plus sanglants de l'histoire de ce pays s'étaient déroulés dans ce paisible paysage entourant le mont Catoctin : dans les champs d'Antietam, où chaque épis de maïs avait été coupé par une balle, et où les corps étaient si nombreux qu'on pouvait traverser le champ de bataille sans poser une seule fois le pied sur la terre. En regardant par la fenêtre de sa chambre, il imaginait les armées bleu et gris rampant dans les champs. Cette nuit-là, il devait s'en souvenir plus tard, il lisait *Les Anges tueurs*, un roman de Michael Shaara sur la bataille de Gettysburg.

> Alors Lee dit lentement :
>
> « Le métier de soldat cache un grand piège. »
>
> Longstreet se retourna pour le regarder. Lee chevauchait calmement, sans expression sur son visage. Il reprit de la même voix lente :
>
> « Pour être un bon soldat, on doit aimer l'armée. Mais pour être un bon officier, on doit être prêt à ordonner la mort de ce qu'on aime. C'est... très difficile à faire. Aucune autre profession ne l'exige. C'est une des raisons pour lesquelles les bons officiers sont si peu nombreux, alors qu'il y a beaucoup d'hommes de valeur.

Il éteignit, mais ne réussit pas à s'endormir. Il se retourna et le matelas gargouilla. Chaque fois qu'il fermait les yeux, il pensait à son frère John. A 2 heures du matin, il était toujours éveillé et se dit : je suis allongé là, dans le noir, et rien ne se passe.

SACS-POUBELLE

29 novembre, mercredi

Dan Dalgard dormit paisiblement, cette nuit-là, comme toujours. Il n'avait jamais entendu parler du virus Ébola auparavant, mais sa brève conversation avec le colonel C.J. Peters lui en avait assez appris. Il fréquentait les singes et leurs maladies depuis longtemps et n'était pas particulièrement effrayé car, exposé depuis des semaines au sang infecté, il n'était pas tombé malade.

Le téléphone sonna tôt chez lui. Le colonel C.J. Peters lui demandait à nouveau s'il pouvait envoyer quelques personnes observer des échantillons de tissus des singes. Dalgard accepta. Peters réitéra ensuite sa demande de visiter le Pavillon. Dalgard s'arrangea pour ne pas répondre. Il ne connaissait pas Peters, et n'avait pas l'intention de lui ouvrir les portes avant de l'avoir rencontré et de s'être fait une opinion à son sujet.

Il emprunta Leesburg Pike pour aller travailler, passa le portail, gara sa voiture et entra dans le bâtiment principal de Hazleton Washington. Son bureau était une sorte de cage de verre qui donnait d'un côté sur une pelouse et de l'autre sur le bureau des secrétaires. Ce jour-là il afficha délibérément un grand calme pour que personne dans la maison ne décèle chez lui une quelconque émotion ou crainte.

Il appela Bill Volt, le directeur du Pavillon des singes, qui lui annonça une nouvelle affreuse : un des gardiens était très malade, presque mourant. Pendant la nuit, il avait eu une crise cardiaque, et on l'avait admis à l'hôpital Loudon, non loin de là.

« Nous n'avons aucune autre information, dit Volt ; on est en train d'essayer d'en apprendre davantage. Il est aux soins intensifs et personne ne peut lui parler. »

Nous appellerons cet homme Jarvis Purdy. Il était un des quatre employés du Pavillon des singes.

Dalgard, bouleversé, ne pouvait écarter la possibilité que l'homme fût en train de déclarer l'Ébola. Une crise cardiaque est en général causée par un caillot de sang qui obstrue une des artères alimentant le cœur. L'Ébola pouvait-il créer des caillots ? Le sang de Jarvis Purdy formait-il des caillots ? Soudain Dalgard sentit qu'il perdait le contrôle de la situation.

Il demanda à Bill Volt de suspendre toute activité non indispensable dans les salles des singes. Plus tard, il nota dans son journal :

> Toute opération autre que la nourriture, l'observation et le nettoyage fut suspendue. Toute personne pénétrant dans les salles devait être protégée — combinaison Tyvek, respirateur et gants. Les animaux morts devaient être placés dans un double emballage de plastique et mis au réfrigérateur.

Il signala aussi à Volt que les médias ne manqueraient pas de mettre le nez dans cette histoire, et lui demanda qu'aucun employé ne sorte du Pavillon en tenue de protection biologique. Si des photos de travailleurs de Hazleton portant masques et combinaisons blanches se retrouvaient dans les éditions du soir, ce serait la panique.

Dalgard appela ensuite l'hôpital et parvint à joindre le médecin de Purdy, qui lui déclara que l'état du malade était considéré comme stationnaire. Dalgard demanda au médecin, s'il constatait quelque chose d'anormal dans la crise cardiaque de Purdy, d'appeler immédiatement le colonel C.J. Peters à Fort Detrick. Mais il prit soin de ne pas prononcer le mot « Ébola ».

*
* *

Plus tard dans la matinée. Peters et Nancy Jaax, accompagnés de Gene Johnson, quittèrent Fort Detrick pour la Virginie. Les officiers étaient en uniforme, mais circulaient dans deux voitures civiles pour ne pas trop attirer l'attention. Le flot des voitures était dense, et ils n'avançaient que lentement. L'air était clair, frais et venteux, l'herbe, le long de la route, humide et bien verte ; le gel n'avait pas encore opéré ses ravages. Ils quittèrent Leesburg Pike au niveau des bureaux de Hazleton. Dalgard les accueillit dans le hall et les escorta jusqu'au laboratoire situé dans un autre bâtiment. Un pathologiste avait préparé un ensemble de plaques à partir du foie des singes morts dans le Pavillon, pour que Nancy pût les regarder.

Nancy s'installa devant un microscope et commença à explorer le terrain, puis s'interrompit. Ce qu'elle distinguait était un chaos complet. Quelque chose avait ravagé ces cellules. Elles étaient déchirées et tachées, comme si le foie avait été bombardé. Elle avait vu des protubérances sombres dans les cellules, des ombres qui n'avaient rien à y faire. Il s'agissait de cristalloïdes. Et ils étaient énormes.

Un cas d'amplification extrême.

« Oh, merde ! » murmura-t-elle.

Les briques ne ressemblaient pas à des cristaux. Les briques de l'Ébola prennent toutes sortes de formes — fer à cheval, boules, cailloux, anneaux, même. Or certaines de ces cellules n'étaient constituées que par une seule brique, une énorme brique-mère, devenue si grosse que toute la cellule en était déformée. Elle vit des amalgames de cellules pleines de briques, des poches pourries où les cellules avaient éclaté, taches de cellules mortes liquéfiées, bourrées de briques.

Tandis qu'elle regardait les plaques, Peters et Gene Johnson prirent Dan Dalgard à part et l'interrogèrent sur l'utilisation des aiguilles au Pavillon des singes. Le virus de l'Ébola avait été diffusé au Zaïre par l'intermédiaire d'aiguilles sales. Les singes avaient-ils reçu des piqûres avec des aiguilles souillées ?

Dalgard ne pouvait rien affirmer.

« La règle est de changer d'aiguille après chaque injection, dit-il, mais je ne peux vous jurer qu'elle est respectée religieusement. »

Nancy prit quelques morceaux de foie et de rate stérilisés, inclus dans des blocs de cire, et déposa les blocs dans une boîte de polystyrène. Elle voulait les rapporter à Fort Detrick pour analyse. Ces échantillons étaient d'une valeur inestimable pour elle et pour l'armée. Mais de la chair fraîche pleine de virus vivants aurait encore plus de valeur.

Peters demanda une nouvelle fois à Dalgard s'ils pouvaient aller voir les singes.

« Eh bien... pas tout de suite, répondit-il en faisant bien comprendre aux officiers que le bâtiment était une propriété privée.

— Et des échantillons ? Pourrions-nous en avoir quelques-uns ?

— Bien sûr. »

Il leur dit de prendre la direction du Pavillon des singes par Leesburg Pike et de se garer à une station Amoco.

« Un de mes gars viendra vous apporter quelques échantillons et pourra répondre à vos questions.

— Les échantillons doivent être enveloppés de plastique et enfermés dans des boîtes, par mesure de sécurité, précisa C.J. à Dalgard. Je voudrais que vous le fassiez. »

Dalgard accepta d'envelopper les échantillons dans du plastique, et C.J., Nancy et Gene partirent pour la station-service où ils se garèrent dans un cul-de-sac à l'écart de la route, près des cabines téléphoniques. C'était déjà le début de l'après-midi, et ils avaient faim. Nancy entra dans la station-service et acheta des Coca Light pour tout le monde, un paquet de biscuits au cheddar pour elle et des biscuits au beurre de cacahuète pour C.J. Ils s'installèrent dans leurs voitures pour manger leur triste en-cas. Ils avaient froid et espéraient que la personne arriverait vite avec les échantillons de singe.

C.J. Peters observait les allées et venues. Elles donnaient un sentiment de vie et de temps qui passe, et cette normalité qui existait alentour lui plaisait. Des camionneurs s'arrêtaient pour faire le plein de diesel et boire un Coca, des hommes d'affaires pour acheter des cigarettes. Il remarqua une jolie femme qui s'approcha des téléphones et parla longuement. Il s'imaginait qu'elle téléphonait à son amant. Que penseraient ces gens s'ils savaient ce qui avait envahi leur ville ? Il commençait à penser que l'armée risquait de devoir intervenir franchement pour éteindre l'incendie. Il se trouvait en Bolivie quand un agent chaud appelé Machupo avait fait son apparition, et il avait vu une jeune femme, une infirmière, mourir couverte de sang. Jamais l'Amérique du Nord n'avait connu d'agent qui transformait les gens en fontaines de sang. Ce pays n'était pas prêt pour ça. La perspective d'une épidémie d'Ébola près de Washington avait de quoi impressionner.

Il s'interrogea sur le sida : « Que serait-il arrivé si quelqu'un l'avait identifié la première fois qu'il était apparu ? Il était arrivé sans crier gare, secrètement, et quand on avait remarqué sa présence, il était trop tard. Si seulement nous avions eu un centre de recherche digne de ce nom en Afrique centrale dans les années soixante-dix, nous aurions pu le voir sortir de la forêt et nous aurions sauvé *au moins* cent millions de vies ! » Parce que la pénétration du virus du sida dans l'espèce humaine n'en était qu'à ses débuts. Les gens ne se rendaient pas compte que l'histoire du sida commençait juste. Personne ne pouvait prédire combien de gens allaient en mourir, mais il pensait que le nombre de victimes, en fin de compte, pourrait s'élever à plusieurs centaines de millions. Cette possibilité n'avait pas encore été comprise du grand public. Mais si on avait remarqué le sida dès le début ? Toute étude « réaliste » du virus quand il avait fait sa première apparition en Afrique aurait probablement conduit les experts et les autorités gouvernementales à conclure qu'il était de peu d'importance pour la santé humaine, et que les rares fonds disponibles pour la recherche ne devaient pas être dilapidés pour lui. Après tout, ce virus n'avait infecté qu'une poignée de Zaïrois, et il se contentait de supprimer le système immunitaire. Maintenant le sida s'était incroyablement amplifié à travers toute la planète et il continuait sa progression, sans qu'on en voie la fin.

On ne savait pas non plus vraiment ce que risquait de faire le virus Ébola. Pouvait-il subir une mutation et devenir contagieux par voie aérienne ? La souche du Pavillon des singes était-elle déjà aérienne ? On ne savait même pas si l'agent du Pavillon des singes était effectivement l'Ébola Zaïre ou quelque chose d'autre, une nouvelle souche. Un agent qui pouvait être transmis par la toux ? Probablement pas, mais qui pouvait l'affirmer ? Plus il y pensait et plus il se demandait : « Qui va sortir ces singes ? Parce que quelqu'un va devoir entrer dans le Pavillon et les sortir. On ne peut pas se contenter de s'éloigner du bâtiment et attendre que le virus s'autodétruise. Il s'agit d'un virus mortel pour l'homme. »

Il commençait à penser que l'armée devrait peut-être entrer avec une équipe militaire d'intervention spécialisée dans les risques biologiques. Ce type d'action était qualifié d'« irradiation ». Irradier un lieu signifiait le stériliser, en éliminer toute forme de vie. Si les hôtes sont des êtres humains, on les évacue et on les met au Claquoir. Si ce sont des animaux, on les tue et on incinère les cadavres. Puis on noie l'endroit sous les produits chimiques et les fumigations. Il se demandait si l'armée devrait irradier le Pavillon des singes.

Gene Johnson, assis à côté de C.J. Peters, était ailleurs, en Afrique, dans la grotte de Kitum.

Gene était très inquiet de la situation, pour ne pas

dire mort de peur. Il ne savait pas *comment* ils pourraient s'en sortir sans que certains y laissent leur vie.

Plus le temps passait et plus il s'angoissait. L'armée américaine, se disait-il, prend le train en marche alors que la situation est déjà mûre, sinon pourrie, et si les choses tournent mal et que des gens meurent, c'est l'armée qu'on accusera de tous les maux.

Soudain, il se tourna vers C.J. Peters.

« Il semble inévitable que nous ayons à sortir tous les singes. Une épidémie de niveau 4 n'est pas une plaisanterie. Je voudrais que vous sachiez à quel point cette opération majeure devra être pensée en détail. Ce sera très complexe, cela prendra du temps, et nous avons bigrement intérêt à ce que tout se passe parfaitement. Or, si nous voulons que tout se passe parfaitement, C.J., il faut que vous compreniez qu'on ne peut pas avoir des amateurs aux postes *clés*. Il nous faut des gens expérimentés qui savent ce qu'ils font. Vous rendez-vous compte de ce qui arrivera à la moindre erreur ? »

Il se disait : « Peters ne s'est jamais retrouvé dans une situation aussi complexe... aucun d'entre nous... La seule situation comparable était la grotte de Kitum. Et Peters n'y était pas. »

C.J. Peters avait écouté Gene Johnson en silence, et ne répondit rien. Il trouvait plutôt irritant que Gene lui dise des choses évidentes, qu'il savait déjà. Peters et Johnson avaient des rapports tendus et compliqués. Ils avaient participé ensemble à une longue expédition en camion à travers l'Afrique centrale, à la recherche du virus Ébola, et beaucoup de tension s'était accumulée entre eux à la fin d'un voyage brutal et dur dans une contrée où les routes n'existaient pas, où les ponts avaient disparu, où les cartes avaient sûrement été établies par des moines aveugles, et où les gens parlaient des langues que même les traducteurs indigènes ne comprenaient pas. Ils n'avaient même pas pu trouver suffisamment à manger et, pis encore, ils n'avaient pas pu trouver de cas d'Ébola ni de virus dans un hôte naturel.

C'était au cours de ce voyage, peut-être à cause du manque de nourriture, que C.J. s'était mis à manger des termites, ceux qui sortent des nids, et qui ont des ailes. Gene, moins téméraire, n'avait pas été aussi pressé que lui d'y goûter. Après avoir introduit des termites dans sa bouche, C.J. faisait des remarques comme : « Ils sont extra... mmm... » Et il claquait des lèvres, *smack*, *smack*. On entendait une bouchée de termites craquer entre ses dents avant qu'il ne recrache les ailes, *pppppkhh*. Les membres africains de l'expédition avaient poussé Gene à les goûter aussi, et il s'était finalement exécuté. Il avait été surpris de leur goût de noisette. C.J. avait rêvé à haute voix de trouver une reine de termites africains, un sac blanc et luisant de quinze centimètres de long, gros comme un saucisson, plein d'œufs et de graisse d'insecte, qu'on mangeait vivante et entière, et qui, disait-on, se tortillait et s'agitait convulsivement en descendant dans l'œsophage. Même si dîner de termites les avait amusés, ils s'étaient querellés sur la façon de mener les recherches scientifiques, sur la manière de chercher le virus. C.J. était le patron de Gene — il était colonel, et Gene un simple civil — et il avait dirigé l'ensemble de l'expédition en Afrique, ce qui avait irrité Gene au-delà de tout.

*

* *

Soudain une fourgonnette bleue sans fenêtres quitta la route et traversa la station-service pour venir se garer près d'eux, de telle façon que personne, de la route ou de la station-service, ne puisse voir ce qui se passait. Un homme corpulent quitta le volant. C'était Bill Volt. Il s'approcha des militaires, qui quittèrent leurs voitures.

« Je les ai là, derrière », dit-il en faisant coulisser la porte latérale du véhicule.

Sept sacs-poubelle en plastique attendaient sur le plancher du van. On distinguait clairement les membres et les têtes des singes dans les sacs. C.J. n'en revenait pas. Nancy serra les dents et se força à respirer. Elle observait certains endroits des sacs qui semblaient gonflés par un liquide. Elle espérait que ce n'était pas du sang.

« Au nom du ciel, qu'est-ce que c'est que ça ? s'exclama-t-elle.

— Ils sont morts la nuit dernière, dit Volt. Ils sont dans des doubles sacs. »

Nancy ressentit la fameuse impression désagréable au creux de l'estomac. La nausée montait.

« Y a-t-il un risque que quelqu'un se soit bêtement coupé en touchant ces singes ? demanda-t-elle.

— Non », répondit Volt.

Puis Nancy remarqua que C.J. la regardait subrepticement. C'était un regard lourd de signification. Il voulait dire : alors, qui va ramener ces singes morts à Fort Detrick ?

Nancy se tourna vers C.J. Il tentait de la forcer à le faire, et elle le savait. Ils étaient tous deux chefs de département à l'Institut. Il était plus gradé qu'elle, mais il n'était pas son patron. « Il ne peut me contraindre à rien, et je peux riposter », se dit Nancy.

« Il est hors de question que je mette cette merde dans le coffre de ma voiture, C.J., dit-elle. En tant que vétérinaire, j'ai certaines responsabilités concernant le transport d'animaux décédés. Je ne peux pas en toute connaissance de cause faire traverser une frontière d'État à des animaux morts d'une maladie infectieuse. »

Il y eut un silence total et C.J. sourit.

« Je suis d'accord que cela doit être fait, continua Nancy. Vous êtes *médecin*. Vous pouvez vous le permettre. C'est pour ça, dit-elle en montrant du menton les insignes de son grade, que vous arborez ces grands aigles. »

Ils éclatèrent d'un rire nerveux.

Le temps passait tandis que le virus s'amplifiait dans le Pavillon des singes. C.J. se dit qu'il serait dans l'intérêt de la population qu'il oublie ou qu'il interprète de travers les lois sur la santé qui risqueraient d'empêcher le tansfert immédiat de ces animaux à Fort Detrick.

Sa vieille Toyota rouge n'était pas au mieux de sa forme, et il ne se demandait même plus ce qu'elle valait. Il ouvrit le coffre. Il était tapissé de moquette et C.J. ne vit aucun angle qui puisse percer les sacs. Ils n'avaient pas de gants en caoutchouc. Il faudrait donc opérer le transfert à mains nues. Nancy se garda bien de respirer l'air confiné de la camionnette, mais inspecta l'extérieur des sacs dans la crainte d'y déceler un trou, une goutte de sang.

« L'extérieur des sacs a-t-il été désinfecté ? demanda-t-elle à Volt.

— On les a lavés à l'eau de Javel. »

Elle retint son souffle pour lutter contre la nausée et saisit un des sacs. Le singe glissa à l'intérieur. Ils empilèrent les sacs un par un, tout doucement, dans le coffre de la Toyota. Chaque singe pesant de cinq à huit kilos, cela faisait au total une cinquantaine de kilos de primates en voie de liquéfaction, en niveau 4 de risque biologique. L'arrière de la Toyota plongeait un peu. C.J. referma le coffre.

Nancy était impatiente d'aller immédiatement disséquer les singes. En effet, au bout d'une journée, un singe mort d'Ébola et conservé dans du plastique n'est plus qu'un sac de soupe.

« Suivez-moi et faites attention aux gouttes », lui dit C.J.

MARCHE DANS L'ESPACE

14 heures

Ils arrivèrent à l'Institut en milieu d'après-midi. C.J. Peters se gara près d'une entrée de service et trouva des soldats pour l'aider à porter les sacs-poubelle jusqu'à un sas qui conduisait au laboratoire Ébola. Nancy monta jusqu'au bureau d'un membre de son équipe, le lieutenant-colonel Ron Trotter, et lui dit de se mettre en tenue et d'entrer, elle arrivait tout de suite. Ils travailleraient ensemble dans la zone chaude.

Comme chaque fois qu'elle entrait au niveau 4, elle retira sa bague de fiançailles et son alliance, les enfila sur sa chaîne et enferma le tout dans son bureau. Puis elle s'engagea dans le couloir qui conduisait au petit vestiaire du laboratoire AA-5. Une lumière s'alluma, lui signalant que son compagnon était passé au niveau suivant. Elle introduisit sa carte d'identification et la porte s'ouvrit sur le vestiaire où elle se déshabilla et enfila la tenue de chirurgien à manches longues avant de cacher ses cheveux sous le bonnet. Elle enferma toutes ses affaires dans un casier et attendit devant la porte suivante. La lumière des ultraviolets filtrait par la lucarne de la porte. On ne peut rien emporter au-delà de cette porte, pas même sa carte d'identification, qui serait détériorée par les produits chimiques durant le processus de décontamination. Il fallait donc mémoriser un code de sécurité. Elle le composa sur le clavier et l'ordinateur nota que Jaax, Nancy, voulait entrer. Quand il se fut assuré, en consultant sa mémoire, que Nancy était autorisée à entrer dans l'AA-5, l'ordinateur déverrouilla la porte et fit entendre un *bip* pour qu'elle sache qu'elle pouvait continuer sans déclencher l'alarme. Elle utilisa la cabine de douche et les toilettes, mit des chaussettes blanches et continua plus loin, ouvrant une porte qui menait à la zone d'équipement de niveau 3.

Elle y retrouva le lieutenant-colonel Trotter, un homme puissant, aux cheveux bruns, qui travaillait avec elle depuis de nombreuses années. Ils enfilèrent leurs gants de chirurgien et serrèrent leurs poignets avec du ruban adhésif. Nancy mit aussi une paire de protège-oreilles. Elle avait décidé de le faire quelque temps auparavant, quand on avait commencé à soupçonner que le grondement de l'air dans la combinaison risquait d'être assez fort pour nuire à l'ouïe. Ils enfilèrent leurs combinaisons spatiales et scellèrent les fermetures à glissière. Avec ces combinaisons encombrantes, dans un espace si restreint, ils avaient du mal à ne pas se bousculer. Ils se faisaient l'effet de deux lutteurs au début d'un match, s'observant l'un l'autre. Ils prenaient surtout garde aux mains de l'autre, s'assurant qu'elles ne tenaient pas un objet coupant. La méfiance devient instinctive.

Ils s'avancèrent ensemble jusqu'à un sas, qui ne conduisait pas à la zone chaude mais au monde extérieur, et l'ouvrirent. Sur le sol reposaient sept sacs-poubelle.

« PRENEZ-EN AUTANT QUE VOUS POUVEZ EN PORTER », dit-elle à l'officier.

Il saisit quatre sacs, elle le reste, et ils retournèrent péniblement en zone d'équipement pour entrer dans le sas menant au niveau 4. Nancy prit aussi un plateau métallique chargé d'instruments chirurgicaux. Elle commençait à avoir chaud et sa visière s'embuait. Ils ouvrirent la porte et pénétrèrent ensemble dans le sas avant de refermer la porte derrière eux. Nancy inspira profondément et rassembla ses pensées. Entrer dans la zone grise menant au niveau 4, c'était comme partir marcher dans l'espace, à ceci près qu'au lieu d'être dans l'espace extérieur, ils évoluaient dans l'espace intérieur, harcelés par la pression de cette vie qui tente de s'insinuer dans les combinaisons étanches.

Nancy se concentra et finit par contrôler sa respiration. Elle ouvrit la porte et passa du côté chaud. Puis elle tira la chaîne qui déclenchait une douche chimique dans le sas afin d'éliminer tout agent nuisible qui aurait pu s'introduire au moment de leur passage.

Ils enfilèrent leurs bottes et empruntèrent le couloir en traînant les singes. L'air commençait à manquer dans leur combinaison ; il fallait qu'ils se branchent très vite.

Arrivés dans une salle de réfrigérateurs, ils mirent tous les sacs au froid, sauf un, qu'ils emportèrent en autopsie. Essayant de ne pas se gêner, ils se branchèrent sur les arrivées d'air, et le souffle sec nettoya leur visière. L'air gronda, lointain, derrière les protège-oreilles de Nancy. Ils enfilèrent les gants en latex sur les gants de leur combinaison. Nancy disposa ses instruments ainsi que les récipients destinés aux échantillons à un bout de la table et en vérifia l'inventaire.

Trotter dénoua les liens des sacs et les ouvrit. Ils soulevèrent le singe, le posèrent sur la table de dissection, puis allumèrent la lampe.

Des yeux bruns grands ouverts regardaient Nancy. Ils semblaient normaux. Ils n'étaient pas rouges. Elle vit la réflexion de la lampe dans les pupilles. Dans les yeux, derrière les yeux, il n'y avait plus rien, plus d'existence. Les cellules avaient cessé de travailler.

La seule chose « vivante » dans ce singe était l'agent inconnu et, pour le moment, il était « mort ». Il ne se multipliait plus puisque les cellules du singe étaient mortes. Mais si l'agent touchait des cellules vivantes, ses cellules à elle par exemple, il revivrait et s'amplifierait en elle. En théorie, il pouvait se développer dans l'espèce humaine du monde entier.

Elle prit un scalpel et incisa l'abdomen du singe, lentement, sans à-coups, gardant la lame bien loin de ses doigts gantés. La rate était gonflée et dure, parcheminée, comme une boule de salami fumé. Elle ne vit aucune lésion sanglante. Elle s'attendait à trouver une flaque de sang à l'intérieur, mais non, tout avait l'air en ordre, il n'avait pas saigné à blanc. Si l'animal était mort d'Ébola, ce n'était pas un cas évident. Elle ouvrit l'intestin. Pas davantage de sang. Dans un singe atteint d'Ébola on peut voir l'intérieur des intestins peler. Ce n'était pas le cas. Les muqueuses semblaient en bon état. Puis elle examina l'estomac. Elle trouva un anneau de taches sanglantes à la jonction entre l'estomac et l'intestin grêle. Ce pouvait être un signe d'Ébola, mais pas une preuve absolue, car c'était aussi un signe de fièvre hémorragique du singe. En conséquence, elle ne pouvait confirmer, sur la base d'une inspection visuelle des organes internes, au cours de l'autopsie, la présence du virus Ébola dans cet animal.

A l'aide d'une paire de ciseaux à bouts ronds, elle préleva des échantillons du foie et les pressa entre des plaques de verre. Ces plaques et les tubes pour le sang étaient les seuls objets en verre autorisés en zone chaude, à cause du danger représenté par les morceaux de verre brisé en cas d'accident. Tous le reste était en plastique.

Elle travaillait lentement, gardant ses mains hors de la cavité abdominale, aussi loin que possible du sang, rinçant ses gants à maintes reprises dans un bac d'Envirochem. Elle changeait même fréquemment de gants, quand ils étaient trop couverts de sang. Elle en utilisa des dizaines de paires ; jamais elle n'oublia un instant ce que ce sang contenait.

Trotter la regardait de temps à autre tout en tenant le corps ouvert, cautérisant les vaisseaux et lui tendant les instruments qu'elle demandait. Ils se comprenaient en lisant sur les lèvres.

« P-I-N-C-E », articula-t-elle en silence.

Il la lui tendit. Ils ne parlaient pas. Elle était seule avec le ronronnement de l'air dans sa combinaison.

Elle commençait à penser que ce singe n'avait pas le virus Ébola. En biologie, rien n'est clair ; chaque fois que l'on croit comprendre quelque chose, on ne fait que retirer une couche d'ignorance pour découvrir en dessous un mystère plus complexe encore. La nature n'a rien de simple. Ce nouveau virus était comme une chauve-souris traversant le ciel le soir : à peine croit-on la capturer dans son champ de vision qu'elle est déjà partie.

SORTIE

14 heures

Tandis que Nancy Jaax était plongée dans son autopsie, C.J. Peters se trouvait dans la salle de conférence, voisine de son bureau, sur le mur de laquelle était accrochée une carte du monde où l'on venait d'indiquer un nouveau point chaud : Washington, D.C. Presque tous ceux qui, aux États-Unis, connaissaient le virus Ébola étaient réunis autour d'une longue table. Le général Russell présidait, grande silhouette en uniforme. Il savait que cette réunion allait tourner à un affrontement pour le pouvoir entre le Centre de contrôle des maladies et l'armée. Il se refusait à laisser Atlanta prendre l'affaire en main.

Dalgard, en costume sombre, attendait, réservé et froid. En fait, il était rongé de nervosité. Gene Johnson, silencieux, la barbe en broussaille, observait l'assistance. Il y avait là les responsables des services de santé de l'État de Virginie et du comté de Fairfax. Fred Murphy — le codécouvreur du virus Ébola que Russell avait appelé au CDC — avait pris place près d'un autre représentant du Centre d'Atlanta, le Dr Joseph McCormick.

McCormick dirigeait au CDC le service spécial des agents pathogènes, fondé par le principal découvreur de l'Ébola, Karl Johnson, à qui il avait succédé quand celui-ci avait pris sa retraite. Beau, très intelligent, les cheveux noirs bouclés, il cachait son ambition sous un tempérament charmeur, persuasif et vif. Il avait vécu et travaillé en Afrique et, contrairement à tous les autres participants, il avait vu et traité des cas d'Ébola chez l'homme.

Il se trouvait aussi que Joe McCormick et C.J. Peters se détestaient cordialement depuis des années. Ils avaient tous deux fouillé les plus sombres recoins de l'Afrique à la recherche de l'Ébola, mais aucun n'avait trouvé sa cachette naturelle. Comme Peters, Joe McCormick sentait que, enfin, il se rapprochait du virus, que la bête était cernée et que bientôt il la tuerait de façon spectaculaire.

*
* *

Peter Jahrling, le découvreur de la souche qui ravageait les singes, ouvrit la séance. Il se leva et fournit des explications à l'aide de tableaux et de photographies.

Puis ce fut au tour de Dalgard de parler. Il décrivit les signes cliniques de la maladie tels qu'il les avait observés au Pavillon des singes. Il ne bafouilla pas trop, et finalement, en se rasseyant, il se dit que personne n'avait remarqué sa nervosité.

Juste après, Joe McCormick intervint. Ce qu'il déclara reste toujours matière à controverse. Selon l'armée, il se tourna vers Peter Jahrling et lui dit en gros ceci : « Merci beaucoup, Peter. Merci de nous avoir alertés. Les grands garçons sont là, maintenant, et il ne vous reste plus qu'à nous confier le bébé avant de vous faire mal. Nous disposons d'excellentes installations de sécurité à Atlanta. Nous allons donc prendre tout votre matériel et tous vos échantillons du virus. A partir de maintenant, nous nous chargeons de tout. »

Une personne présente à la réunion se souvient qu'il aurait affirmé : « Cela relève intégralement de mon autorité. » On en conclut que McCormick tentait de se poser en seul véritable expert de l'Ébola, décidé à prendre totalement en main le traitement de la crise en s'emparant des échantillons de l'armée.

En écoutant McCormick, C.J. Peters fulminait. Au fur et à mesure que l'autre parlait, il se sentait de plus en plus outragé. Il qualifia ce discours d'« arrogant et insultant ».

McCormick conserve, lui, un souvenir différent.

« Je crois bien avoir proposé mon aide et mon assistance pour le Pavillon de Reston, me dit-il quand je l'appelai. Je n'ai pas ressenti de conflit. S'il y a eu animosité, elle est de leur fait, pas du nôtre, pour des raisons qu'ils connaissent mieux que moi. Notre attitude n'a été que : "Bravo, les gars, bon travail !" »

Dans le passé, McCormick avait critiqué publiquement le fait que Gene Johnson ait dépensé des sommes énormes pour explorer la grotte de Kitum sans avoir ensuite publié ses conclusions. McCormick me l'exprima de la manière suivante :

« Ils veulent vous *parler* de leurs expériences, mais la seule façon d'informer les gens, c'est de les *publier*. Ce n'est pas là une critique déraisonnable. Ils ont dépensé l'argent du contribuable. De plus, aucun d'eux n'a passé autant d'années sur le terrain que moi. Je suis un des rares à avoir traité des cas humains d'Ébola. Aucun des autres ne pouvait en dire autant, autour de cette table. »

En effet, en 1979, des rapports étaient parvenus au CDC disant que l'Ébola était à nouveau sorti de sa cachette et se répandait dans le Sud Soudan, où il avait déjà fait son apparition en 1976. La situation était dangereuse, non seulement à cause du virus, mais aussi parce qu'à l'époque la guerre civile ravageait le Soudan. La région où sévissait l'Ébola était une zone de guerre. McCormick se porta volontaire pour tenter de collecter des échantillons de sang humain et ramener la souche vivante à Atlanta. Personne ne voulut l'accompagner et il partit seul. Il arriva dans le sud du pays à bord d'un petit avion appartenant à deux pilotes de brousse très effrayés. Au coucher du soleil, ils se posèrent sur une piste proche d'un village zandès. Les pilotes avaient trop peur pour mettre même un pied hors de leur appareil, mais le jour tombait. Ils décidèrent de passer la nuit dans le cockpit, sur la piste, et déclarèrent à McCormick qu'ils repartiraient le lendemain au lever du soleil. Il avait la nuit pour trouver son virus.

McCormick, son sac sur le dos, pénétra dans le village à la recherche de l'Ébola. Il arriva près d'une hutte en terre entourée de villageois qui n'osaient entrer, et il entendit les bruits d'une agonie. La seule ouverture était la porte, mais on ne voyait rien à l'intérieur. Il savait que l'Ébola était dans la hutte. Il fouilla dans son sac et trouva sa lampe torche, mais elle était morte. Il se rendit compte qu'il avait oublié d'emporter des piles de rechange et demanda alors à la cantonade si quelqu'un avait une lampe. On lui apporta une lanterne, qu'il tint devant lui pour pénétrer dans la hutte.

Jamais il ne devait oublier ce qu'il vit alors, et avant tout ces paires d'yeux rouges qui le fixaient. L'air confiné sentait le sang. Des gens gisaient par terre sur des nattes, certains dans les convulsions de la phase finale, quand la mort s'installe : le corps rigide et secoué en tous sens, les yeux révulsés, le sang coulant du nez, giclant du rectum. D'autres étaient entrés dans le coma et saignaient, sans un mouvement. Cette hutte était la zone la plus « chaude » qui existât.

Il ouvrit son sac, prit des gants en caoutchouc, un tablier de chirurgien, un masque et des bottes en papier, pour couvrir ses chaussures. Quand il se fut habillé, il aligna ses tubes d'analyse et ses seringues sur une natte et se mit à prélever du sang à ces gens. Il travailla toute la nuit, à genoux dans la hutte, collectant des échantillons de sang et prenant soin des malades du mieux qu'il put. Ses genoux reposaient dans une flaque de sang.

A un moment, au cours de la nuit, alors qu'il prenait du sang à une vieille femme, celle-ci fut soudain prise de mouvements convulsifs, et l'aiguille ensanglantée sortit de son bras pour aller se planter dans le pouce de McCormick. « Et voilà ! se dit-il, ça devrait suffire, l'agent est maintenant dans mon sang. »

A l'aube il rassembla ses tubes et courut jusqu'à l'avion. Il donna les échantillons aux pilotes. La question était de savoir que faire de lui-même, maintenant qu'il s'était piqué avec une aiguille souillée. Cela représentait une exposition massive au virus Ébola. Il ne lui restait probablement que trois ou quatre jours avant que la maladie se déclarât. Fallait-il quitter le Soudan tout de suite, aller à l'hôpital ? Il devait prendre une décision : soit partir avec les pilotes ou rester avec le virus. Il semblait évident que jamais ces pilotes ne reviendraient le chercher plus tard. S'il devait partir et demander une aide médicale, il fallait le faire immédiatement.

Il retourna au village.

Il savait, bien sûr, qu'il multipliait ainsi les risques d'être infecté par le virus Ébola, si ce n'était pas déjà fait, mais il voulait recueillir d'autres échantillons et il se dit que, s'il commençait à avoir des maux de tête, il pourrait toujours demander de l'aide par radio. Ce jour-là, il se reposa dans une hutte, et se transfusa deux sacs de sérum sanguin censé contenir des anticorps protégeant contre le virus Ébola. Il les avait transportés sur un lit de glace, et il espérait qu'ils pourraient lui sauver la vie. La nuit suivante, il ne put dormir, revoyant sans cesse cette aiguille qui venait se planter dans son pouce, pensant à l'agent qui commençait à se répliquer massivement dans son sang. Il but une demi-bouteille de whisky et réussit à sommeiller.

Les quatre jours qui suivirent, il s'occupa des malades parqués dans la hutte, sans que des maux de tête apparaissent. Il surveillait surtout la vieille femme avec une attention d'oiseau de proie pour voir ce qui lui arriverait. Le quatrième jour, à sa grande surprise, elle se rétablit. Elle n'avait pas eu l'Ébola, mais probablement une crise de malaria, et ses convulsions étaient dues à la fièvre. Il eut l'impression de voir s'éloigner un peloton d'exécution.

Ainsi donc, de tous ceux réunis dans cette salle de Fort Detrick, Joe McCormick était le seul à avoir observé et traité des cas humains d'Ébola. De plus, il n'était pas tombé malade, alors qu'il avait respiré l'air dans cette hutte pendant plusieurs jours et plusieurs nuits d'affilée. L'expérience l'avait convaincu que l'Ébola ne se transmettait pas si facilement, surtout par voie aérienne, et à son avis, le problème n'était peut-être pas aussi grave que l'armée semblait le penser. Bien sûr, il ignorait tout des expériences de 1986 réalisées par Nancy Jaax et Gene Johnson, et concernant la transmission aérienne de l'Ébola, puisque leurs résultats n'avaient jamais été publiés...

« Combien de temps après que nous vous aurons fourni les échantillons pourrez-vous dire s'ils sont infectés par le virus ? demanda Dan Dalgard.

— Cela peut prendre une semaine, c'est tout ce que nous savons. »

Mais non, intervint Joe McCormick. Il se trouvait justement qu'il avait un nouveau test pour l'Ébola qui fournissait les résultats en quatre heures. Argument supplémentaire pour que le CDC se vît confier les échantillons et toute l'affaire.

C.J. Peters se tourna vers McCormick et le fixa, furieux. Un test rapide pour l'Ébola ! Quelle bande de... Il ne croyait pas que McCormick eût ce test. Il était persuadé qu'il faisait son numéro pour tenter de mettre la main sur le virus. C'était un coup de poker pour obtenir le contrôle du virus. La situation était délicate parce qu'il ne pouvait dire devant tous ces personnages officiels : « Joe, je crois que vous êtes un foutu menteur ! »

« Quand une épidémie menace, répliqua-t-il néanmoins, ce n'est pas le moment idéal pour essayer sur le tas une nouvelle technique. »

Il expliqua que Fort Detrick étant plus près du lieu de l'épidémie qu'Atlanta, il était juste que l'armée eût les échantillons et tentât d'isoler le virus. Il n'ajouta pas que sept singes morts se trouvaient au même moment sur la table de dissection de Nancy Jaax. La possession de la chose confère les neuf dixièmes du droit de propriété, et l'armée s'était assuré la possession des échantillons.

Fred Murphy, l'autre responsable du CDC, commençait à se rendre compte que son organisation n'était pas en position de force. Il se pencha vers McCormick et lui murmura :

« Joe, calme-toi ! Mets une sourdine. Ils sont plus nombreux que nous. »

Le général Philip Russell était resté silencieux pendant toute la discussion. D'une voix calme, il suggéra de trouver un compromis. Ils pourraient couper la poire en deux et se partager les rôles pour traiter ce problème.

C'était certainement la meilleure solution. Le général et Fred Murphy s'attelèrent rapidement aux détails, tandis que McCormick et Peters se regardaient sans un mot. Il fut décidé que le CDC s'occuperait des aspects concernant la santé humaine et traiterait les victimes éventuelles. L'armée, elle, s'occuperait des singes et de leur Pavillon, l'épicentre de l'épidémie.

LA MISSION

16 h 30

Le colonel C.J. Peters considérait qu'il avait maintenant la permission de passer à l'action. Joe McCormick avait été contraint de reculer. A peine la réunion terminée, C.J. passa ses troupes en revue. Il avait d'abord besoin, sur le terrain, d'un officier capable d'emmener une équipe de soldats et de civils dans le Pavillon des singes. Il fallait qu'il formât une unité d'intervention.

Il avait déjà décidé que ce serait le colonel Jerry Jaax, le mari de Nancy, qui dirigerait la mission. Jerry n'avait jamais porté de combinaison spatiale, mais il était le chef de la division vétérinaire de l'Institut, et il connaissait les singes.

Il trouva Jerry dans son bureau, le regard perdu au-delà la fenêtre. « Jerry, lui annonça-t-il, je crois que nous avons une situation à Reston. »

En langage décodé, cela signifiait qu'ils étaient en présence d'un agent chaud.

« Une épidémie d'Ébola pourrait se déclencher, et il semble que nous devions jouer un rôle dans le règlement de cette crise. Il faudra sans doute que nous allions sortir ces singes de leur Pavillon. Ce sera une opération à mener dans des conditions de sécurité biologique de niveau 4. »

Il demanda à Jerry de rassembler une équipe d'employés civils et militaires prêts à intervenir en combinaison spatiale dans les vingt-quatre heures.

Jerry Jaax se rendit au bureau de Gene Johnson pour l'informer qu'il s'était vu confier cette mission, et ils se mirent immédiatement à préparer l'opération, au milieu de montagnes de dossiers et de papiers épars. Jerry ne supportait pas la vue du bureau de Gene. Il se demandait comment un homme pouvait survivre dans un tel chantier. Mais Gene Johnson n'avait pas son pareil dès qu'il s'agissait de concevoir une action à propos d'un virus.

Il fut décidé de commencer par une opération limitée. L'unité de l'armée nettoierait une des salles occupées par les singes, et observerait ensuite comment les choses se passaient, si le virus continuait sa diffusion. Ils établirent leurs priorités.

> **Priorité n° 1 :** sécurité des personnes. Les membres de notre dispositif et la population de la banlieue de Washington.
>
> **Priorité n° 2 :** euthanasie des animaux avec un minimum de souffrances.
>
> **Priorité n° 3 :** collecte d'échantillons scientifiques.
>
> Objectif : identifier la souche et déterminer son mode de contamination.

Selon Gene, si l'équipe faisait son travail correctement, la population humaine de la région de Washington ne serait pas touchée. Il mit ses lunettes et se pencha pour fouiller dans une pile de papiers. Il savait déjà qu'il n'entrerait pas dans le Pavillon. Pas question. Il avait vu trop de singes « se faire trucider », ainsi qu'il me l'expliqua plus tard, et il ne pouvait plus le supporter. Son travail consistait à rassembler équipement et personnel et à les faire pénétrer dans le Pavillon, puis à les faire ressortir en toute sécurité, ainsi que les animaux morts.

Il avait gardé quelque part dans ses papiers de longues listes de tout le matériel emporté à la grotte de Kitum. Il cherchait en émettant des jurons d'une voix douce. Il avait littéralement des tonnes de matériel rapporté d'Afrique, depuis les combinaisons spatiales autonomes jusqu'aux moyens de décontamination, en passant par les radios à ondes courtes et les lampes. Il avait entreposé ce matériel dans toutes sortes de cachettes, à l'Institut, là où personne ne pouvait les trouver ni les abîmer.

Gene était incroyablement excité, et aussi quelque peu effrayé. Ses cauchemars concernant le virus Ébola, ces nuits où il imaginait du liquide contaminé pénétrant dans sa combinaison, et où il se réveillait en sursaut, n'étaient pas devenus de vieux souvenirs ; il lui arrivait encore de se réveiller en pensant : « Mon Dieu, j'ai été exposé ! » Il avait passé presque dix années à chasser l'Ébola et le Marbourg en Afrique, sans grand succès, et soudain ce salaud pointait son nez à Washington. Sa maxime préférée lui vint à l'esprit : « La chance arrive aux esprits préparés. » Les mots de Pasteur. L'esprit de Gene était préparé. Il avait stocké le matériel de l'expédition, et la chance lui souriait. Si un équipement s'était révélé pratique dans la grotte de Kitum, il le serait dans le Pavillon des singes. Les conditions étaient proches : lieu clos, air vicié, aération en panne, merde partout, flaques d'urine de singes ; et sang sur les murs, probablement. Une véritable grotte chaude près de Washington. Les gens qui y étaient entrés risquaient d'être infectés par le virus, à l'heure actuelle. Comment faire entrer et ressortir l'équipe ? Il faudrait une zone grise — un sas avec douche chimique, ou quelque chose dans le genre. Quelque part dans ce bâtiment une forme de vie qu'on soupçonnait être de niveau 4 sur l'échelle du danger pour l'homme croissait, se multipliait, bouillonnait dans ses hôtes. Les hôtes étaient des singes... et peut-être déjà des hommes, un des hôtes humains les plus probables étant ce vétérinaire de Hazleton, Dan Dalgard.

20 heures

Dalgard quitta l'USAMRIID et retourna à son bureau sur Leesburg Pike, où il arriva vers 20 heures. L'étage était désert. Tout le monde était rentré chez soi. Il rangea son bureau, éteignit son ordinateur et en retira la disquette qui contenait son journal, sa « Chronologie des événements ». Il mit la disquette dans sa mallette, dit bonsoir au gardien et rentra chez lui. Sur la route, il se rendit compte qu'il avait oublié d'appeler sa femme pour la prévenir de son retard. Il s'arrêta au supermarché et lui acheta un bouquet d'œillets. Quand il arriva, il fit réchauffer son dîner au micro-ondes et rejoignit sa femme au salon, où elle regarda la télévision pendant qu'il mangeait dans son fauteuil. Il était épuisé. Il plaça une autre bûche dans le poêle et s'installa devant l'ordinateur, juste à côté de son établi d'horloger. Il inséra la disquette et se mit à taper sur le clavier. Il lui fallait mettre son journal à jour.

Il s'était passé tellement de choses qu'il eut des difficultés à se souvenir de tout. Il avait appris le matin qu'un gardien, Jarvis Purdy, était à l'hôpital, apparemment pour une crise cardiaque. Jarvis était bien soigné, et on n'avait pas signalé d'aggravation de son état. « Aurais-je dû signaler à l'hôpital, se demanda-t-il, la possibilité que Jarvis ait l'Ébola ? Et s'il a l'Ébola et que le virus se répand dans l'hôpital, suis-je responsable ? Seigneur ! Je ferais mieux d'envoyer quelqu'un à l'hôpital demain dès l'aube pour dire à Jarvis ce qui se passe. S'il l'apprend d'abord par la radio, il est capable d'avoir une deuxième crise cardiaque ! »

Il avait équipé tous les autres gardiens de masques respiratoires, et leur avait expliqué ce qu'il savait de la transmission de l'Ébola et du Marbourg aux humains. Il avait suspendu toutes les opérations habituelles dans le bâtiment, autres que la distribution de nourriture une fois par jour, l'observation et le nettoyage des salles. Il avait informé le personnel du laboratoire de Leesburg Pike — où on avait manipulé du sang et des échantillons de tissus des singes — de la nécessité de manipuler ces échantillons, *comme* s'ils étaient infectés par le virus du sida.

« Je ne dois pas oublier de prévenir les labos à qui on

a envoyé des animaux qu'ils doivent signaler toute mort inexpliquée au CDC. Et qu'en est-il de l'exposition des gens qui ont travaillé sur le système de conditionnement de l'air ? Et au service de blanchisserie ? N'y a-t-il pas eu la visite d'un réparateur du téléphone, ces derniers jours ? La semaine dernière peut-être... Je n'arrive pas à me rappeler le jour exact. Seigneur ! Ai-je oublié quelque chose ? »

Tandis qu'il mettait au clair les événements de la journée, le téléphone sonna. C'était Nancy Jaax. Elle avait l'air épuisée. Elle lui annonça qu'elle venait de terminer les autopsies des sept animaux, et que ses observations pouvaient correspondre soit à la fièvre hémorragique du singe, soit à l'Ébola. Cela pouvait être l'un ou l'autre, ou les deux. Les résultats étaient ambigus.

RECONNAISSANCE

30 novembre, jeudi

Quand Dalgard se réveilla le lendemain matin, on était jeudi, il appela C.J. Peters et lui donna l'autorisation de pénétrer dans le Pavillon des singes pour nettoyer la salle H, celle où l'épidémie avait progressé. La nouvelle qu'une opération à haut risque biologique allait être entreprise se répandit instantanément dans l'USAMRIID.

Jerry Jaax réunit tous les officiers sous ses ordres : les majors Nathaniel (Nate) Powell et Mark Haines, le capitaine Steven Denny — ainsi que deux sergents — Curtis Klages et Thomas Amen — et un gardien civil, Merhl Gibson. Ils constituaient le noyau de son équipe. Il leur posa la question, sans détour :

« Voulez-vous aller à Reston ? »

Certains n'en avaient pas entendu parler. Il leur expliqua donc ce qui s'y passait :

« Il y a des singes qu'il faut "euthanasier", et nous aimerions que ce soit vous qui vous en chargiez. Voulez-vous le faire ? Acceptez-vous d'y aller ? »

Tous acceptèrent d'être dans le coup, et Jerry se dit que Nancy ferait elle aussi partie de l'expédition. Cela signifiait qu'ils seraient dans le bâtiment en même temps. Les enfants devraient se débrouiller seuls, demain.

Ils allaient pénétrer dans le Pavillon des singes, investir une salle, tuer tous les singes présents dans cette salle et ramener des échantillons à l'Institut pour analyse. Ils effectueraient ce travail en combinaison spatiale, dans des conditions de contrôle biologique de niveau 4. L'équipe entrerait en action à 5 heures le lendemain matin. Il leur restait moins de vingt-quatre heures pour se préparer. Gene Johnson était déjà en train de rassembler et de vérifier tout l'équipement.

*
* *

Johnson partit pour la Virginie et arriva au Pavillon des singes en milieu de matinée : il voulait repérer la disposition des lieux pour décider où placer le sas et la zone grise et comment faire pénétrer l'équipe à l'intérieur. Il avait emmené avec lui le sergent Curtis Klages, vêtu d'un treillis. Quand ils arrivèrent sur le parking, un camion de télévision était déjà là. Le journaliste et son équipe buvaient du café en attendant que quelque chose se passe. Cela rendit Gene nerveux. Il se gara sous un arbre, près du bâtiment, et entra par la porte principale.

Dès qu'ils l'ouvrirent, l'odeur des singes fut presque suffocante. « Pouah, se dit le sergent Klages, on ne devrait même pas être là sans combinaison spatiale, ça pue trop ! Quelque chose de moche se passe dans ce bâtiment ». C'était comme une grotte pleine de singes, à l'air confiné, plutôt sombre, le sol recouvert de déjections et d'urine. Les gardiens avaient cessé de nettoyer les cages, parce qu'ils ne voulaient plus entrer dans les salles sans nécessité absolue.

Les deux hommes rencontrèrent Bill Volt et lui dirent qu'ils voulaient examiner le bâtiment pour déterminer la meilleure façon d'opérer le lendemain. Volt proposa d'aller discuter dans son bureau, mais ils ne voulurent pas s'asseoir, ils ne voulaient rien toucher de leurs mains nues. Quand ils remarquèrent un bol de friandises posé sur le bureau, ils comprirent pourquoi Volt était si imposant. Il leur proposa tout un choix de bon-

bons à la menthe, au miel, de barres chocolatées, de chewing-gums. Mais le sergent Klages regarda le bol avec horreur et murmura un « non merci » étranglé.

Gene voulait entrer dans la zone des singes et visiter la salle H, le point chaud. C'était au fond du bâtiment. Pour éviter de respirer l'air confiné, il refusa de traverser et se fit conduire à une porte donnant sur l'arrière. Il remarqua alors des pièces vides, abandonnées quelque temps auparavant, sans électricité, les panneaux du plafond arrachés. Il alluma sa torche et continua sa route. Les pièces semblaient désertées, comme après un bombardement, se dit-il. La porte extérieure donnait sur un entrepôt, d'où partait un couloir fermé qui s'enfonçait dans le Pavillon. Maintenant, tout était clair dans son esprit. L'entrepôt servirait de zone d'équipement, le couloir fermé de sas. L'équipe pourrait revêtir les combinaisons dans l'entrepôt, hors de vue des caméras de la télévision. Il traça un plan des lieux sur une feuille de papier.

Quand son esprit eut enregistré l'agencement du bâtiment, il revint vers la façade, et dit aux gardiens qu'il voulait que les pièces à l'arrière soient complètement scellées, étanches à l'air, de façon qu'un agent de la salle H ne pût pénétrer à l'avant du bâtiment et dans les bureaux. Il voulait diminuer la quantité d'air contaminé flottant dans ces bureaux.

Une porte conduisait aux salles du fond. Ils la condamnèrent avec du papier adhésif brun fourni par l'armée, première ligne de défense contre l'agent chaud. Gene expliqua à ceux qui travaillaient au Pavillon que personne ne devait retirer cet adhésif, ni entrer dans les salles du fond, sauf les gens envoyés par l'armée. Et ce, jusqu'à ce que la salle H ait été nettoyée. Gene Johnson ne s'était pas rendu compte qu'il y avait un autre moyen d'arriver aux salles du fond, sans retirer l'adhésif.

*

* *

A 11 h 30 du matin, le lieutenant-colonel Nancy Jaax et le colonel C.J. Peters arrivèrent au siège de Hazleton Washington, sur Leesburg Pike, pour rencontrer Dan Dalgard et parler à un groupe de laborantins de Hazleton qui avaient été exposés aux tissus et au sang des singes malades. Le CDC ayant maintenant la charge des aspects humains de l'épidémie d'Ébola, Joe McCormick arriva lui aussi chez Hazleton en même temps que Nancy et C.J.

Les employés du laboratoire, essentiellement des femmes, avaient manipulé des tissus et du sang des singes pour les analyser. Certains frôlaient la panique. Il y avait eu des communiqués à la radio pendant que les gens se rendaient au travail et les employés du laboratoire les avaient entendus. On disait que le virus Ébola avait tué des centaines de milliers de gens en Afrique. C'était une folle exagération, mais les journalistes ne savaient pas du tout ce qui se passait, et certains laborantins pensaient qu'ils allaient mourir. Ils le dirent à Nancy et McCormick.

Nancy Jaax prétend que Joe McCormick leur parla beaucoup pour tenter de les calmer. Elle dit aussi qu'il leur raconta les cas humains d'Ébola qu'il avait vus en Afrique, et que, personnellement, il n'avait pas peur du virus. Son récit sembla augmenter encore l'angoisse de ces gens. Une des femmes se leva et dit :

« On se moque de ce qui s'est passé en Afrique ! Tout ce qu'on veut savoir, c'est si on va être malades. »

McCormick nie avoir jamais parlé à ces gens.

« Je ne leur ai pas adressé la parole. Nancy Jaax leur a parlé de l'Ébola. Je ne sais même pas si elle savait qui j'étais. »

Nancy, quant à elle, se souvient d'avoir parlé aux employés du laboratoire. Selon elle, ils ont commencé à se calmer quand ils ont vu une femme en uniforme de colonel de l'armée.

« Est-ce que quelqu'un parmi vous a cassé un tube à essai ? leur demanda-t-elle. Y a-t-il quelqu'un ici qui se soit piqué avec une aiguille, ou qui se soit coupé ? »

Personne ne leva la main.

« Alors, vous n'avez rien à craindre », leur assura-t-elle.

Quelques minutes plus tard, Dan Dalgard se tourna vers C.J. Peters :

« Pendant que le Dr McCormick reste ici avec les employés, pourquoi n'irions-nous pas voir les singes ? »

Ils allaient enfin visiter le Pavillon. A leur arrivée, Gene Johnson était déjà reparti après avoir condamné les pièces du fond et scellé l'entrée avec du papier adhésif. Nancy et C.J., accompagnés de Dalgard, passèrent par les pièces « bombardées », mirent des gants en caoutchouc, des masques de chirurgien et pénétrèrent dans la salle H pour voir les singes malades. Nancy et C.J. remarquèrent avec inquiétude que les employés ne portaient pas de respirateurs, en dépit des ordres de Dalgard. Personne ne leur en proposa non plus, et cela les rendit nerveux, mais ils ne dirent rien.

Dans la salle H, Dalgard montra les animaux malades :

« Celui-ci est malade, celui-là n'a pas l'air bien, et l'autre, là-bas, n'est pas en forme non plus », dit-il.

Les singes étaient tranquilles, abrutis, mais il leur arrivait de secouer leur cage. Nancy se tenait à l'écart des cages et respirait le moins profondément possible, pour éviter que l'odeur des singes ne pénètre au fond de ses poumons. Un grand nombre d'animaux étaient déjà morts — de nombreuses cages étaient vides — et beaucoup de singes restants étaient à l'évidence malades. Elle remarqua que certains avaient le nez qui coulait. Elle évita leur regard parce qu'elle ne voulait pas qu'il prît à un des singes l'idée de lui cracher dessus. Ils visent bien, quand ils crachent, et ils visent le visage. Elle se méfiait des yeux plus que de tout le reste. L'Ébola aime particulièrement les yeux. Quatre ou cinq particules de virus et le tour est joué.

Elle remarqua autre chose qui lui fit peur. Ces singes avaient encore leurs canines. L'entreprise ne les avait pas limées. Les canines de ces primates sont aussi longues que celles du plus féroce chien de garde ; de plus, un singe peut courir à une vitesse stupéfiante, et sauter très loin. Il utilise sa queue pour agripper ou s'accrocher ; et il a aussi une cervelle. Un singe en colère, se dit Nancy, est comme un pitbull volant doté de cinq membres préhensiles. Cela ne laisse aucun ennemi indemne. Il dirige ses attaques vers le visage, vous saisit par la tête de ses quatre membres, puis il vous entoure le cou de sa queue pour bien s'accrocher et s'attaque toutes dents dehors à votre visage, surtout à vos yeux. Un homme d'un mètre quatre-vingts et un singe de huit kilos luttent presque à armes égales. A la fin du combat, l'homme peut avoir besoin de centaines de points de suture, et il risque d'être aveugle. Jerry et son équipe devraient déployer d'immenses précautions avec ces singes.

*
* *

Ce soir-là, Jerry rentra seul à la maison. Nancy avait mis sa combinaison pour retourner au labo continuer l'analyse des échantillons, et il n'avait aucune idée de l'heure à laquelle elle en ressortirait.

Quand il arriva chez lui, Jaime était partie à son cours de gymnastique, emmenée par le car de ramassage. Il se changea et le téléphone sonna. C'était le frère de Nancy qui appelait du Kansas pour dire que leur père allait très mal, qu'il semblait que c'était la fin. Nancy devait se préparer à venir pour les funérailles. Jerry dit qu'il transmettrait le message et expliqua que Nancy travaillait tard.

Puis Jason et lui partirent chercher Jaime à la gym, et tous trois décidèrent d'aller dîner chez McDonald's. La famille Jaax, moins la mère, s'installa à une table, et tandis qu'ils mangeaient, Jerry expliqua aux enfants pourquoi leur mère travaillait encore.

« Demain matin, nous allons pénétrer dans un bâtiment civil en combinaison spatiale. Il s'y passe quelque chose de grave. Il y a des singes malades. Il s'agit d'une situation à traiter en urgence. Nous partirons très tôt, et nous risquons de ne rentrer que très tard. Vous vous débrouillerez ? »

Ils rentrèrent vers 21 h 30, et les enfants se montrèrent capricieux. Peut-être avaient-ils peur de ce qui se passait mais ne savaient pas comment l'exprimer. Il n'en était pas sûr. Plus probablement, ils avaient senti qu'il disposait d'une chance d'agir selon leur bon plaisir en l'absence de leur mère. Ils déclarèrent qu'ils voulaient l'attendre. Il leur fit mettre leur pyjama et les prit dans son lit. Il y avait un poste de télévision dans la chambre, et Jerry regarda les nouvelles de 23 heures. Un journaliste planté devant le Pavillon des singes parlait des morts en Afrique. Heureusement, les enfants étaient endormis. Il pensa un moment à son frère John, puis prit un livre et tenta de lire.

Il ne dormait toujours pas quand Nancy arriva à une heure du matin, toute fraîche après une douche et un shampooing à la sortie du niveau 4.

Nancy se coucha près de Jerry.

« J'ai le pressentiment qu'ils ne vont pas réussir à cantonner le virus dans cette seule salle. »

Elle lui confia qu'elle craignait qu'il ne s'étendît à d'autres salles par voie aérienne. Ce virus était diabolique. Elle se souvenait des paroles de Gene Johnson : « On ne sait pas vraiment ce que l'Ébola a fait dans le passé, et on ne sait pas ce qu'il fera dans l'avenir. »

Jerry lui parla de son père. Nancy se sentit coupable de ne pas pouvoir l'assister dans ses derniers instants. Elle se demanda si elle n'allait pas envoyer cette histoire au diable et prendre le premier avion pour le Kansas. Cette opération Ébola était réservée aux volontaires, et rien ne l'obligeait à se porter volontaire. Mais elle était le chef de la section de pathologie à l'Institut, et elle considérait de son devoir de mener cette action à bien. Elle espérait avoir la chance que son père vive encore quelques jours.

TROISIÈME PARTIE

A L'ATTAQUE !

INTERVENTION

1er décembre, vendredi

Le réveil sonna à 4 h 30. Jerry Jaax se rasa, se brossa les dents et s'habilla. Les équipes porteraient des vêtements civils. Personne ne voulait attirer l'attention des médias, et des militaires en uniforme ou en tenue de camouflage, enfilant des combinaisons spatiales, suffiraient pour déclencher une panique générale.

Il arriva à l'Institut à 5 heures, bien avant l'aube. Un groupe s'était déjà rassemblé devant l'entrepôt sur le côté du bâtiment, sous des projecteurs. Il avait gelé pendant la nuit et leur haleine formait des petits nuages. Gene Johnson, l'Ajax de la guerre biologique, arpentait la plate-forme de chargement entre des piles de cantines de l'armée, sa réserve de matériel rapporté de la grotte de Kitum. Les cantines renfermaient des combinaisons spatiales autonomes, des batteries, des gants en caoutchouc, des tenues de chirurgien, des seringues, des aiguilles, des médicaments, des instruments de dissection, une ou deux mallettes chirurgicales, des ciseaux à bouts ronds, des sacs pour échantillons, des flacons en plastique, des liquides de conservation, des sacs pour matières dangereuses frappés de la fleur rouge et une pompe à main pour pulvériser le désinfectant sur les combinaisons et les objets risquant d'être contaminés.

Une tasse de café entre les mains, Gene grognait à l'intention des soldats :

« Ne touchez pas à mes cantines ! »

Un camion blanc sans marque distinctive arriva, et Gene y chargea lui-même ses cantines avant de partir pour Reston. Il faisait partie de la première vague.

Dans toute la région, le *Washington Post* commençait à être diffusé. On pouvait lire à la une :

ÉBOLA, VIRUS MORTEL !
DES SINGES DE LABORATOIRE EN SONT VICTIMES
EN VIRGINIE

> Un des virus les plus mortels pour l'être humain a fait son apparition pour la première fois aux États-Unis dans un lot de singes importés des Philippines par un laboratoire de recherches, à Reston.
>
> Recrutée au plus haut niveau de l'État et du gouvernement fédéral, une équipe d'experts en maladies contagieuses a passé presque toute la journée d'hier à établir en détail un programme destiné à retracer le trajet du virus Ébola et à déterminer qui avait pu être exposé à la contamination. On a donc interrogé les quatre ou cinq gardiens des animaux, ainsi que toutes les personnes ayant approché les singes, qui depuis ont été euthanasiés par mesure de précaution.
>
> Les responsables de la santé publique ont assuré qu'aucune de ces personnes n'avait contracté le virus, mortel dans une proportion de 50 à 90 pour cent de cas, et qui peut être très contagieux pour les personnes en contact avec les victimes. On ne connaît aucun vaccin.
>
> « Il y a toujours une inquiétude, mais je ne vois aucune raison de s'affoler », dit le colonel C.J. Peters, médecin et spécialiste de ce virus.

C.J. savait, si les gens apprenaient ce que pouvait faire le virus, que cela déclencherait un exode qui viderait Reston, et il s'imaginait déjà les mères hurlant devant les caméras de télévision : « Où sont mes enfants ? » En parlant aux journalistes du *Washington Post*, il prit bien soin de ne pas faire état des aspects les plus spectaculaires de l'opération. « J'ai pensé que parler des combinaisons spatiales ne serait pas une bonne idée », me dit-il plus tard. Il écarta également des mots effrayants comme « amplification », « chaîne mortelle de transmission », « état de choc et hémorragies massives » ou même « facteur de nausée ». Il était sur le point de déclencher, dans la banlieue de Washington, une opération militaire contre un danger biologique et il voulait s'assurer que le *Post* n'en saurait rien.

La moitié de l'opération consistait à se préserver de la presse. Les déclarations de Peters au *Washington Post* visaient à créer l'impression d'une situation contrôlée, sûre. Ce n'était pas le cas, mais Peters pouvait être très doux quand il le voulait, et de sa voix la plus enjouée il assura aux journalistes qu'il n'y avait aucun problème, qu'il s'agissait d'une situation de routine sur le plan technique.

En fait, l'armée n'avait jamais tenté une opération de sécurité biologique de niveau 4 contre l'apparition d'un agent chaud en pleine amplification. Quant à l'efficacité des mesures de sécurité prises, le seul moyen de s'en assurer était de les mettre à l'épreuve. Peters avait le sentiment que le plus grave des dangers serait d'adopter une attitude passive consistant à ne rien faire, en regardant le virus atteindre les singes l'un après l'autre. Il y avait cinq cents singes concentrés dans ce bâtiment, soit environ trois tonnes de chair. Un véritable Tchernobyl biologique. En atteignant autant d'animaux, le virus connaîtrait une amplification fantastique.

*

* *

C.J. arriva à la plate-forme de chargement de l'Institut à 5 heures du matin. Il accompagnerait le groupe jusqu'au Pavillon pour voir l'équipe de Jerry y pénétrer, puis il rentrerait à l'Institut s'occuper des médias et des agences gouvernementales.

A 6 h 30, il donna l'ordre de départ, et la colonne de véhicules franchit le portail principal de Fort Detrick pour prendre la direction du sud, vers le Potomac. Ce semblait être une file d'automobiles ordinaires — les voitures personnelles des militaires — où avaient pris place des officiers en vêtements civils ressemblant à n'importe quels employés se rendant au bureau. La file de voitures suivait deux véhicules militaires sans signe distinctif, dont une ambulance de sécurité biologique de niveau 4 blanche comme la neige. Elle transportait une équipe médicale d'évacuation et un dispositif d'isolement biologique mobile dit « brancard bulle » : il s'agissait d'un brancard métallique enfermé dans une bulle de plastique transparent. Ce brancard était destiné à toute personne qui, mordue par un singe, devrait être transférée au Claquoir, et peut-être de là au Sous-Marin, la morgue du niveau 4. Un camion frigorifique blanc suivait, qui transporterait les singes morts et les échantillons de sang.

La caravane traversa le Potomac à Point of Rocks, et arriva sur Leesburg Pike juste à l'heure de pointe. Bientôt, elle n'avança plus que pare-chocs contre pare-chocs, et les officiers sentirent l'impatience les gagner. Il leur fallut deux heures pour atteindre le Pavillon des singes, deux heures de cohabitation avec des banlieusards de mauvaise humeur. La colonne finit tout de même par pénétrer dans le quartier des affaires, qui se remplissait d'employés, et ils garèrent les camions à l'arrière du Pavillon des singes. Il s'agissait d'une paroi de brique percée de quelques fenêtres étroites et d'une porte en verre par laquelle on entrerait. Le camion de matériel se gara juste devant la porte.

En bordure de la pelouse, derrière le bâtiment, des arbres et des buissons couvraient une colline ; au-delà se trouvait le terrain de jeu d'une crèche. On entendait les cris et les rires des enfants, et en levant les yeux on voyait des gamins de trois ans, tout emmitouflés, qui s'élevaient dans les airs sur leur balançoire. L'opération allait être menée tout près de ces enfants.

Jerry Jaax étudia le plan du bâtiment. Gene Johnson et lui décidèrent que tous les membres du groupe revêtiraient leur combinaison spatiale à l'intérieur, plutôt que sur la pelouse, au cas où des équipes de télévision arriveraient. Les hommes passèrent la porte vitrée et se retrouvèrent dans un entrepôt vide. Ils entendaient les cris des singes par-delà les murs de parpaings. Il n'y avait aucun signe de présence humaine dans le Pavillon.

Jerry Jaax allait entrer le premier. Il avait décidé d'emmener avec lui un de ses officiers, un béret vert, le capitaine de parachutistes Mark Haines, petit, tout en muscles, qui avait reçu une formation de nageur de combat. Il avait sauté de nuit, en pleine mer, vêtu d'un scaphandre. « Je peux vous dire, me confia-t-il plus tard, que je ne plonge jamais pour mon plaisir. C'est au Proche-Orient que j'ai effectué presque toutes mes plongées. » Le capitaine Haines n'était pas du genre à souffrir de claustrophobie ni à être saisi de panique dans une combinaison spatiale. De plus, il connaissait les singes : il était vétérinaire.

Jaax et Haines montèrent dans le camion, tirèrent un rideau de plastique pour préserver leur intimité et se dévêtirent, frissonnant dans le froid. Ils revêtirent des tenues de chirurgien puis traversèrent la pelouse, ouvrirent la porte en verre et entrèrent dans l'entrepôt où une équipe de soutien — les ambulanciers dirigés par le capitaine Elizabeth Hill — les aida à mettre leurs combinaisons. Jerry ne connaissait rien à ces combinaisons biologiques de terrain, et le capitaine Haines non plus.

Il s'agissait de combinaisons Racal orange, conçues pour une utilisation sur le terrain en présence d'agents biologiques dangereux. Elles étaient du même type que celles utilisées dans la grotte de Kitum. En fait, certaines d'entre elles étaient revenues d'Afrique dans les malles de Gene Johnson. Les casques de ces combinaisons étaient des bulles de plastique souple et transparent. L'air pressurisé était fourni par un moteur électrique qui filtrait l'air du dehors et l'injectait dans la combinaison. L'intérieur était ainsi maintenu sous une pression supérieure à la normale, pour que toute particule aérienne de virus ait du mal à pénétrer dans la combinaison.

Jaax et Haines enfilèrent des gants de caoutchouc, que l'équipe de soutien fixa aux manches de leur combinaison avec du ruban adhésif tandis qu'ils maintenaient les bras tendus. Ils portaient aux pieds des chaussures de sport, qu'ils recouvrirent de bottes jaunes. L'équipe de soutien déroula à nouveau du ruban adhésif et fixa les bottes à la combinaison au niveau des mollets pour que l'air ne puisse y pénétrer. Jerry était terriblement tendu.

Jamais il n'avait porté de combinaison spatiale biologique. Pendant des années, il avait sermonné Nancy sur les dangers de ce travail en niveau 4, même en prenant toutes les précautions. Et voilà qu'il conduisait une équipe dans l'enfer de l'Ébola. Il mit en marche la pompe électrique et sa combinaison se gonfla autour de lui. Ce n'était pas si désagréable, mais il se mit à transpirer abondamment. Il prit le plan du pavillon à la main et fit un signe de tête à son compagnon. Haines était prêt. Jerry ouvrit la porte et entra. Le vacarme des singes s'amplifia. Jaax et Haines se trouvaient dans un couloir en parpaings sans fenêtres ni lumière, fermé par une porte à chaque bout pour former un semblant de sas, une zone grise. La première règle, dans un sas, est que les deux portes ne doivent jamais s'ouvrir en même temps pour éviter l'arrivée d'air contaminé dans la salle d'équipement. La porte se referma derrière eux. Le couloir était plongé dans l'obscurité, la nuit noire. Oh, nom de Dieu ! Ils avaient oublié les torches. Trop tard, maintenant. Cet enfer était aussi sombre qu'une grotte. Ils avancèrent à tâtons jusqu'à l'autre porte, à l'extrémité du sas.

*
* *

Nancy Jaax réveilla ses enfants à 7 h 30. Elle passa un survêtement, descendit à la cuisine, alluma la radio et choisit une station qui diffusait du rock avant d'engloutir un Coca sans sucre. La musique l'aidait à démarrer, le matin, et cela mettait le perroquet en joie.

Elle coupa un petit pain en deux, prit une pomme et mangea dans la voiture sur la route de Reston. Quand elle arriva au Pavillon des singes, Jerry y était déjà entré.

La zone d'équipement était surpeuplée, la chaleur, le bruit et le désordre éprouvants. Les experts en combinaisons spatiales donnaient des conseils aux membres de l'équipe qu'ils s'efforçaient d'habiller. L'un d'eux, Merhl Gibson, un des gardiens civils qui portait des combinaisons de ce type, puisque depuis des années il s'occupait des animaux, en savait plus sur le travail en zone biologique dangereuse que les militaires. Nancy, elle, n'avait jamais porté de combinaison Racal, mais le principe essentiel restait le même qu'avec la Chemturion : la combinaison est un cocon renfermant un morceau de monde normal qu'il s'agit d'introduire dans une zone chaude. Si une brèche s'ouvre dans cette combinaison, le monde normal disparaît, se fond dans le monde chaud, et on est exposé. Elle l'expliqua au groupe tandis qu'ils achevaient de les revêtir :

« Vos combinaisons sont sous pression, dit-elle. Si une déchirure apparaît, il faut immédiatement en recoller les bords pour que l'air ne s'échappe pas, sinon vous perdrez l'avantage de la pression et l'air contaminé risquera de pénétrer. Avant d'entrer, dit-elle en brandissant un rouleau de papier adhésif brun, je me colle un morceau d'adhésif supplémentaire à la cheville, comme ça, montra-t-elle en enroulant l'adhésif autour de sa cheville comme on bande une entorse. De cette façon, je peux le récupérer en cas de besoin pour colmater un trou dans ma combinaison. Il peut se passer cent choses imprévisibles qui risquent de la déchirer. A propos des singes, maintenant. S'ils sont infectés par l'Ébola, ils sont tellement pleins de virus qu'une morsure de leur part serait une menace de mort. Soyez extrêmement prudents. Sachez à tout moment où se trouvent vos mains et votre corps. Si du sang se dépose sur votre combinaison, arrêtez sur-le-champ ce que vous faites et rincez-vous. Ne laissez pas de sang séjourner sur vos gants. Rincez-les immédiatement. Lorsqu'un gant est couvert de sang, on ne peut pas voir s'il y a un trou. Autre chose : évitez de trop boire avant d'entrer. Vous allez rester très longtemps dans cette combinaison ! »

Les batteries assurant la pressurisation de la combinaison avaient une autonomie de six heures. Les volontaires devaient avoir quitté la zone chaude et subi la décontamination avant qu'elles ne s'épuisent.

*

* *

Jerry Jaax et Mark Haines arrivèrent à l'extrémité du sas et ouvrirent la porte menant à la zone chaude. Ils se retrouvèrent au croisement de deux couloirs, noyés dans les hurlements des singes. Le système de conditionnement d'air ne marchait toujours pas, et la température devait s'élever à plus de trente degrés, alors même qu'il avait gelé dehors pendant la nuit. La visière de Jerry était embuée ; il la pressa contre son visage pour l'essuyer et aperçut alors des murs gris en parpaings et un sol de ciment peint.

A cet instant, il sentit qu'on bougeait à sa gauche et se retourna. Des travailleurs de chez Hazleton s'approchaient de lui. Ils n'auraient jamais dû être là ! La zone était scellée, mais ils étaient arrivés par une autre voie, en traversant un entrepôt. Ils portaient des masques respiratoires, mais rien ne leur couvrait les yeux. Quand ils virent les deux hommes en combinaisons spatiales, ils se figèrent, interdits. Jerry ne pouvait distinguer leur bouche, mais il lisait la stupéfaction dans leurs yeux, comme s'ils avaient découvert soudain qu'ils étaient sur la Lune.

Jerry ne savait que dire.

« LA SALLE H, C'EST PAR OÙ ? » cria-t-il enfin.

Ils l'entraînèrent vers la pièce infectée, tout au bout

d'un couloir. Puis ils repartirent et allèrent trouver Dan Dalgard, assis dans son bureau, qui attendait l'armée ! Muni d'un respirateur, il se précipita vers la salle H, et découvrit ce qui se passait. Jerry le regarda comme s'il voyait un fou.

Dalgard n'était pas content de les voir en combinaison spatiale. Apparemment, il n'avait pas imaginé que l'armée utiliserait des tenues particulières pour intervenir. Il leur fit visiter la salle H, se montrant exceptionnellement nerveux.

« Il semble qu'on ait de nouveau quelques singes malades, ici », dit-il.

Certains animaux s'affolèrent en voyant apparaître les combinaisons spatiales. Ils tournèrent en rond dans leur cage ou se recroquevillèrent au fond. D'autres regardaient les hommes avec une expression figée.

« Vous voyez les signes cliniques, dit Dalgard en montrant un singe du doigt. Je sais très bien reconnaître un singe qui tombe malade. Il commence par être un peu déprimé, puis il cesse de manger ; un ou deux jours plus tard, il est mort. »

Jerry voulait voir tous les singes du Pavillon. Le capitaine Haines et lui passèrent de salle en salle. D'autres singes semblaient déprimés, avec la même expression figée sur le visage. Jaax et Haines n'aimaient pas ce qu'ils ressentaient dans ce Pavillon. Il y avait là une autre forme de vie que les singes et les humains.

*

* *

Nancy Jaax se prépara à entrer. Elle revêtit une tenue de chirurgien dans le camion, courut sur la pelouse et pénétra dans la zone d'équipement. L'équipe de soutien l'aida à se préparer. Elle prit plusieurs boîtes de seringues et entra avec le capitaine Steven Denny. Ils traversèrent le sas et ouvrirent la porte donnant sur le couloir chaud. Il était vide. Tout le monde était dans la salle H.

Elle remarqua du mucus et des saletés sur le nez de certains singes. Dalgard sélectionna quatre singes malades, ceux qu'il trouvait les plus mal en point, pour les sacrifier. Il ouvrit les cages et les piqua. Quand ils se recroquevillèrent et s'endormirent, il leur fit une seconde piqûre qui arrêta les battements du cœur.

La pièce était pleine de gens en combinaisons spatiales. Ils arrivaient, deux par deux, et erraient, sans rien à faire. L'un d'eux était le sergent Curtis Klages. Il se tourna vers quelqu'un et lui lança :

« TU PARLES D'UN FOUTU CHARLIE FOXTROT. »

C'était le nom de code pour *cluster fuck*, c'est-à-dire une opération militaire qui se termine dans la confusion, les gens ne sachant ni ce qui se passe, ni que faire.

Le son trop clair de sa voix fit que Nancy se tourna vers lui et, instinctivement, vérifia sa combinaison : elle n'était pas assez gonflée. En fait, il avait une déchirure à la fesse. Elle lui toucha le bras et lui montra le trou, puis se pencha et prit un morceau d'adhésif à sa cheville pour réparer l'ouverture elle-même.

Elle sortit les quatre singes morts de leur cage en les tenant par la peau du dos, et les glissa dans des sacs étanches en plastique, qu'elle emporta jusqu'à la porte d'entrée où on avait laissé un pulvérisateur d'eau de Javel et d'autres sacs. Elle mit chaque sac dans un deuxième, les aspergeant d'eau de Javel, puis elle les plaça dans des conteneurs biologiques, les « cartons à chapeau », qu'elle pulvérisa aussi pour les décontaminer. Elle plaça ensuite chaque carton dans un troisième sac en plastique, qu'elle pulvérisa. Enfin, elle alla frapper à la porte du sas de décontamination.

« C'est Nancy Jaax. Je sors. »

Un sergent membre de l'équipe de décontamination, en combinaison Racal, ouvrit la porte. Elle entra en poussant les boîtes devant elle.

« ÉCARTEZ LES BRAS ET TOURNEZ LENTEMENT », lui dit le sergent.

Dans l'obscurité, il l'aspergea pendant cinq minutes de son pulvérisateur plein d'eau de Javel jusqu'à ce que le sas empeste le chlore. Nancy éprouvait une merveilleuse impression de fraîcheur, mais l'odeur passait à travers les filtres, et lui irritait la gorge. Le sergent aspergea aussi les sacs. Puis il ouvrit la porte conduisant à la zone d'équipement, et Nancy fut éblouie par la lumière.

L'équipe de soutien prit les sacs, les plaça dans d'autres boîtes et les chargea dans le camion réfrigéré. Nancy retira sa combinaison. Elle avait tellement transpiré que sa tenue de chirurgien était trempée. Dans le froid glacial, elle traversa la pelouse, courant jusqu'au camion qui servait de vestiaire, remit ses vêtements civils, puis monta à côté du chauffeur du camion réfrigéré et ils partirent pour Fort Detrick. Elle voulait disséquer ces singes au laboratoire de niveau 4 aussi vite que possible.

*
* *

Jerry Jaax compta soixante-cinq animaux dans la salle, après que Nancy en eut emporté quatre. Gene Johnson avait rapporté d'Afrique, dans ses cantines, un injecteur spécial, que Jerry utilisa pour piquer les singes. Il s'agissait d'une tige munie à son extrémité d'une pince, dans laquelle on insérait une seringue. Il suffisait alors d'introduire la tige dans la cage et de piquer le singe sans avoir à s'en approcher. Il fallait aussi un instrument pour immobiliser les singes. On utilisait un manche à balai équipé d'un U rembourré qui enserrait le singe contre le mur de la cage sans le blesser. Une fois l'animal immobilisé, Jerry prenait la tige et injectait au singe une double dose de kétamine, un anesthésique général. Ils passèrent ainsi de cage en cage, injectant le produit à tous les singes. Ceux-ci ne tardèrent pas à s'affaisser. Dès qu'un singe se couchait, Jerry lui faisait une piqûre de Rompun, un sédatif qui l'endormait profondément.

Quand tous les singes furent assoupis, ils dressèrent

deux tables en acier inoxydable, et sortirent les singes inconscients l'un après l'autre pour leur prélever du sang, et leur administrer la troisième injection — cette fois d'un produit mortel, le T-61. Dès qu'un singe était cliniquement mort, le capitaine Steve Denny l'ouvrait et prélevait aux ciseaux des échantillons de foie et de rate qu'il plaçait dans des flacons en plastique. D'autres hommes mettaient ensuite les singes morts dans des sacs en plastique avant de les enfermer dans des « cartons à chapeau » qu'ils empilaient dans le couloir. Dalgard était retourné dans son bureau situé sur le devant de l'immeuble. Il ne le quitta pas du reste de la journée.

En fin d'après-midi, tous les singes de la salle H avaient été tués. Les membres de l'équipe d'intervention sortaient de la zone chaude deux par deux et attendaient ensuite sur la pelouse en vêtements civils, pâles, affaiblis, pensifs. Derrière l'immeuble, dans le petit bois couvrant la colline, des enfants couraient en jouant, et leurs cris portaient loin dans l'air frais de décembre. Leur père ou leur mère arrivaient en voiture pour les chercher. Au loin, les monuments et les immeubles de Washington commençaient à s'éclairer. On était vendredi soir, la fin de la semaine suivant Thanksgiving. Deux jours de calme avant que commence la saison de Noël. Le vent fraîchit et souleva sur les parkings du quartier des affaires les gobelets en carton et les paquets de cigarettes vides qui gisaient sur le sol. Non loin de là, à l'hôpital, Jarvis Purdy se remettait de sa crise cardiaque.

*

* *

De retour à l'Institut, Nancy Jaax recommença ses dissections, qu'elle poursuivit jusqu'à une heure du matin avec Ron Trotter.

Cette fois, les signes de l'Ébola étaient évidents. Nancy vit ce qu'elle décrivit comme « des lésions horribles de l'abdomen » chez certains animaux, dont les intestins avaient pelé, ce qui est un signe classique de la maladie. Le ventre était plein de sang non coagulé, en flaque. Le sang des singes avait d'abord formé des caillots dans les muscles, ce qui avait bloqué la circulation du sang dans le ventre, entraînant la nécrose des cellules intestinales — c'est-à-dire que les intestins étaient morts — à la suite de quoi le ventre s'était rempli de sang. Des intestins morts... c'était le genre de chose qu'on voyait dans des carcasses en décomposition. Selon les termes de Nancy, « on aurait dit que les animaux étaient morts depuis trois ou quatre jours ». Et pourtant leur décès ne remontait qu'à quelques heures. Certains étaient même liquéfiés à tel point que Trotter et elle ne jugèrent pas utile de les autopsier. Ils prélevèrent juste des échantillons du foie et de la rate. Certains singes mourants de la salle H n'étaient plus qu'un sac de bouillie et d'os mêlés à d'énormes quantités de virus amplifié.

4 décembre, 7 h 30, lundi

Le congé de fin de semaine était terminé. Ce lundi froid et rude, le vent amenait l'odeur de la neige. Dans les galeries marchandes autour de Washington, étaient accrochées les lumières de Noël. Les parkings, encore vides, se rempliraient dans la journée de voitures, et les boutiques de parents et d'enfants. Les enfants feraient la queue pour voir le Père Noël dans son fauteuil. Dan Dalgard partit pour le Pavillon des singes, banlieusard parmi tant d'autres, noyé dans les bouchons du matin.

Il arriva au parking. En s'approchant du bâtiment, il vit un homme debout devant la porte principale, près d'un arbre. Il portait une combinaison blanche Tyvek. C'était un des gardiens. Dalgard était furieux : il avait donné ordre de ne jamais sortir du bâtiment avec un masque ou une combinaison de protection. Il sauta de sa voiture, en claqua la portière et courut presque dans l'allée. En approchant, il reconnut l'homme, que nous appellerons Milton Frantig. Plié en deux, les mains sur les genoux, il sembla ne même pas voir Dalgard ; son regard restait fixé sur l'herbe. Soudain tout son corps se convulsa et du liquide sortit de sa bouche. Il vomit à nouveau, et le bruit résonna dans le parking.

UN HOMME TOMBE

Selon ses propres mots, tandis qu'il contemplait l'homme en train de rendre ses tripes sur la pelouse, Dalgard était « mort de peur ». A cet instant, pour la première fois peut-être, l'horreur absolue de la crise qui frappait le Pavillon des singes le toucha de plein fouet. Milton Frantig était plié en deux, étranglé, suffoquant. Quand ses vomissement se calmèrent, Dalgard l'aida à rentrer et le fit s'allonger sur un canapé. Deux employés étaient maintenant malades, puisque Jarvis Purdy était toujours à l'hôpital pour sa crise cardiaque. Milton Frantig, cinquante ans, souffrait d'une toux chronique, bien qu'il ne fumât pas. Il s'occupait des singes pour Hazleton depuis plus de vingt-cinq ans ; Dalgard le connaissait bien, et l'appréciait. Il se sentit secoué, malade de peur et de culpabilité. « J'aurais peut-être, pensa-t-il, dû évacuer le bâtiment la semaine dernière... Est-ce que je n'ai pas fait passer l'intérêt des singes et de l'entreprise avant celui des humains ? »

Milton Frantig était pâle et tremblant ; il se sentait faible. Il eut de violents haut-le-cœur. Dalgard lui trouva un seau en plastique. Entre les spasmes, interrompus par des crises de toux, Frantig s'excusait d'avoir quitté le bâtiment en tenue de protection. Il raconta qu'il venait juste de mettre sa combinaison et son respirateur pour aller voir les singes quand il s'était soudain senti mal. Peut-être les odeurs lui avaient-elles donné la nausée, parce que les salles des singes n'étaient plus nettoyées aussi régulièrement. Il avait senti qu'il allait vomir, et comme il ne trouvait rien et qu'il ne pouvait pas se retenir assez longtemps pour gagner les toilettes, il était sorti.

Dalgard voulut prendre sa température, mais personne ne put trouver un thermomètre qui n'avait pas été utilisé pour prendre la température rectale d'un singe. Il envoya Bill Volt à la pharmacie en acheter un. Quand il rentra, ils constatèrent que Frantig avait une très forte fièvre. Bill Volt tournait en rond dans la pièce, tremblant de terreur, perdant toute retenue ; « la terreur le rendait hystérique », raconta Dalgard plus tard ; il ressentait la même chose.

Milton Frantig restait le plus calme des trois. Contrairement à Dalgard et Volt, il ne semblait pas effrayé. Chrétien pratiquant, il déclarait que, si le Seigneur voulait le rappeler à lui, il y était prêt. Il pria un peu, se souvenant des passages qu'il préférait dans la Bible, et ses spasmes se calmèrent. Bientôt, reposant calmement sur le canapé, il dit qu'il se sentait un peu mieux.

« Ne bougez pas, lui dit Dalgard. Ne quittez pas le Pavillon. »

Il sauta dans sa voiture et se précipita aux bureaux de Hazleton Washington, sur Leesburg Pike. Le trajet ne dura pas longtemps, mais en arrivant, il avait pris une décision : le Pavillon des singes devait être évacué. Immédiatement.

Sur quatre employés qui y travaillaient, deux étaient bons pour l'hôpital. Un homme avait eu des problèmes cardiaques, et l'autre maintenant avait de la fièvre et vomissait. D'après ce que Dalgard savait du virus Ébola, ces deux symptômes pouvaient être les signes d'une infection. Ils avaient fait des courses, vu des amis, mangé au restaurant et probablement fait l'amour avec leur femme. Dalgard ne voulait même pas imaginer les conséquences.

Il monta directement au bureau du directeur. « On a deux types à l'hôpital », lui dit-il.

Puis il décrivit ce qui arrivait à Frantig, et en pensant au nombre d'années où le gardien avait travaillé sous ses ordres, il se mit à pleurer. Il ne pouvait plus se contrôler, et il s'effondra en larmes. Puis il essaya de se ressaisir.

« Je recommande, dit-il entre deux sanglots, que les lieux soient... fermés... dès que possible. Je recommande qu'on ferme et... qu'on place les choses sous la responsabilité de l'armée. Cette foutue maladie rôde depuis octobre, on n'a pas eu de victimes, et tout d'un coup, deux types à l'hôpital. Je me disais toujours que, s'il y avait un risque réel pour l'homme, on le saurait déjà. Nous avons joué trop longtemps avec le feu. »

Le directeur sympathisa avec lui et approuva l'évacuation et la fermeture du Pavillon. Retenant ses larmes, Dalgard se rendit dans son bureau, où il trouva un groupe de représentants du CDC qui l'attendaient. Il eut l'impression que jamais il ne serait soulagé de cette pression qui l'écrasait. Ils étaient venus à Hazleton pour commencer la surveillance de tous les employés ayant été exposés au virus. Dalgard leur dit qu'il revenait du Pavillon et qu'un homme vomissait.

« J'ai recommandé que le Pavillon soit évacué, dit-il. Je pense que le bâtiment et les singes doivent être remis aux gens de l'USAMRIID qui ont l'équipement et le personnel pour tout régler en toute sécurité. »

Les représentants du CDC écoutèrent et ne protestèrent pas.

La question de Milton Frantig, qui gisait toujours sur son canapé avec ordre de ne pas bouger, se posa ensuite. Dans la mesure où le CDC avait la charge des aspects humains de l'épidémie, il lui incombait de s'occuper de Frantig, et le CDC ordonna qu'il soit transféré à l'hôpital de Fairfax, non loin du Pavillon.

Il était 9 h 20 du matin. Dalgard transpirait, cramponné à son téléphone. Il appela C.J. Peters à Fort Detrick, et lui dit qu'il avait un gardien malade. De sa voix sèche et calme, sans trace de ses récentes larmes, il dit à Peters :

« Vous avez l'autorisation de considérer que le Pavillon et tous les animaux sont placés sous la responsabilité de l'USAMRIID. »

Peters se méfia de l'expression « sous la responsabilité de l'USAMRIID ». Cela signifiait que, si quelque chose se passait mal, et que des gens mouraient, l'armée serait tenue pour responsable et pourrait être poursuivie. Peters voulait prendre le contrôle du bâtiment et l'« irradier », mais il ne tenait pas à s'exposer à des poursuites judiciaires. Il répondit à Dalgard que la sécurité de ses subordonnés et de la population en général était pour lui le plus important, mais qu'il devait obtenir l'approbation du haut commandement. Il promit de rappeler dès que possible avec l'accord officiel.

Puis ils parlèrent du malade, et Peters apprit qu'on allait l'emmener à l'hôpital de Fairfax. Cela l'ennuya beaucoup. Il se dit qu'il fallait considérer que ce type était en train de déclarer l'Ébola. Était-il bien raisonnable de conduire un malade présentant ces symptômes dans un hôpital municipal ? Quand on savait ce que l'Ébola avait fait dans les hôpitaux en Afrique... Il valait mieux amener cet homme à l'Institut, et l'enfermer au Claquoir.

Dès qu'il eut raccroché, Peters appela Joe McCormick, qui dirigeait l'équipe du CDC sur place et il lui dit à peu près :

« Je sais que vous pensez qu'on n'a besoin de rien d'autre que d'une tenue et d'un masque de chirurgien pour s'occuper d'un malade de l'Ébola, mais je crois qu'il nous faut un degré de sécurité plus élevé. »

Il proposa d'aller prendre le malade avec une ambulance de l'armée, de le placer sur un brancard-bulle et de l'admettre à la clinique de niveau 4 de l'Institut, au Claquoir.

Peters se souvient que McCormick lui répondit quelque chose comme :

« Je veux avoir ce type sous la main à l'hôpital de Fairfax.

— D'accord, répondit Peters. Je crois une chose, Joe, et vous en croyez une autre. Nous ne sommes pas d'accord. Quoi qu'il en soit, que va-t-il arriver au personnel médical de l'hôpital de Fairfax, ou à vous, Joe, si le virus de l'Ébola se répand à travers l'hôpital ? »

McCormick ne voulut rien savoir. Il avait été confronté à l'Ébola en Afrique, et il n'était pas tombé malade. Il avait travaillé des jours d'affilée dans une hutte en terre souillée de sang gorgé de virus, à genoux près de gens qui s'effondraient, saignés à blanc. Un masque et des gants suffisaient pour éviter l'Ébola. Le type du pavillon irait à l'hôpital de Fairfax. McCormick en prenait l'entière responsabilité.

*

* *

Un camion de télévision arriva au Pavillon des singes, envoyé par la chaîne 4 de Washington. Les occupants du Pavillon regardèrent à travers les rideaux, et quand les journalistes vinrent sonner à la porte, personne ne répondit. Dalgard avait très clairement interdit qu'on parle aux médias. Mais, à ce moment précis, une ambulance de l'hôpital de Fairfax arriva pour emmener Frantig. La coordination n'aurait pu être meilleure. Les électriciens allumèrent les projecteurs, et on commença à filmer la scène. La porte du pavillon s'ouvrit, et Milton Frantig, toujours en combinaison Tyvek, si nerveux qu'il semblait à demi mort, tituba jusqu'à l'ambulance. Un infirmier ouvrit les portes à l'arrière du véhicule et Frantig monta dedans tout seul avant de s'allonger sur la civière. On referma les portes et l'ambulance repartit, l'équipe de télévision à ses trousses. Quelques minutes plus tard, les deux véhicules entraient à l'hôpital de Fairfax. On plaça Frantig dans une chambre d'isolement, dont l'accès n'était autorisé qu'aux seuls médecins et infirmières, à condition qu'ils portent des gants de caoutchouc, une blouse et un masque de chirurgien. Frantig dit qu'il se sentait mieux, pria le Seigneur et regarda un peu la télévision.

Au Pavillon des singes, la situation était devenue

insupportable pour les employés restants. Ils avaient vu successivement des gens en combinaison spatiale, Frantig en train de vomir dans l'herbe, la télévision prendre l'ambulance en chasse. Ils quittèrent précipitamment les lieux et verrouillèrent derrière eux.

Il restait quatre cent cinquante singes vivants dans le bâtiment, et leurs appels et leurs cris résonnaient dans les couloirs vides. Il était 11 heures du matin. De l'autre côté de la rue, chez McDonald's, on commençait à se préparer pour la foule du déjeuner. Des flocons tombaient de temps à autre. Le temps virait au froid. Dans le Pavillon, le système de conditionnement de l'air ne fonctionnait toujours pas. La température, à l'intérieur, était encore supérieure à trente degrés, et l'ensemble s'était transformé en une sorte de forêt dense, humide, puante, pleine du bruit des singes. Les animaux avaient faim, maintenant, parce qu'on ne leur avait pas distribué leurs biscuits du matin. Dans chacune des salles, certains avaient le regard fixe et un visage inexpressif ; chez quelques-uns, du sang coulait par les orifices de leur corps, et tombait dans les plateaux métalliques sous leur cage : *ping, ping, ping.*

TANGO

La crise empirait à Reston. Dalgard avait le sentiment de perdre le contrôle des événements. Il organisa une réunion avec les cadres supérieurs de son entreprise et les informa de la situation : deux employés étaient touchés, et le second avait sûrement l'Ébola. Il leur annonça qu'il avait proposé de remettre le Pavillon aux mains de l'armée. Ils approuvèrent sa décision, mais ajoutèrent qu'ils voulaient un accord de l'armée couché par écrit. De plus, ils demandaient que celle-ci accepte d'assumer la responsabilité légale du bâtiment.

Dalgard appela alors C.J. Peters pour que l'armée assume toutes les responsabilités dès lors qu'elle aurait pris l'affaire en main. C.J. refusa net. Mais il considérait que le risque d'épidémie avait atteint des proportions qui nécessitaient qu'une décision soit prise. Dalgard proposa de lui envoyer par télécopie une lettre d'accord transférant le Pavillon des singes à l'armée. Ils en discutèrent les termes, et C.J. en personne porta la lettre au bureau du général Philip Russell. Ils choisirent de ne pas la montrer à un avocat de l'armée. Ils n'avaient pas besoin de discussions juridiques, mais d'une vision claire et d'une action rapide.

« C'est à nous d'établir le bon droit et d'en convaincre les avocats par la suite », dit Russell.

Ils signèrent la lettre, la renvoyèrent à Dalgard, et le Pavillon des singes tomba aux mains de l'armée.

Jerry Jaax devrait emmener cette fois dans le Pavillon une équipe beaucoup plus importante. Le nombre d'animaux dont il faudrait s'occuper était affolant. Ses troupes étaient composées de bleus, et lui-même n'avait jamais connu l'épreuve du feu. En conséquence, il ne pouvait savoir comment lui ou ses hommes allaient réagir face à une situation chaotique, confrontés à la peur intense d'une mort très désagréable.

10 h 30, lundi

Jerry était l'officier commandant à l'Institut le 91-Tango. Les techniciens préposés aux soins des animaux de l'armée sont classés 91-T, ce qui devient 91-Tango en jargon militaire. A l'USAMRIID, ils s'occupent de chevaux, de moutons, de lapins, de souris et de singes. Les plus jeunes du 91-Tango ont dix-huit ans, et ne sont que des soldats de deuxième classe. Tandis que l'ambulance emmenait Milton Frantig à l'hôpital, Jerry les réunit ainsi que son personnel civil dans une salle de conférence de l'Institut. La plupart des soldats étaient jeunes, presque sans aucune expérience des combinaisons spatiales, alors que les civils, plus âgés, souvent spécialistes du niveau 4, portaient quotidiennement des combinaisons Chemturion. La pièce était pleine, et certains avaient dû s'asseoir par terre.

« Le virus Ébola, ou un agent semblable à l'Ébola, leur dit-il, est potentiellement très dangereux pour la santé publique dans une zone peuplée comme la nôtre. Nous allons devoir régler cette situation. Comme certains d'entre vous le savent, nous avons travaillé sur l'Ébola à l'Institut. Il entraîne une forte mortalité, et on ne connaît ni soin ni traitement. Il n'est pas extrêmement contagieux, à moins d'avoir un contact direct avec du sang ou des produits sanguins. On ne peut cependant pas éliminer toute possibilité de transmission par voie aérienne. Nous allons devoir manipuler de grandes quantités de sang, et utiliser aussi des instruments tranchants. Nous entrerons vêtus de combinaisons d'isolation biologique jetables. »

La salle resta silencieuse pendant qu'il parlait. Il ne mentionna pas qu'un homme avait été touché, parce qu'il l'ignorait. C.J. Peters ne lui en avait rien dit, pour le moment il préférait rester discret sur cette dernière étape de la crise.

« Nous recherchons des volontaires, dit Jerry à ses troupes. Y a-t-il quelqu'un dans cette pièce qui *ne veut pas* y aller ? Personne ne peut vous y forcer. »

Comme personne ne se manifestait, Jerry parcourut la pièce du regard et désigna les membres de l'équipe.

« Oui, il part. Elle aussi, oui, vous aussi. »

Il y avait, dans l'auditoire, une femme sergent nommée Swiderski, dont Jerry décida qu'elle ne ferait pas partie de l'équipe, parce qu'elle était enceinte. L'Ébola avait des effets particulièrement horribles sur les femmes enceintes.

Jaax rameutait ses troupes pour exécuter sans préparation une mission à haut risque, dont aucune unité de combat de l'armée ne pouvait s'acquitter. Il n'y aurait pas de prime de risque comme dans une zone de guerre. L'armée avait une théorie concernant ce type d'intervention : le travail en combinaison spatiale n'était pas dangereux... parce qu'on portait une combinaison spatiale ! Les deuxième classe toucheraient leur solde habituelle : sept dollars de l'heure. Jerry leur ordonna de ne parler de l'opération à personne, pas même aux membres de leur famille.

« Si vous avez tendance à souffrir de claustrophobie, retirez-vous dès maintenant », conclut-il.

Il leur demanda d'arriver en vêtements civils à 5 heures le lendemain matin à la plate-forme de chargement de l'Institut.

Nuit du 4 au 5 décembre

Les soldats ne dormirent guère cette nuit-là, et Gene Johnson non plus. Il était terrifié pour « les gosses », comme il les appelait. Il avait connu sa part de frayeurs avec les agents chauds. Une fois, au Zaïre, il s'était piqué avec une aiguille alors qu'il faisait une prise de sang à une souris, dont on avait des raisons de penser qu'elle était infectée. Si bien qu'on avait emmené Gene par avion jusqu'à l'Institut où il avait été placé au Claquoir pendant trente jours. « Ça n'a pas été vraiment drôle, se rappelle-t-il. Vous comprenez, ils me traitaient comme si j'allais mourir. On me donnait des ciseaux à bouts ronds pour me couper la barbe, parce qu'on craignait que je ne veuille me suicider ; on m'enfermait à clé la nuit. » Dans la grotte de Kitum, alors qu'en combinaison spatiale il disséquait des animaux, il s'était blessé trois fois avec ses instruments. A trois reprises, sa combinaison avait été perforée et sa peau blessée et souillée du sang des animaux. Il avait eu une chance incroyable de ne pas attraper le Marbourg, ni rien d'autre. Il éprouvait une profonde crainte pour ce qui vivait dans le Pavillon des singes.

Johnson habitait une maison victorienne au flanc du mont Catoctin. Il resta assis dans son bureau presque toute la nuit pour réfléchir à la façon de procéder. Chaque mouvement du corps dans une zone chaude doit être réfléchi et contrôlé. Il se dit : « Où ce virus va-t-il t'avoir ? Dans les mains. Les mains sont le point faible. Ce sont les mains, avant tout, qu'il faut contrôler. »

Il s'enfonça dans un fauteuil et leva ses mains devant ses yeux pour les étudier. Quatre doigts et un pouce en opposition. Exactement comme une main de singe. Sauf que les siennes étaient reliées à un cerveau humain, et qu'elles seraient enfermées et protégées par la technologie.

Il se leva et fit bouger ses mains dans le vide. Il faisait une piqûre à un singe, puis le transportait jusqu'à une table où il le posait. Il était en zone chaude. Il incisait l'abdomen du singe, plongeait ses mains dans le lac sanglant, empli d'agents chauds amplifiés. Ses mains protégées par trois couches de caoutchouc étaient couvertes de sang et d'agent chaud. Il comprit combien il était facile de se couper pendant une opération sur le terrain.

Il s'interrompit pour coucher quelques notes sur un

papier, puis revint à sa zone chaude imaginaire. Il insérait une paire de ciseaux dans le singe et prélevait un morceau de rate, qu'il tendit à quelqu'un. Où se tiendrait cette personne ? Derrière lui ? Maintenant, il tenait une seringue. « Bien, j'ai une aiguille dans la main et c'est un objet mortel. Je la tiens dans ma main droite, puisque je suis droitier. En conséquence, mon assistant doit se trouver à ma *gauche*, loin de l'aiguille. Maintenant, que feront les mains de mon assistant ? et celles de tous les autres ? » Au petit matin, il avait couvert plusieurs pages de notes : le scénario d'une dissection en milieu biologique à haut risque.

*

* *

Jerry Jaax quitta la maison à 4 heures du matin. Nancy dormait encore. Il retrouva Gene Johnson à la plate-forme de chargement, et ils étudièrent ensemble le scénario de Gene, que Jerry mémorisa. Les membres de l'équipe arrivaient peu à peu. Un grand nombre d'hommes venaient à pied de la caserne. Ils attendaient les ordres. Les projecteurs qui éclairaient la scène perçaient la nuit. Jerry avait décidé de regrouper les gens par couples pour travailler dans le Pavillon, puis d'indiquer l'ordre dans lequel ils entreraient dans le bâtiment. Finalement, il se leva et lut à ses hommes la liste à laquelle il était parvenu. Ils montèrent dans leurs véhicules — un camion réfrigéré blanc, deux minibus, une camionnette, une ambulance blanche avec brancard bulle et un certain nombre de voitures civiles, le tout sans aucune marque distinctive de l'armée — et prirent la direction de Reston. Le cortège fut pris à nouveau dans les embouteillages de l'heure de pointe, et n'avança plus que lentement, entouré d'hommes d'affaires encore à demi endormis buvant du café dans des gobelets isothermes et écoutant à la radio les points sur la circulation. En arrivant au Pavillon, les véhicules s'alignèrent sur la pelouse et les groupes se formèrent dans la zone d'équipement.

Quand tout le monde fut rassemblé à l'arrière du bâtiment, Gene Johnson demanda le silence. Ses yeux enfoncés et sombres trahissaient des nuits sans sommeil.

« Nous ne sommes pas ici pour jouer à un jeu, dit-il. C'est la réalité. Enrayer une épidémie biologique de niveau 4 n'est pas une séance d'entraînement. Il y a un élément nouveau que vous devez connaître. Il est possible que le virus ait été transmis à des hommes. Deux personnes sont malades et hospitalisées. Il s'agit de deux des gardiens qui travaillaient ici. Nous sommes particulièrement inquiets pour l'un d'eux. Hier matin, il est tombé malade. Il a vomi et sa fièvre est montée fortement. Il est à l'hôpital et nous ne savons pas encore s'il a déclaré l'Ébola. Je crois que je voudrais que vous compreniez qu'il n'a *pas* été mordu par un animal, qu'il ne s'est *pas* coupé, ni piqué avec une aiguille. Ainsi donc, il existe une possibilité qu'il ait attrapé le virus par transmission aérienne. »

Jerry Jaax écouta cette déclaration avec un sentiment d'horreur croissant. Il ne savait pas qu'un homme était tombé malade. Personne ne le lui avait dit ! Maintenant, il craignait qu'il y eût des victimes.

C'était une journée glaciale et grise. Les arbres derrière le Pavillon s'étaient dénudés, et les feuilles mortes volaient sur la pelouse. A la crèche, les parents continuaient de déposer leurs enfants, qui jouaient dehors, sur les balançoires, leurs voix claires et joyeuses résonnant dans l'air froid. Johnson continua :

« Tout le monde doit se comporter comme si le virus Ébola était contagieux par voie aérienne. Vous connaissez les risques et les mesures de prudence. »

Ses yeux se posèrent sur Nicole Berke, dix-huit ans, première classe, très jolie avec ses longs cheveux blonds. « Qui est-elle ? se demanda-t-il. Je ne l'avais encore jamais vue. Elle doit appartenir au contingent de Jerry. Ce ne sont que des gosses, et ils ne savent pas ce qui les menace. J'espère que tout va marcher. »

« J'insiste pour que vous suiviez la procédure à la lettre, conclut-il. Si vous avez des questions, posez-les.

— Aucune question n'est stupide, insista Jerry Jaax. Si vous en avez, allez-y !

— Combien de temps cela va-t-il nous prendre, monsieur ? demanda Nicole Berke, qui ne savait pas si elle aurait l'occasion d'entrer dans le Pavillon.

— Jusqu'à ce que tous les singes soient morts. Il y en a quatre cent cinquante. »

« Oh, Seigneur ! se dit la jeune fille. *Quatre cent cinquante singes* — on n'en finira jamais ! »

Il y eut peu de questions. Les gens étaient tendus, silencieux, renfermés sur eux-mêmes. Jerry Jaax pénétra dans l'aire d'équipement et l'équipe de soutien l'aida à mettre sa combinaison Racal. On lui posa le casque et la pompe à air se mit en route. En compagnie du sergent Thomas Amen, il passa dans le sas. La porte se referma derrière eux, et ils se retrouvèrent dans le noir, face à cet ennemi invisible et non humain. Ils parvinrent à tâtons jusqu'au bout du couloir, ouvrirent la porte et passèrent du côté chaud.

Les lieux n'avaient pas été nettoyés depuis plusieurs jours. Les employés étaient partis en hâte. Ils trouvèrent des biscuits pour singes émiettés par terre, des papiers sales, des chaises renversées dans les bureaux. Jerry et le sergent prirent à gauche, puis encore à gauche et commencèrent à explorer le bâtiment. Ils avançaient lentement, avec précaution, dans leur combinaison, comme des plongeurs découvrant une épave en eau profonde. Jerry prit un petit couloir qui ouvrait sur d'autres salles pleines de singes. Dans l'une d'elles, tous les animaux le regardèrent. Soixante-dix paires d'yeux de singes étaient fixées sur une paire d'yeux humains, abritée derrière une visière. Les animaux furent pris de folie. Ils avaient faim et espéraient qu'on allait les nourrir. Ils avaient souillé leur salle, lancé leurs biscuits en tous sens, et repeint les murs à la main avec leurs excréments. Les murs étaient striés jusqu'au plafond de gribouillages, de messages à la race humaine, des messages de dérision, nés dans des cerveaux de primates.

Jerry et le sergent trouvèrent des sacs de biscuits et passèrent dans chaque salle nourrir les animaux. Ils allaient bientôt mourir, mais Jerry ne voyait pas pourquoi on les ferait souffrir plus que nécessaire. Tout en les nourrissant, il les inspectait pour déceler les signes de l'Ébola. Dans de nombreuses salles, il trouva des animaux aux yeux ternes et sans énergie. Certains avaient le nez qui coulait, et d'autres des sortes de croûtes vertes tachées de sang autour des narines. Il vit les flaques de sang dans les plateaux, sous les cages. Du sang sorti du rectum des animaux. Ce spectacle le bouleversa : l'agent chaud s'était répandu dans tout le bâtiment. Certains singes toussaient ou éternuaient, comme s'ils avaient la grippe. Il se demanda s'il contemplait une forme mutante de l'Ébola, une sorte de grippe-Ébola contagieuse par voie aérienne. Il ne savait pas ce qu'était réellement cet agent, ni ce qu'il pouvait faire, mais il avait le sentiment, au fond de lui, que si cette chose s'échappait, elle serait une cause d'épouvante. L'épouvante serait que cet agent chaud se diffuse dans la population. Il chassa cette idée ; c'était trop effrayant. Une couche de sueur se déposa sur la bulle de plastique qui lui entourait la tête, et il lui devint difficile de voir clairement les singes. Mais il pouvait les entendre qui criaient, qui appelaient par-delà le ronronnement du souffle d'air.

*

* *

Plusieurs membres de l'équipe passèrent la demiheure suivante dans la salle d'équipement. Ils avaient entrepris de sortir les seringues de leur enveloppe stérile et d'y adapter des aiguilles, pour qu'elles soient toutes prêtes à être utilisées. A quelques pas des soldats, le capitaine Mark Haines s'habillait, tout en leur parlant. Il voulait qu'ils gardent certaines choses présentes à l'esprit.

« Vous allez procéder à l'euthanasie de tous les animaux qui remplissent ce bâtiment. Ce n'est pas une opération amusante. Ne vous attachez pas aux singes. Ils mourront de toute façon. Il faut qu'ils y passent tous, jusqu'au dernier. Ne considérez pas que votre rôle consiste à les tuer, mais à arrêter la prolifération d'un virus pour lui interdire d'aller ailleurs. Vous devez considérer ces animaux comme des êtres respectables. Je ne veux entendre ni rires ni plaisanteries en leur présence. Je peux me montrer très dur. Souvenez-vous de la mission de tout vétérinaire : vous avez une responsabilité envers les animaux et vous avez une responsabilité envers la science. Ces animaux ont donné leur vie à la science. Ils ont été piégés. Ce n'est pas de leur faute. Ils n'ont rien à se reprocher. Ne quittez pas votre compagnon des yeux. Ne tendez jamais une aiguille utilisée à quelqu'un d'autre. Si une aiguille sort de sa gaine, c'est pour aller directement dans un animal. Placez les seringues usagées dans le conteneur prévu à cet effet. Si vous vous sentez fatigué, dites-le à votre supérieur, et on vous décontaminera pour vous permettre de sortir. »

Il se détourna d'eux, ouvrit la porte et entra dans le sas avec son compagnon.

« Suivant ? demanda Gene Johnson en consultant la liste. Godwin ! C'est à vous. »

Le deuxième classe Charlotte Godwin sortit en courant pour monter dans le camion, tira le rideau de plastique et enleva tous ses vêtements. Elle enfila ensuite la tenue de chirurgien, les chaussettes et le bonnet. Il faisait un froid brutal dans le camion, et elle se sentit gênée et vulnérable.

Elle retraversa la pelouse en courant jusqu'à la zone d'équipement et s'arrêta près du sergent Klages.

« T'es un peu petite, lui dit quelqu'un. On a une combinaison spéciale pour toi. »

La combinaison n'avait rien de spécial. Immense, elle

était taillée pour une armoire à glace. Et elle ne mesurait même pas un mètre soixante ! On aurait dit qu'elle était dans un sac. L'équipe de soutien lui enserrait maintenant les poignets et les chevilles dans du ruban adhésif, et la pompe à air entra en action. Un photographe de l'armée prit quelques clichés pour les archives, et tandis que le flash l'éblouissait, elle se dit : Mon Dieu, ce bonnet ressemble à un chapeau de clown ! C'est Bozo sur la Lune ! On ne verra pas mes cheveux, et la combinaison est ridiculement trop grande pour moi. Elle me grossit. C'est bien ma chance ! Il a fallu qu'on me photographie comme ça...

Elle se traîna dans la zone grise, emportant des boîtes de fournitures, et sentit monter en elle une poussée d'adrénaline. Puis elle remarqua l'odeur, vraiment affreuse, qui franchissait tous les filtres. Son compagnon ouvrit la porte du fond et ils entrèrent. Les ondulations de sa visière en plastique modifiaient sa vision, comme si elle regardait dans un miroir déformant. L'odeur des singes était insupportable. Et tout était si calme. Les pavillons de singes ne sont pourtant pas des endroits silencieux. Ce silence la troubla plus encore que l'odeur ou la chaleur.

Une porte s'ouvrit et le colonel Jaax apparut.

« COMMENCEZ À REMPLIR LES SERINGUES. DOUBLE DOSE DE KÉTAMINE.

— OUI, COLONEL, répondit-elle.

— LE SERGENT ET MOI ALLONS NOUS OCCUPER DES SINGES DE CETTE SALLE. »

Charlotte entreprit de remplir les seringues d'anesthésique en enfonçant l'aiguille dans les flacons. Jerry Jaax prenait chaque seringue pleine, la fixait à l'extrémité de la longue tige qui lui évitait d'approcher les animaux ; le sergent utilisait le manche à balai terminé par un U rembourré et immobilisait le singe pour que Jerry puisse administrer la piqûre. Mais il fallait ouvrir la porte, ce qui faisait de cette opération la plus dangereuse de toutes : un singe pouvait vouloir attaquer ou s'échapper. Ils ouvrirent les cages une à une et les singes reçurent leur injection de kétamine.

Les salles comportaient deux rangées de cages superposées. Celles du bas étaient presque au niveau du sol, et très sombres. Jerry devait s'agenouiller pour regarder à l'intérieur. Il ne voyait presque rien à travers sa visière et ses genoux le torturaient.

Il ouvrait une porte, le sergent glissait le manche à balai dans la cage, le singe se débattait pour lui échapper, puis le sergent criait :

« ÇA Y EST. IL EST COINCÉ. »

Jerry introduisait alors la tige dans la cage et visait la cuisse. Le singe griffait et se débattait en criant *Kra ! Kra !* et l'aiguille s'enfonçait. Jerry commençait à se dire qu'il n'avait jamais rien accompli d'aussi difficile dans sa carrière de vétérinaire.

D'autres couples entraient dans le bâtiment. Jerry les rassembla dans le couloir et leur ordonna :

« ARRÊTEZ TOUTES LES CINQ OU DIX MINUTES ET VÉRIFIEZ QUE LA COMBINAISON DE VOTRE PARTENAIRE EST INTACTE. FAITES TRÈS ATTENTION. FAITES IMPÉRATIVEMENT DES PAUSES POUR VOUS REPOSER, DIX MINUTES TOUTES LES HEURES. J'INSISTE. QUAND ON EST FATIGUÉ, ON DEVIENT NÉGLIGENT. »

Chaque fois qu'il ouvrait une salle, il voyait une multitude d'yeux qui le regardaient. Certains singes secouaient leur cage et l'onde de bruit se répandait à travers la pièce. A l'évidence, ces animaux étaient malades. Leur poil était rêche et emmêlé. Certains restaient assis au fond de la cage, sans bouger, et le regardaient de leurs yeux rougis et ternes entre des paupières à peine ouvertes dans un visage inexpressif. Parfois leur nez coulait, ensanglanté. Parfois ce n'était pas du sang qui coulait du nez, mais une sorte de liquide transparent, comme s'ils avaient un rhume. Le rhume Ébola.

Il décida d'établir une zone de nettoyage du sang dans une petite pièce près des bureaux, sur le devant du bâtiment. Cette pièce comportait une douche et une bonde d'évacuation dans le sol. Ils laveraient là tout ce qui était taché de sang et les instruments utilisés, mais avec de l'eau de Javel, pour ne pas infecter les égouts de la ville. Il ne voulait pas que cette chose gagne le système d'épuration d'eau. Ils trouvèrent trois tables d'examen en métal montées sur roulettes et les transportèrent dans la pièce. Jerry répartit les tâches entre chaque équipe : l'une réceptionnerait les singes et leur prélèverait du sang, une autre s'acquitterait des euthanasies et une troisième effectuerait les autopsies pour prendre des échantillons avant d'évacuer les cadavres dans les sacs prévus à cet effet.

Ils formaient une sorte de chaîne. Toutes les cinq minutes environ, Jerry Jaax arrivait avec un singe inconscient, les bras rassemblés dans le dos, et le posait sur une table. Puis le capitaine Mark Haines piquait l'animal à la cuisse pour lui prélever du sang qu'il conservait dans divers tubes. L'animal passait ensuite au capitaine Nate Powel qui lui faisait une injection de T-61 directement dans le cœur, pour le tuer. Quand l'animal était mort, il arrivait au capitaine Steve Denny, qui ouvrait le corps avec des ciseaux et prélevait des morceaux de foie et de rate. Le foie était gris, rongé, horrible à voir.

Charlotte Godwin assistait le capitaine Denny en lui tendant les instruments. Elle le trouvait nerveux et brusque. Il sortit la rate d'un singe. Elle était tachée de blanc, et dure comme le roc, une bombe biologique à retardement, bourrée d'agents chauds. Au bout d'un moment, il tendit les ciseaux à Charlotte, lui fournissant l'occasion d'ouvrir un singe. Cela l'effraya et lui donna un choc. Elle allait pratiquer une autopsie de niveau 4, ce qu'il y avait peut-être de plus dangereux en combinaison spatiale. C'était comme de chevaucher une torpille, et elle en fut tout excitée. Ses mains travaillaient à trois pellicules de caoutchouc d'une mort pire que la mort au combat. Elle se surprit à se dépêcher d'accomplir sa tâche, pour montrer au capitaine Denny qu'elle pouvait aller plus vite que lui, mais aussi parce qu'elle voulait terminer et sortir du bâtiment le plus tôt possible. Elle remarqua que les yeux du singe étaient ouverts, comme s'il la regardait travailler. Des yeux clairs et brillants, pas du tout voilés, les iris d'un brun profond percés d'une pupille bien noire. Elle eut envie de fermer ces yeux. Elle se demanda si son visage était la dernière chose qu'ils verraient. Elle espéra que non. Elle avait une folle envie de fumer une cigarette.

A L'INTÉRIEUR

Jeudi après-midi

Les heures passaient, et les batteries commencèrent à s'épuiser. Le soir arriva tôt. Ils sentirent que le jour tombait parce que certaines fenêtres au bout des couloirs s'assombrissaient. Jerry Jaax les envoyait parfois se reposer. Ils s'asseyaient par terre, le regard vide, ou bien emplissaient les seringues de produits. Pendant ce temps, Jerry passait de l'un à l'autre, tentant d'évaluer leur degré d'épuisement.

« COMMENT ÇA VA ? VOUS ÊTES FATIGUÉ ? VOUS VOULEZ SORTIR ? »

Personne ne demanda à ressortir.

L'équipe travaillant dans les locaux restait en contact radio avec Gene Johnson, installé à l'extérieur du bâtiment. Il leur avait fourni des radios portatives à ondes courtes réglées sur une fréquence de l'armée, plutôt que des walkies-talkies ordinaires, parce qu'il ne voulait pas que quelqu'un au-dehors, en particulier les médias, pût entendre leurs conversations et les enregistrer.

A un moment, l'afflux d'air diminua chez Rhonda Williams et sa combinaison commença de s'affaisser, venant se coller à sa tenue de chirurgien trempée de sueur. Elle eut l'impression que l'air contaminé grouillait autour d'elle.

« MON AIR S'ÉCHAPPE ! » cria-t-elle.

Ses batteries faiblissaient, presque épuisées. Elle se

rendit soudain compte qu'elle n'en avait pas de rechange à sa ceinture. Tous les autres étaient déjà branchés sur leurs batteries supplémentaires.

Quand Rhonda annonça qu'elle ne recevait plus assez d'air, ce fut l'affolement. Jerry voulut l'évacuer. Il courut jusqu'au sas, où un soldat attendait avec une radio. Jerry la lui prit et appela Gene Johnson, criant à travers son casque :

« IL Y A UNE FILLE QUI N'A PLUS DE BATTERIES !

— J'en trouve une et je vous la fais passer. Vous pouvez attendre ?

— NON. ELLE SORT. ELLE NE PEUT PLUS RESPIRER. »

Soudain le soldat qui tenait la radio dit à Jerry qu'il avait une batterie de secours.

« ATTENDEZ, cria Jerry dans la radio, ON EN A TROUVÉ UNE ! »

Le soldat courut jusqu'à Rhonda et lui sourit.

« VOILÀ VOTRE BATTERIE ! »

Les autres se mirent à rire de soulagement. Il fixa la batterie à la ceinture de Rhonda. « Oh, mon Dieu ! se dit-elle, il va débrancher mes anciennes batteries ! »

« ATTENDEZ UNE MINUTE ! JE NE VAIS PLUS AVOIR D'AIR DU TOUT !

— NE VOUS EN FAITES PAS. JUSTE UNE SECONDE, LE TEMPS DE VOUS REBRANCHER. »

Rhonda tremblait. Elle se demandait si le virus avait pu pénétrer pendant les instants où la pression de l'air avait faibli. Jerry décida de la faire sortir avec Charlotte Godwin, qui semblait fatiguée.

« J'EN FAIS SORTIR DEUX », annonça-t-il par radio.

Du côté de Gene, la panique gagnait : un camion de télévision venait d'arriver et Gene ne voulait à aucun prix de caméras se mettant à tourner au moment où deux femmes en combinaisons spatiales sortiraient du bâtiment.

« Nous sommes coincés, dit-il à Jerry. On ne peut pas les faire sortir. Il y a des équipes de télé autour de nous.

— JE LES FAIS SORTIR, répliqua Jaax.

— D'accord, envoyez-les. On va pouvoir donner quelque chose à filmer aux caméras. »

Jerry frappa à la porte de la zone grise, et le décontaminateur ouvrit. Vêtu d'une combinaison spatiale, le sergent tenait un vaporisateur d'eau de Javel et une lampe torche. Rhonda et Charlotte entrèrent et le sergent leur demanda d'écarter les bras et de tourner lentement. Il examina en détail leur combinaison à la lumière de sa torche, à la recherche de toute déchirure. Soudain, Rhonda remarqua sa tête.

« VOUS AVEZ UN TROU DANS VOTRE COMBINAISON », lui dit-il.

Je *savais* que ça allait arriver, pensa-t-elle.

« OÙ VOUS L'ÊTES-VOUS FAIT ?

— JE N'EN SAIS RIEN. »

Il colla un bout d'adhésif sur le trou, puis pulvérisa les deux combinaisons pendant cinq minutes avant de faire ouvrir la porte menant à la zone d'équipement. Dès qu'elles furent sorties, l'équipe de soutien retira leur équipement. La tenue de chirurgien qu'elles portaient en dessous était trempée de sueur, et elles se mirent à frissonner de froid.

« Il y a une équipe de télévision devant le bâtiment, annonça Gene.

— J'avais un trou dans ma combinaison, déclara Rhonda. Est-ce que j'ai attrapé le virus ?

— Non. Vous aviez assez de pression à l'intérieur pour vous protéger tout le temps. Filez dans le camion et allongez-vous. Si quelqu'un vous pose des questions, fermez-la, et prévenez-moi. »

Elles n'arrivèrent pas à retrouver leurs vêtements dans le camion, et s'enroulèrent dans des manteaux qui traînaient là, s'aplatissant sur les sièges, hors de vue.

L'équipe de télévision gara son véhicule près de la porte principale du Pavillon, et le reporter, suivi d'un caméraman, alla frapper, puis sonner. N'obtenant pas de réponse, il tenta de regarder à travers les fenêtres, mais les rideaux étaient tirés, et il ne put rien voir. L'endroit était désert. Ils ne remarquèrent pas les véhicules blancs garés derrière le bâtiment, ou s'ils les remarquèrent, ils ne décelèrent aucun intérêt.

Ils retournèrent à leur camion, espérant qu'il se passerait quelque chose pour qu'ils aient de quoi enregistrer une ou deux minutes d'images, mais ils commençaient à s'ennuyer, et il faisait vraiment très froid. La lumière baissait. Il leur fallait un reportage pour les nouvelles de 18 heures. Il ne leur vint pas à l'idée de contourner le bâtiment et de pointer leur caméra contre une fenêtre. S'ils l'avaient fait, ils auraient eu de quoi alimenter à eux seuls tout le journal de 18 heures, et même le *48 heures* diffusé sur CBS. Ils auraient montré des soldats en combinaisons spatiales souillées de sang empli de virus Ébola et engagés dans la première grande opération jamais organisée contre un agent biologique ; ils auraient pu filmer des soldats sortant deux par deux dans la zone d'équipement et dépouillés de leur combinaison par l'équipe de soutien. Mais les journalistes ne firent pas le tour du bâtiment et, pour autant que je le sache, il n'existe pas une minute de vidéo sur l'action menée à Reston.

Les deux jeunes femmes restèrent allongées de longues minutes dans le camion. Puis les journalistes partirent. Gene Johnson passa la tête au coin du bâtiment, et annonça que la voie était libre. Les deux femmes s'habillèrent et se dépêchèrent d'aller derrière un pin, sur la colline boisée. Là, elles trouvèrent deux seringues hypodermiques aux aiguilles nues et visiblement usagées. Il était impossible de dire depuis combien de temps elles étaient dans l'herbe. Des soldats préposés à la sécurité mirent des gants et les ramassèrent. Ils fouillèrent la zone et en trouvèrent d'autres.

La dernière personne à sortir fut Jerry Jaax, vers 18 heures, amaigri de trois ou quatre kilos tant il avait transpiré.

Les membres de l'équipe avaient faim et soif et il n'y avait rien de prévu pour les restaurer. Un McDonald's se trouvait juste en face, à côté d'un Taco Bell. Les soldats votèrent, et la majorité se prononça en faveur du Taco Bell.

« Ne dites à personne d'où vous venez, ordonna Gene Johnson, et ne répondez à aucune question. »

Les moteurs rugissant dans le froid, les véhicules quittèrent le Pavillon des singes pour aller se garer sur le parking du Taco Bell. Les soldats entrèrent et commandèrent des tacos ainsi que des gobelets géants de Coca, et bon nombre de biscuits à la cannelle — par boîtes entières. Les employés les regardèrent, incrédules, ingurgiter cette énorme quantité de nourriture. Même en jean et sweat-shirt ils avaient l'air de soldats — les garçons étaient des costauds et portaient les cheveux courts, des lunettes de l'armée cerclées de métal. Un homme s'approcha du sergent Klages pendant qu'il attendait sa commande.

« Qu'est-ce que vous faites par ici ? On a vu tous ces camions... »

Le sergent Klages lui tourna le dos sans un mot.

UNE MAUVAISE JOURNÉE

6 décembre, mercredi

Depuis plusieurs jours et plusieurs nuits, un spécialiste de l'armée, Thomas Kzasek, travaillait en combinaison spatiale dans le laboratoire de niveau 4 pour tenter de trouver un test rapide permettant d'identifier le virus Ébola dans le sang et les tissus. Il réussit. Il créa le test Élisa, à la fois sensible, rapide et facile à réaliser. Il testa des échantillons de l'urine et du sang de Milton Frantig, le gardien qui avait vomi sur la pelouse, et qui se trouvait maintenant en isolement à l'hôpital. Ni le sang ni l'urine ne réagirent au test de l'Ébola. Il semblait bien que Frantig n'avait qu'une forme de grippe. C'était un mystère. Pourquoi ce type n'avait-il pas attrapé l'Ébola ?

Le temps se réchauffa et le soleil perça les nuages balayés par un vent qui avait viré au sud. Le deuxième jour de l'« irradiation », le mercredi, la caravane de l'armée arriva toujours avec les autres banlieusards à Reston et se déploya derrière le Pavillon. Elle avait mieux circulé que la veille. Gene Johnson plaça un projecteur dans le couloir constituant la zone grise, et à 8 heures du matin, les équipes commençaient à entrer.

Jerry Jaax pénétra le premier et nourrit les singes. Il fit sa ronde avec le sergent Amen, vérifiant chaque salle. Ils trouvèrent çà et là des singes prostrés, au nez qui coulait. Ils prirent quelques chaises dans les bureaux et les tirèrent jusqu'à un couloir où ils les placèrent en demi-cercle, pour que les soldats puissent s'asseoir pendant leurs pauses, tandis qu'ils rempliraient les seringues. Au fil des heures, on vit des militaires épuisés et des civils en combinaisons spatiales orange, hommes et femmes, le casque embué par la condensation, assis sur les chaises, occupés à remplir les seringues de T-61 ou à trier les boîtes pleines de tubes de sang. Certains parlaient en criant, d'autres se contentaient de regarder les murs.

Au milieu de la matinée, Jerry Jaax travaillait dans la salle C quand il décida de faire une pause pour se détendre et aller voir comment se portaient les autres. Il laissa la charge de la salle aux sergents Amen et Klages et sortit dans le couloir. Soudain, il y eut un violent remue-ménage dans la salle C et les singes se mirent à hurler. Jerry y retourna en courant et trouva les sergents bouleversés, en train de verrouiller la porte.

« QU'EST-IL ARRIVÉ ?

— UN SINGE S'EST ÉCHAPPÉ, COLONEL.

— ET MERDE ! » rugit Jaax.

L'animal s'était échappé alors que le sergent Amen cherchait à l'immobiliser avec sa tige et la porte de la cage était ouverte. Les deux hommes étaient immédiatement sortis en courant, fermant la porte derrière eux.

Un singe en liberté était ce que Jerry avait le plus redouté. L'animal pouvait sauter très loin, et Jerry, qui s'était déjà fait mordre par des singes dont les dents s'enfonçaient vraiment profondément, savait ce qu'on ressentait.

Ils regardèrent par la vitre. La pièce subissait une véritable explosion ; les singes tourbillonnaient dans leurs cages et les secouaient violemment en poussant des cris suraigus. Il y avait dans cette salle une centaine de singes en train de hurler. Mais où était le singe échappé ? Ils ne le voyaient pas.

Ils trouvèrent une hampe munie d'un filet destiné à la capture des animaux. Après avoir vérifié que leurs combinaisons étaient intactes, ils ouvrirent la porte et pénétrèrent dans la salle.

Le singe vit la porte s'ouvrir et sut ce que cela signifiait. Il courut vers les deux hommes, qui reculèrent, de peur de se faire mordre. Il s'agissait d'un petit mâle, bien décidé à ne pas laisser ces êtres s'approcher de lui avec le filet.

Il semble que le singe fila dans le couloir et tourna à droite. Tout arriva si vite que les témoignages varient. Rhonda Williams faisait une pause : assise sur une chaise, elle remplissait des seringues. Elle entendit un bruit et soudain le singe apparut, fonçant droit sur elle. En une fraction de seconde il était là, et elle se figea de terreur. C'était comme dans un cauchemar. Mais le singe se contenta de passer entre ses pieds et continua son chemin. Elle éclata alors d'un rire nerveux et les hommes arrivèrent en courant, l'un d'eux muni d'un filet. Ils la dépassèrent, comme des policiers en combinaison spatiale pourchassant un extraterrestre avec un filet pour seule arme. Le colonel Jaax arrivait en dernier, jurant de sa voix étouffée :

« NOM DE DIEU ! LE FILS DE PUTE ! »

Les hommes parvinrent à coincer le singe dans une autre salle et claquèrent la porte derrière lui. L'animal avait très peur. Les soldats aussi. Il courait le long des cages, ce qui irrita les autres singes, qui se mirent à lui mordre les doigts et les orteils. Il laissait des traces de sang dans toute la pièce. Jerry prévint par radio qu'un singe s'était échappé et Gene Johnson lui demanda de prendre toutes les mesures appropriées. Il proposait de leur faire passer un pistolet. Jerry n'était pas enthousiaste. En étudiant la pièce, il remarqua que le singe échappé passait presque tout son temps caché derrière les cages, et, pour l'atteindre, il faudrait tirer à travers les cages. Les balles risquaient de heurter un barreau, ou un mur, et de ricocher. Prendre une balle n'est jamais drôle, mais ici, une blessure même légère pouvait devenir fatale. Il décida donc que le plus sûr était de capturer le singe avec le filet. Il emmena le sergent Amen avec lui.

Ils pénétrèrent dans la pièce. Comme ils ne l'avaient

pas repéré, ils avancèrent lentement, le filet levé, prêt à s'abattre sur l'animal. Mais où était-il ? Jerry voyait mal à travers sa visière couverte de sueur et avec le médiocre éclairage de la pièce. Il se serait cru sous l'eau. Il avança en se gardant d'approcher les cages pleines de singes hystériques, qui hurlaient, sautaient, secouaient leurs barreaux. Il resta au milieu de la pièce, le sergent Amen sur ses talons muni d'une seringue pleine d'anesthésiant au bout d'une tige.

« ATTENTION, SERGENT ! dit Jerry. NE VOUS FAITES PAS MORDRE. RESTEZ LOIN DES CAGES. »

Il avançait de cage en cage, essayant d'apercevoir à travers elles le mur sombre. Soudain il distingua du coin de l'œil un mouvement furtif. Il se retourna avec le filet, et le singe effectua un saut de trois mètres dans les airs *au-dessus* de lui, passant d'une rangée de cages à l'autre.

« ALLEZ-Y, IL EST LÀ ! » cria-t-il.

Il abattit le filet sur les cages, mais le singe était déjà parti.

Il reprit sa marche, lentement. Le singe bondit à nouveau à travers la salle en un saut prodigieux. Jerry brandit le filet et rata l'animal.

« FILS DE PUTE ! » rugit-il.

Le singe était trop rapide pour lui. Il passa encore dix ou quinze minutes à fouiller la pièce du regard. Dès qu'il localisait l'animal, celui-ci sautait de l'autre côté. Jerry réfléchit : la disposition des lieux était favorable au singe, et il ne disposait pas des instruments permettant de maîtriser la situation. Il ne pourrait pas y arriver.

*
* *

Dehors, le colonel C.J. Peters était venu voir comment tout se déroulait. Il portait un Levis, un pull et ses éternelles sandales sur des chaussettes de coton, même par ce temps de neige. Avec sa moustache et son gros ventre, il ressemblait à un nostalgique des années soixante, une sorte d'employé sans grade, chargé de l'entretien. Il remarqua un homme qui contemplait la façade du bâtiment. Qui était-ce ? Il cherchait visiblement quelque chose, et approchait dangereusement de l'endroit intéressant. C.J. hâta le pas et l'arrêta pour lui demander ce qu'il voulait. C'était un journaliste du *Washington Post*.

« Que se passe-t-il par ici ? demanda-t-il à C.J.

— Ben... euh... Pas grand-chose », répondit C.J.

Il fut soudain très heureux de ne pas porter son uniforme de colonel. Pour une fois, cette mauvaise habitude se révélait utile. Il dissuada le reporter d'aller faire le tour du bâtiment pour regarder à travers les fenêtres. L'homme repartit peu après, sans avoir rien vu ni rien entendu d'intéressant. Le *Washington Post* soupçonnait qu'il se passait quelque chose de curieux au Pavillon des singes, mais ses reporters n'arrivaient pas à trouver quoi.

*
* *

« CE SINGE SAIT CE QU'EST UN FILET », cria Jerry au sergent.

Ils renoncèrent à l'attraper, c'était trop épuisant, et décidèrent de l'enfermer dans la pièce pour la nuit.

Pendant ce temps, les singes survivants s'agitaient de plus en plus. L'équipe réussit à les tuer presque tous ce jour-là, poursuivant son travail au-delà de la tombée de la nuit. Certains soldats commencèrent à se plaindre qu'on ne leur accordait pas assez de responsabilités, et Jerry leur confia davantage de tâches dangereuses, réservées jusque-là aux officiers. Rhonda Williams fut affectée à la table d'euthanasie avec le capitaine Nate Powell. Ce dernier plaçait un singe endormi sur la table, le tenant les bras repliés derrière le dos, au cas où il se réveillerait, pendant que Rhonda enfonçait l'aiguille entre les côtes, visant le cœur. Elle injectait la dose de poison dans le muscle cardiaque, tuant le singe sur le coup. Quand l'aiguille ressortait, beaucoup trop de sang s'écoulait d'une si petite blessure. C'était le signe qu'elle avait bien atteint le cœur. Lorsque le sang maculait ses gants, elle les rinçait dans de l'eau de Javel, et si sa combinaison était tachée, elle utilisait une éponge imbibée d'eau de Javel pour l'essuyer.

Quand elle ratait le cœur, c'était horrible. Le poison s'écoulait dans la poitrine, le singe sursautait, se pliait en deux, ses yeux bougeaient, il semblait lutter. Ce n'était qu'un réflexe avant la mort, mais cela la bouleversait.

Le colonel Jaax la plaça ensuite à la table de prélèvement du sang avec le capitaine Haines. Elle devait insérer une aiguille dans une veine de la jambe des singes inconscients et prélever le sang avec une seringue. Leurs yeux étaient ouverts, ce qui la mettait mal à l'aise. Elle avait l'impression qu'ils la regardaient.

Elle était en train d'effectuer une prise de sang quand soudain les yeux de l'animal bougèrent, et il s'assit. Il était réveillé. Il la regarda, un peu sonné, puis libéra un de ses bras et lui saisit la main, celle qui tenait la seringue, avec une force incroyable. L'aiguille sortit de sa cuisse et le sang gicla. Puis l'animal tenta d'attirer la main vers sa bouche. Il voulait la mordre !

« ATTRAPEZ-LE ! AU SECOURS, S'IL VOUS PLAÎT ! IL S'EST RÉVEILLÉ ! »

Le capitaine Haines saisit le singe par les bras et le cloua à la table.

« IL Y EN A UN QUI S'EST RÉVEILLÉ ! APPORTEZ DE LA KÉTAMINE ! » cria-t-il.

En sortant de sa cuisse, l'aiguille avait abîmé la veine. Une boule de sang se forma dans la jambe, de la taille d'une balle de tennis. Elle grossissait constamment. Rhonda faillit fondre en larmes. Elle appliqua sa main sur la boule pour arrêter l'hémorragie interne. Elle sentait le sang bouillonner à travers ses gants. Une boule de sang Ébola.

Un soldat se précipita et administra une double dose de kétamine au singe, qui s'effondra.

*
* *

Peter Jahrling passait toutes ses journées dans son laboratoire, en combinaison spatiale, à tester les échantillons qu'on lui apportait et à essayer de déterminer où et comment le virus se diffusait. Il cherchait également à obtenir un échantillon pur de virus isolé. Pendant ce temps, Tom Geisbert survolait les paysages cellulaires avec son microscope.

Il arrivait qu'ils se rencontrent dans un bureau dont ils fermaient soigneusement la porte.

« Comment ça va ?

— Crevé, mais ça va.

— Pas de maux de tête ?

— Non. Et vous ?

— Ça va. »

Ils étaient les découvreurs de la souche, et ils avaient une chance d'arriver à lui donner un nom, à condition de parvenir à l'isoler — et à condition aussi que cette souche les épargnât.

Ce mercredi-là, Jahrling rentra dîner avec sa famille, mais après avoir lu une histoire à ses enfants et les avoir bordés dans leur lit, il retourna travailler. L'Institut vibrait d'activité, tous les laboratoires chauds grouillaient de gens et fonctionnaient jour et nuit.

Il se demanda s'il isolerait le virus dans son propre sang ou dans celui de Tom Geisbert, mais il ne considérait pas cette hypothèse comme très vraisemblable. « Je ne l'ai pas mis près de mon nez, j'ai juste agité la main au-dessus. On fait ça tout le temps dans les labos des hôpitaux avec les bactéries. On utilise beaucoup l'odorat pour les identifier, et les gens ne tombent jamais malade, même après avoir senti des bactéries très dangereuses provenant de malades. » C'est un procédé habituel de renifler les cultures en labo ; c'est comme ça qu'on *découvre* l'odeur d'une bactérie, qu'on apprend que certaines sentent le jus de raisin en conserve. Savoir si lui, Peter Jahrling, était infecté par l'Ébola était devenu une question plus pressante après que le gardien eut vomi sur la pelouse. Ce type ne s'était ni coupé ni piqué. En conséquence, s'il déclarait l'Ébola, il n'avait pu l'attraper qu'en le respirant.

Jahrling emporta quelques plaques avec des gouttes de son propre sérum sanguin, ferma la porte et éteignit la lumière. Ses yeux s'accoutumèrent à l'obscurité et il lutta comme d'habitude pour apercevoir quelque chose dans son microscope, à travers sa visière. Enfin les cellules formèrent un paysage sombre sous ses yeux. C'étaient ses cellules, le monde de son sang qui s'étirait dans toutes les directions, granuleux et mystérieux, émettant une faible lueur verte. Si le vert devenait plus intense, alors il devrait commencer à s'inquiéter. Et si son sang luisait ? « Jusqu'à quel point, songea-t-il, puis-je me fier à mes instruments et à mes sens ? Et si je suis convaincu que mon sang luit, comment vais-je faire état des résultats ? Il faudra que j'en parle à C.J. Peut-être n'aurai-je pas à aller au Claquoir. Je pourrais rester isolé ici, dans mon propre labo. Je suis déjà dans un isolement biologique de niveau 4. Qui puis-je contaminer ici ? Au fond, je pourrais vivre et travailler ici si le test de l'Ébola était positif. »

Rien ne luisait. Son sang était normal. Et celui de Tom Geisbert aussi. Ils commençaient à arriver au terme de la période ordinaire d'incubation.

A 23 heures, ce soir-là, il passa dans le sas et tira la chaîne qui déclenchait le cycle de décontamination. Enveloppé dans la lumière bafarde de la zone grise, il était plongé dans ses pensées. Avec la brume chimique, on ne voyait pas grand-chose. Il devait attendre sept minutes que le cycle se termine, et il avait horriblement mal aux jambes, si fatigué qu'il n'arrivait plus à se tenir debout. Il leva les bras et agrippa les tuyaux. Le liquide tiède coula sur sa combinaison et le réchauffa. Il se sentait bien et en sécurité, ici, bercé par les jets des tueurs de virus, et il s'endormit.

Il se réveilla en sursaut quand le dernier jet arrosa sa combinaison, effondré contre le mur du sas, les mains toujours agrippées aux tuyaux. S'il n'y avait pas eu cette dernière étape du cycle avec ce fort jet d'eau, il ne se serait pas réveillé. Il aurait glissé sur le sol et se serait recroquevillé dans un coin du sas pour le reste de la nuit, profondément endormi dans l'air stérile.

*

* *

Le lendemain matin, très tôt, Rhonda Williams retourna au Pavillon avec le reste de l'équipe pour la dernière phase de la mission. Dès le couloir, elle commença à craindre de finir au Claquoir : cet endroit était contaminé. Elle était bien contente de porter sa combinaison Racal. Il n'y avait aucun bruit à part le ronronnement de l'air dans son casque. Le couloir en parpaings s'étendait dans les deux directions, jonché de boîtes en carton, d'ordures et de biscuits pour singes. Où étaient les officiers ? Où était le lieutenant-colonel Jaax ? Où étaient tous les autres ? Elle repéra les portes menant aux salles des singes. Peut-être les officiers étaient-ils là.

Quelque chose arrivait sur elle dans le couloir. Une boule de fourrure. Un singe en liberté. Le petit qui s'était échappé. Ses petits yeux la regardaient et... quelque chose luisait dans sa main... Il tenait une seringue et la brandissait dans sa direction en un geste de revanche. La seringue était contaminée par un agent inconnu. Elle se mit à courir, mais sa combinaison la ralentissait. Le couloir semblait ne jamais devoir se terminer. Avait-il une extrémité ? Pas de porte ! Il n'y avait aucun moyen de sortir de la zone chaude ! Le singe bondit vers elle à quatre pattes, la queue en balancier, ses yeux vifs et terrifiants la fixant. L'aiguille brilla et pénétra sa combinaison. « Non, *par pitié* ! »

Elle se réveilla, dans sa chambre, à la caserne.

DÉCONTAMINATION

7 décembre, jeudi

Nancy et Jerry Jaax furent réveillés à 4 heures du matin par la sonnerie du téléphone. Le frère de Nancy appelait d'une cabine à l'hôpital de Wichita. Leur père était mourant.

« Il va très, très mal ; c'est la fin », dit-il.

On avait placé le vieil homme en cardiologie. Il ne pesait plus que quarante-cinq kilos, n'avait plus que la peau et les os, et il souffrait.

Elle annonça à Jerry que son père allait probablement mourir le jour même. Est-ce qu'elle ne devrait pas essayer de partir tout de suite ? Elle arriverait à Wichita dans l'après-midi, et peut-être serait-il encore en vie. Elle pourrait lui dire adieu. Elle décida de ne pas partir. Elle ne pouvait quitter son travail au beau milieu de la crise de Reston, ça aurait été une désertion devant l'ennemi.

Le téléphone sonna à nouveau. Le père de Nancy appelait de son lit d'hôpital.

« Est-ce que tu viens, Nancy ? demanda-t-il d'une voix faible et sifflante.

— Je ne peux absolument pas m'absenter tout de suite, papa. A cause de mon travail. Nous devons faire face à une grave épidémie.

— Je comprends.

— On se verra à Noël, papa.

— Je ne crois pas tenir aussi longtemps, mais qui sait ?

— Je suis sûre que tu y arriveras.

— Je t'aime, Nancy.

— Je t'aime aussi. »

Dans l'obscurité qui précède l'aube, Jerry et elle s'habillèrent, elle en uniforme, lui en civil, et il partit pour le Pavillon des singes. Elle resta à la maison jusqu'au réveil des enfants et prépara leurs céréales. Puis elle les mit dans le bus scolaire et partit à son travail. Elle se rendit chez le colonel C.J. Peters et l'informa que son père allait probablement mourir avant le soir.

« Allez le voir, Nancy, dit-il.

— Non, je ne partirai pas », répondit-elle.

Les singes morts commencèrent à arriver après le déjeuner. Un camion faisait deux rotations par jour depuis Reston, et le premier chargement parvenait dans le sas pendant que Nancy se changeait pour entrer dans son labo. En général, il y avait dix ou douze singes dans des cartons à chapeau.

La grande majorité des autres singes sortis du Pavillon — deux ou trois tonnes — étaient placés dans des triples sacs étanches que l'on décontaminait avant de les entasser dans des boîtes à ordures en acier. Les employés de Hazleton les emportaient alors à l'incinérateur de l'entreprise, où ils étaient brûlés à haute température.

Nancy emporta les cartons à chapeau dans le laboratoire AA-5 et travailla sur les singes jusqu'à minuit passé avec son partenaire et un assistant civil. Ils se parlaient à peine, sauf pour demander un instrument ou commenter un signe de maladie apparu chez un singe.

« É-PON-GE », articula-t-elle à l'intention de son collègue.

Il étancha une partie du sang du singe, et Nancy rinça ses gants dans l'Envirochem vert. Son père mourut ce jour-là, pendant qu'elle travaillait. Elle prit l'avion pour le Kansas et arriva en taxi au cimetière de Wichita juste au moment où la cérémonie des funérailles commençait.

C'était une journée froide et pluvieuse, et un petit groupe de personnes abritées sous des parapluies entourait un prêtre. Le lieutenant-colonel Nancy Jaax s'approcha, et ses yeux se posèrent sur une chose à laquelle elle ne s'attendait pas : un drapeau placé sur le cercueil. Son père était un ancien combattant, c'est vrai. Le voir là l'émut au-delà de toute attente, et elle fondit en larmes.

*

* *

A 16 heures, le jeudi 7 décembre, le dernier singe fut tué et mis en sac, et les membres de l'équipe passèrent à la décontamination, dans le sas. Ils avaient eu beaucoup de mal à attraper le petit singe échappé, le pourchassant pendant des heures. Finalement, à un moment, l'animal s'était réfugié derrière une cage en laissant traîner sa queue à découvert, et le sergent Amen l'avait piqué à la queue avec une dose massive d'anesthésiant. En moins d'un quart d'heure, le singe s'était assoupi et ils l'avaient extrait de sa cachette.

Ils informèrent par radio Gene Johnson que le dernier singe était mort. Celui-ci envoya le sergent Klages explorer le bâtiment pour s'assurer qu'il n'y avait plus un seul animal en vie. Dans une remise il découvrit un congélateur à l'aspect sinistre.

« GENE, J'AI TROUVÉ UN CONGÉLATEUR, dit-il à Johnson par radio.

— Ouvrez-le », répondit Johnson.

Le sergent Klages souleva le couvercle, et il eut l'impression que des dizaines d'yeux de singes le regardaient. Ils étaient assis dans des sacs en plastique transparent, les boyaux à l'air, les membres tordus, le corps couvert de glaçons de sang. Il s'agissait des singes de la salle F, le point chaud à l'origine de l'épidémie, des singes sacrifiés par Dan Dalgard. Il referma le couvercle et appela Johnson.

« GENE, VOUS NE CROIREZ JAMAIS CE QUE J'AI TROUVÉ DANS LE CONGÉLATEUR. IL Y A DIX OU QUINZE SINGES.

— Oh, merde !

— QU'EST-CE QUE J'EN FAIS ?

— Je ne veux plus entendre parler de singes ! Plus d'échantillons ! Décontaminez-les.

— IL Y A AUSSI QUELQUES FLACONS DE SÉDATIF.

— Décontaminez-les, mon vieux ! Qui sait si une aiguille sale n'a pas plongé dedans. Tout doit sortir de ce bâtiment, absolument tout ! »

Klages et un assistant civil traînèrent les sacs hors du congélateur et tentèrent d'entasser les singes dans des cartons à chapeau, mais ils n'y entraient pas tant ils étaient tordus, figés dans des positions bizarres. On les laissa dans le couloir pour qu'ils dégèlent. L'équipe de décontamination s'en occuperait le lendemain.

Les « 91-Tango » passèrent dans le sas, deux par deux, engourdis, épuisés au-delà de tout, trempés de sueur, imprégnés de la peur qui ne les avait pas quittés. Ils avaient prélevé au total trois mille cinq cents échantillons, mais n'avaient aucune envie de parler de l'opération, ni entre eux, ni avec leurs officiers.

Quand l'équipe partit pour Fort Detrick, elle vit Gene Johnson assis dans l'herbe sous un arbre devant le bâtiment. Il ne voulait parler à personne. Il avait une mine horrible.

L'équipe de décontamination entra immédiatement en action. Il faisait nuit, mais Johnson craignait tant l'Ébola qu'il ne voulait pas laisser le bâtiment en l'état durant la nuit.

Les décontaminateurs étaient conduits par Merhl Gibson, qui fit le tour des lieux pour juger du travail à accomplir. Il n'en crut pas ses yeux. Les locaux étaient souillés de sang, jonchés d'emballages et de biscuits pour singes qui crissaient sous les pieds. Les excréments reposaient en rond par terre quand ils n'étaient pas disposés sur les murs, en des dessins tracés par les mains des animaux. Muni d'une brosse et d'un seau d'eau de

Javel, il tenta de frotter un mur, puis il appela Gene par radio.

« GENE, LA MERDE EST DURE COMME DU CIMENT. IMPOSSIBLE DE L'ENLEVER.

— Faites ce que vous pouvez. Nos ordres sont de nettoyer les lieux.

— ON VA ESSAYER DE LA GRATTER A SEC. »

Le lendemain, ils se rendirent dans une quincaillerie, achetèrent des couteaux à mastic et des spatules d'acier, et l'équipe de décontamination se mit à gratter murs et sols, suffoquant dans la chaleur des combinaisons.

Milton Frantig était en isolement à l'hôpital de Fairfax depuis plusieurs jours. Il se sentait beaucoup mieux, et sa fièvre était tombée. Son nez n'avait pas saigné, et il commençait à avoir envie de bouger. Apparemment, il n'avait pas l'Ébola. En tout cas, rien ne le révélait dans ses analyses de sang. Il ne s'agissait apparemment que d'un banal cas de grippe. Le CDC finit par lui donner l'autorisation de rentrer chez lui.

*

* *

Dix-neuf jours après l'incident de l'inhalation, comme ils n'avaient pas saigné du nez, Peter Jahrling et Tom Geisbert commencèrent à se considérer comme des survivants. Le fait que Dan Dalgard et les gardiens n'aient jusqu'à présent montré aucun signe de la maladie les rassurait aussi, bien que ce fût troublant. Que se passait-il donc avec ce virus ? Il tuait les singes comme des mouches, suintant de chaque pore de leur peau, et pourtant aucun humain n'était tombé malade. Si ce virus n'était pas l'Ébola Zaïre, qu'était-il ? Était-ce une souche mutante ? Et d'où venait-il ? Jahrling était absolument certain qu'il venait forcément d'Afrique. Ne réagissait-il pas au test de la souche Mayinga, obtenue à partir du sang de l'infirmière Mayinga N. au Zaïre ? Il se comportait comme l'imaginaire souche Andromède :

au moment où on pensait que le monde courait à sa perte, le virus disparaissait, et le monde survivait.

Le Centre de contrôle des maladies d'Atlanta concentra ses efforts sur la recherche des sources du virus, et la piste les ramena à Ferlite Farms, le centre d'exportation des singes situé près de Manille. Tous les singes de Reston en venaient. L'endroit était une étape entre les forêts de Mindanao et Washington. Les enquêteurs découvrirent que, là-bas, des singes étaient morts aussi en grand nombre. Mais il semblait qu'aucun des gardiens, aux Philippines, ne fût tombé malade. S'il s'agissait d'un virus africain, que faisait-il aux Philippines ?

18 décembre

L'équipe de décontamination frotta les locaux à l'eau de Javel jusqu'à décaper la peinture des sols en ciment. Quand elle fut certaine que toutes les surfaces avaient été récurées, elle passa à l'étape finale : le gaz. De l'extérieur, l'équipe de décontamination colla de l'adhésif argenté sur les portes, les fenêtres et toutes les ouvertures, ainsi que des feuilles de plastique sur les bouches du système de ventilation. Elle rendit le bâtiment étanche à l'air. En divers endroits, à l'intérieur, elle plaça des papiers saturés de spores de bactéries inoffensives, le *Bacillus subtilis niger*. Ces spores sont difficiles à tuer. On dit qu'une décontamination qui tue le *niger* tue tout le reste.

L'équipe de décontamination apporta trente-neuf poêles à frire électriques Sunbeam dans le Pavillon : l'outil de choix de l'armée pour les travaux de décontamination. Elle déploya par terre, à l'intérieur du Pavillon, un câble électrique d'où partaient à intervalles réguliers d'autres câbles munis de prises, un peu comme une guirlande d'ampoules pour un arbre de Noël. A chaque prise on brancha une poêle à frire dans laquelle on avait disposé une poignée de cristaux de désinfection blancs, un peu comme du gros sel. On régla les poêles au maximum puis on relia le câble à un interrupteur central. A 18 heures, le 18 décembre, quelqu'un fit basculer l'interrupteur et les poêles commencèrent à chauffer les cristaux qui dégagèrent du gaz. Comme toutes les ouvertures du bâtiment avaient été bouchées, le gaz resta dans le Pavillon trois jours, pénétrant dans les gaines de ventilation, noyant les pièces, s'infiltrant jusque dans les tiroirs des bureaux pour nettoyer les taille-crayons. Il s'insinua dans les photocopieuses et même dans les ordinateurs. Il gonfla les coussins des fauteuils et se glissa par les canalisations, jusqu'aux siphons pleins d'eau de Javel. Enfin, l'équipe de décontamination, toujours en combinaison spatiale, retourna au bâtiment et rassembla les papiers imprégnés de spores. Le traitement avait tué le *niger*.

La sagesse veut qu'en matière de biologie on ne puisse jamais dire quand la vie est exterminée, car elle défie presque n'importe quel traitement. Une stérilisation totale et indubitable est extrêmement difficile à atteindre dans la pratique, et presque impossible à vérifier ensuite. Cependant, une opération qui dure trois jours et extermine tous les *niger* est considérée comme un succès. Le Pavillon des singes avait été stérilisé. L'Ébola avait trouvé plus fort que lui. Pendant un temps, jusqu'à ce que la vie puisse y reprendre, l'unité de quarantaine pour primates de Reston fut le seul bâtiment au monde où plus rien ne vivait.

LA SOUCHE LA PLUS DANGEREUSE

Janvier 1990

La souche du virus Ébola qui avait fait irruption près de Washington restait cachée quelque part dans la forêt vierge. L'armée ayant certifié avec soulagement que le Pavillon des singes avait été « irradié », celui-ci fut rendu à son locataire, Hazleton Research Products, qui se remit à acheter aux Philippines, à la même entreprise de Manille, des singes crabiers toujours capturés dans la forêt vierge de Mindanao. Moins d'un mois plus tard, le 12 janvier 1990, Dan Dalgard eut la certitude que quelques singes de la salle C mouraient le nez en sang. Il appela Peter Jahrling : mais ce dernier ne voulait même pas entendre parler d'Ébola.

« On dirait que ça recommence. Y a-t-il un moyen de faire seulement le test de la fièvre hémorragique du singe ?

— Non, désolé. On doit faire tous les tests », répondit Jahrling.

C'était à nouveau l'Ébola. Il était revenu des Philippines. Comme il n'y avait eu aucune victime humaine au cours de la première épidémie, cette fois l'armée, le CDC et Hazleton décidèrent conjointement d'isoler les singes et de laisser le virus faire son œuvre. Dalgard espérait sauver au moins quelques animaux, et son entreprise ne voulait plus que l'armée intervînt en combinaisons spatiales.

Ce qui se passa dans ce bâtiment était une sorte d'expérience, un cas d'étude pour le virus Ébola. Ils verraient ce qu'il pouvait faire naturellement au milieu d'une population de singes vivant dans un espace clos. Le virus Ébola Reston progressa rapidement d'une salle à l'autre, et tandis qu'il s'épanouissait chez les singes, il sembla subir une mutation qui le fit agir un peu comme un simple virus du rhume. Mais c'était un rhume Ébola. Les singes mouraient avec de grandes quantités de mucus clair et de mucus vert coulant de leur nez, mêlé à du sang qui ne voulait pas coaguler. Leurs poumons étaient détruits, pourris et grouillants de virus. Ils avaient une pneumonie hémorragique : ils saignaient dans leurs poumons. Dès qu'un animal se mettait à saigner du nez dans une salle, en général quatre-vingts pour cent des animaux mouraient peu après. Le virus était extraordinairement contagieux chez les singes. Les spécialistes de l'Institut estimaient qu'ils étaient en présence d'une souche mutante d'Ébola, quelque chose de différent de ce qu'ils avaient vu un mois plus tôt, en décembre, quand l'armée avait « irradié » le Pavillon des singes. C'était effrayant. C'était comme si l'Ébola pouvait modifier rapidement ses caractéristiques et une souche différente apparaître en un mois de temps. La maladie ressemblait maintenant à une grippe ou un rhume Ébola — une façon de rappeler qu'il est lié à certains types de refroidissements spécifiques des enfants humains. Il semblait que le virus pouvait s'adapter rapidement à de nouveaux hôtes, et changer de caractère rapidement en pénétrant dans une nouvelle population.

Apparemment, l'Ébola circulait par les conduits d'air conditionné du bâtiment. Le 24 janvier, les singes de la salle B entrèrent en état de choc et moururent le nez coulant, les yeux rouges, et un visage transformé en masque inexpressif. Dans les semaines qui suivirent, l'infection toucha les salles I, F, E et D, et les animaux de ces salles moururent presque tous. C'est alors qu'à la mi-février, un soigneur de Hazleton, que nous appellerons John Coleus, s'entailla le pouce avec son scalpel tandis qu'il faisait l'autopsie d'un singe. Il était en train de prélever un échantillon de foie, un des refuges préférés de l'Ébola. La lame du scalpel, souillée de cellules de foie et de sang, pénétra profondément dans son pouce. Il venait d'être exposé massivement à l'Ébola.

Le foie qu'il coupait fut emporté sur-le-champ à l'USAMRIID pour analyse. Tom Geisbert en regarda un morceau sous son microscope et, effondré, découvrit qu'il était « incroyablement chaud... il était bourré de virus ». Tout le monde à l'Institut pensa que John Coleus allait mourir. « Nous avons franchement craint, me dit Peter Jahrling, que ce type n'ait tiré le gros lot. » Le CDC décida pourtant de ne pas le placer en isolement. Coleus alla donc prendre une bière dans un bar avec ses copains.

« À l'Institut, se rappelle Peter Jahrling, nous fûmes consternés quand ce type sortit boire dans les bars. A l'évidence, le CDC n'aurait pas dû le laisser faire. C'était un virus dangereux et une situation dangereuse. Nous ne savons pas grand-chose à propos de ce virus. Il pourrait ressembler au virus du rhume, avec une période de latence pendant laquelle vous hébergez le virus avant de manifester le moindre symptôme — et quand vous savez que vous êtes malade, vous avez déjà contaminé seize personnes. Il y a plein de choses que nous ignorons à propos de ce virus. Nous ne savons pas d'où il est venu, et nous ne savons pas quelle forme il prendra la prochaine fois qu'il apparaîtra. »

John Coleus eut un petit problème de santé qui nécessita une intervention chirurgicale. On l'opéra alors qu'il était en pleine période d'incubation après son exposition au virus Ébola. Dans leur rapport, les chirurgiens ne signalèrent aucun saignement excessif. Il se rétablit très bien, et il vit toujours aujourd'hui.

*

* *

Quant aux singes du Pavillon, tous moururent. L'armée n'eut pas à « irradier » le Pavillon ; le virus Ébola Reston s'en chargea. L'agent passa de salle en salle quelles que fussent les précautions prises pour isoler les salles infectées. Une fois de plus, il n'y eut aucune victime humaine.

Cependant, une chose curieuse et peut-être de sinistre présage se produisit. Quatre hommes avaient travaillé au Pavillon comme gardiens : Jarvis Purdy, qui avait eu une crise cardiaque, Milton Frantig, qui avait vomi sur la pelouse, John Coleus, qui s'était coupé le pouce, et un quatrième homme. Les test du virus Ébola Reston pratiqués sur eux furent positifs. Tous avaient été infectés par l'agent chaud. Le virus avait pénétré dans leur sang et s'était multiplié dans leurs cellules. L'Ébola proliférait dans leur corps, accomplissant ses cycles de reproduction. Il continuait sa vie dans les gardiens des singes. Mais apparemment, il ne les a pas rendus malades, même pendant sa période de multiplication. S'ils eurent des maux de tête ou se sentirent mal, aucun ne s'en souvient. Finalement le virus s'élimina naturellement de leur organisme, et jusqu'à présent, aucun de ces hommes n'en a apparemment souffert. Ils comptent parmi les rares, très rares survivants humains du virus Ébola. John Coleus a certainement contracté le virus quand il s'est coupé avec le scalpel ensanglanté. Mais le plus inquiétant est que les autres ne se sont *pas* coupés, et pourtant le virus a pénétré dans leur sang. Le plus probable est qu'il est entré dans le sang au niveau des poumons. Quand il fut évident pour les chercheurs de l'armée que trois hommes sur quatre avaient été infectés, malgré l'absence de coupure, presque tout le monde à l'USAMRIID conclut que l'Ébola pouvait se transmettre par voie aérienne.

Le Dr Philip Russell — le général qui avait pris la décision d'envoyer l'armée arrêter le virus — m'a dit récemment que bien qu'il fût « mort de peur » à l'époque de la crise de Reston, ce n'est qu'après, quand il comprit que le virus passait d'un singe à l'autre par voie aérienne, qu'il saisit son véritable potentiel.

« Rétrospectivement, c'était encore plus effrayant. Quand j'ai vu chez ces singes les preuves de l'infection par les voies respiratoires, je me suis dit : “Mon Dieu, avec quelques petites modifications, ce virus pourrait être un de ceux qui passent rapidement, par voie aérienne, chez les *humains.*” Je parle de la Mort noire. Imaginez un virus aussi contagieux que la grippe, qui provoquerait le même taux de mortalité que la peste noire au Moyen Âge... C'est de cela qu'il s'agit. »

Les employés de Reston avaient attrapé un Ébola sans symptômes. Pourquoi le virus ne les a-t-il pas tués ? Jusqu'à ce jour, personne ne connaît la réponse à cette question. Une toute petite différence dans le code génétique du virus avait apparemment modifié de façon spectaculaire ses effets sur l'être humain, le rendant bénin, voire inoffensif, alors même qu'il tuait les singes. Il semblait que cette souche d'Ébola connût la différence entre un singe et un homme. Mais s'il mutait dans une autre direction...

*
* *

Un jour de printemps, je suis allé rendre visite à Nancy Jaax, pour l'interroger sur son travail pendant les événements de Reston. Nous avons bavardé dans son bureau — une jolie pièce décorée de meubles neufs, bien qu'elle manquât de fenêtres. Elle portait un pull militaire noir avec des aigles d'argent aux épaules. Elle avait été promue colonel. Un bébé perroquet dormait dans une boîte. Il se réveilla et piailla.

« Tu as faim ? lui demanda-t-elle. Oui, oui, que tu es embêtant ! »

Elle sortit d'un sac une poire à sauce qu'elle remplit de bouillie. Elle inséra l'embout de plastique dans le bec du perroquet et pressa. Le perroquet ferma les yeux de délice.

« Vous voulez regarder des clichés d'Ébola ? me demanda-t-elle en montrant ses classeurs. Choisissez !

— Je vous fais confiance. »

Elle fouilla et en sortit une poignée de diapositives

qu'elle emporta dans une autre pièce où attendait un microscope, pourvu de deux paires d'oculaires, si bien que deux personnes pouvaient regarder en même temps.

Je m'assis.

« Bien, on commence », dit-elle en insérant une photo dans le microscope.

Un paysage cellulaire apparut avec, çà et là, des poches de cellules qui avaient éclaté et s'étaient liquéfiées.

« C'est du tissu reproducteur mâle, dit-elle. Il est hautement infecté. C'est l'Ébola Zaïre trouvé dans un singe contaminé par voie aérienne en 1986, lors de l'étude que nous avons menée, Gene Johnson et moi. »

En regardant la tranche de testicule de singe, j'eus une sensation désagréable.

« Voulez-vous dire qu'il a pénétré dans les poumons du singe et qu'il est descendu dans ses... ?

— Oui. C'est plutôt répugnant. Maintenant, je vais vraiment vous écœurer. Je vais vous montrer les poumons. »

La scène changea et nous vîmes un morceau de dentelle rose et mitée.

« C'est une tranche de tissu pulmonaire d'un singe contaminé par voie aérienne. Vous voyez comment le virus bouillonne dans les poumons ? C'est l'Ébola Zaïre. »

Je distinguais les cellules individuelles ; certaines étaient gonflées et tachées de noir.

« Nous allons passer à un grossissement supérieur. »

Les cellules grandirent. Les taches noires devinrent des excroissances anguleuses et sombres qui perçaient les parois des cellules avec une sourde violence.

« Ce sont de grosses briques. »

Il s'agissait de cristalloïdes de l'Ébola explosant hors des poumons. Les poumons envoyaient l'Ébola dans l'air. J'eus la chair de poule. Je sentis mon estomac se contracter. J'avais soudain la sensation d'être un civil qui venait de voir quelque chose qu'il n'aurait pas dû découvrir. Je regardai les aigles d'argent briller aux épaules de Nancy.

« Ces poumons sont très chauds, dit-elle d'une voix posée. Voyez-vous ces briques qui s'accumulent directement dans les espaces vides du poumon ? Quand vous toussez, ces trucs remontent dans votre gorge et dans ce que vous crachez. C'est pourquoi il vaut mieux éviter qu'un malade de l'Ébola vous tousse à la figure.

— Mon Dieu, il sait tout des poumons, non ?

— Peut-être pas. Il vit peut-être dans un insecte, et les insectes n'ont pas de poumons. Voyez ici comment l'Ébola s'est *adapté* à ce poumon. Il grossit et sort du poumon pour gagner l'air.

— Nous sommes en présence d'un organisme hautement sophistiqué, n'est-ce pas ?

— Tout à fait. Ce personnage a un cycle de vie bien établi. On peut jouer à “Et si... ?” Et s'il entrait dans les poumons ? Et s'il mutait ? Ce pourrait être un problème. Un *grave* problème. »

*
* *

En mars 1990, alors que la deuxième épidémie de Reston progressait, le CDC édicta un ensemble de sévères restrictions concernant l'importation de singes, renforçant les procédures de vérification et de quarantaine. Le CDC révoqua aussi temporairement les licences d'importation de trois entreprises, Hazleton Research Products, Charles River Primates Corporation et Worldwide Primates, Inc., accusant ces entreprises de violation des règles de quarantaine. Leurs licences furent ultérieurement restituées. Ces décisions du CDC stoppèrent l'importation de singes aux États-Unis pendant des mois. Les pertes totales pour Hazleton s'élevèrent à plusieurs millions de dollars. En dépit de l'action en justice intentée par le CDC contre Hazleton, les spécialistes de l'USAMRIID, et même certains spécialistes du

CDC, félicitèrent hautement Dalgard et son entreprise d'avoir décidé de confier la situation à l'armée.

« Ce fut difficile pour Hazleton, mais ils ont pris la bonne décision », m'a dit Peter Jahrling.

Le Pavillon des singes de Reston était loué par Hazleton. Il va sans dire que les relations entre l'entreprise et le propriétaire ne s'améliorèrent pas avec l'intervention de l'armée ni après la seconde épidémie d'Ébola. L'entreprise dut quitter les lieux peu après. A ce jour, le bâtiment est toujours vide.

Peter Jahrling, qui avait inhalé de l'Ébola, est maintenant le principal spécialiste à l'USAMRIID. Il est reconnu, ainsi que Tom Geisbert, comme le découvreur de la souche. Ils eurent le droit de lui donner un nom, et selon la tradition, ils baptisèrent le nouveau virus du nom du lieu où il était apparu pour la première fois : Reston. Au fil de la conversation, ils évoquent parfois l'« Ébola Reston ». Un jour, dans son bureau, Jahrling me montra une photo de certaines particules du virus Ébola. Elles ressemblaient à des spaghettis cuits *al dente.*

« Regardez-moi ce salaud. Regardez un peu ce long escroc, me dit Jahrling en suivant du doigt une boucle. C'est le Res... — oh, j'allais dire Reston, mais non : c'est le Zaïre. Il faut dire qu'il n'est pas facile à l'œil de faire la différence entre les deux souches. Cela nous ramène à une question quasi philosophique : pourquoi le Zaïre est-il chaud et pourquoi le Reston n'est-il pas chaud, alors qu'ils sont si proches l'un de l'autre ? Le virus Ébola Reston est presque certainement transmis par voie aérienne. Ces employés de Hazleton qui ont eu le virus... Je suis tout à fait sûr qu'ils l'ont attrapé dans l'air.

— C'est au fond comme si nous avions esquivé un coup de feu ?

— Je ne crois pas. La balle nous a atteints. On a juste eu de la chance : c'était une balle de 22 en caoutchouc, et non du 45 dumdum. Ce qui m'inquiète, justement, c'est que les gens croient que nous avons esquivé un coup de feu, et la prochaine fois qu'on verra l'Ébola dans un microscope, ils se diront : “Bof, c'est juste le Reston.” Et ils le laisseront sortir d'une zone de sécurité biologique. Alors, nous pourrions bien être abattus d'une balle en plein front si cette chose se révèle ne pas être le Reston, mais son grand frère. »

*

* *

C.J. Peters finit par quitter l'armée pour devenir le chef de la branche spéciale de pathologie au CDC. Repensant à l'épidémie de Reston, il me dit un jour qu'il était sûr que l'Ébola avait contaminé les singes par voie aérienne dans le Pavillon durant la seconde épidémie, et peut-être même au cours de la première.

« Je crois que le schéma de diffusion que nous avons constaté et le fait que le virus se soit propagé à d'autres salles montrent que des aérosols d'Ébola ont probablement été produits, et qu'ils étaient présents dans le bâtiment. Si vous regardez une photo montrant les poumons d'un singe souffrant de l'Ébola Zaïre, vous voyez qu'ils sont pleins de virus. Avez-vous vu ces photos ?

— Oui. Nancy Jaax me les a montrées.

— Alors, vous savez. On voit clairement des particules d'Ébola dans les espaces des poumons où pénètre l'air.

— Avez-vous jamais tenté de voir si vous pouviez diffuser l'Ébola Reston dans l'air et faire contracter le virus à un singe de cette façon ?

— Non. Je n'ai pas considéré que ce serait une bonne idée. Si quelqu'un découvrait que l'armée se livre à des expériences pour savoir si le virus Ébola est adapté à la contamination par voie respiratoire, nous serions accusés de préparer une guerre biologique offensive et de tenter de créer l'agent exterminateur du Jugement dernier. Nous avons donc renoncé à suivre cette voie.

— Cela signifie que vous n'avez pas de preuves scientifiques que l'Ébola se diffuse par voie aérienne.

— En effet, nous n'en avons pas. Il nous faut rester dans le doute. Si l'Ébola en est capable, on ne peut rien imaginer de pire. »

*

* *

Les trois virus frères (Marbourg, Ébola Soudan et Ébola Zaïre) ont donc été rejoints par un quatrième : Reston. Les chercheurs du CDC ont étudié leurs cartes génétiques, les ont comparées, et ils ont découvert que le Zaïre et le Reston sont si proches l'un de l'autre qu'ils deviennent presque impossibles à distinguer, comme des jumeaux. Il est difficile de dire *en quoi* ils sont différents. Chaque virus contient sept protéines, dont quatre sont totalement inconnues. Une toute petite différence dans une des protéines du Reston est probablement la clé expliquant pourquoi le virus n'a pas ravagé Washington comme une tempête de feu. Personne n'a la moindre idée de la raison pour laquelle la souche Reston, apparemment, ne tue pas les humains. Mais il reste classé agent chaud de niveau 4, et si vous voulez lui serrer la main, il vous faudra porter une combinaison spatiale. Les experts en sécurité considèrent qu'il n'existe pas assez de preuves démontrant que la souche Reston ne serait pas un virus extrêmement dangereux. Il est peut-être, en fait, le plus dangereux de tous les filovirus, plus encore que l'Ébola Zaïre, parce qu'il aurait la capacité de se transmettre par voie aérienne. Moyennant un tout petit changement dans son code génétique, il pourrait ravager la race humaine.

Pourquoi le Reston est-il si proche de l'Ébola Zaïre, alors qu'il est censé venir d'Asie ? Si les souches proviennent de continents différents, elles devraient être tout à fait différentes l'une de l'autre. Il est possible que la souche Reston vienne en fait d'Afrique, et qu'elle soit arrivée aux Philippines par avion, il y a de nombreuses années. En d'autres termes, l'Ébola a déjà pénétré le réseau. Les experts ne doutent pas qu'un virus puisse se propulser autour du monde en quelques jours. Peut-être l'Ébola a-t-il atterri en Asie il y a quelques années. Peut-être — ce n'est qu'une supposition — est-il arrivé en Asie avec des animaux sauvages d'Afrique. On dit que de riches Philippins importent illégalement des animaux sauvages d'Afrique qu'ils lâchent dans leurs vastes propriétés de la forêt vierge pour leurs parties de chasse. Si l'Ébola vit dans du gros gibier africain — des léopards, des lions ou des buffles — il peut être arrivé aux Philippines avec une cargaison d'animaux sauvages. Ce n'est qu'une supposition. Comme pour les autres filovirus, la cachette de l'Ébola Reston est inconnue. Il semble probable, cependant, que l'épidémie de Reston ait commencé au Pavillon des singes de Manille, avec un seul singe malade. Ce singe inconnu fut le cas initial. Il a peut-être hébergé on ne sait comment quatre ou cinq particules d'Ébola qui venaient de... On se perd en conjectures.

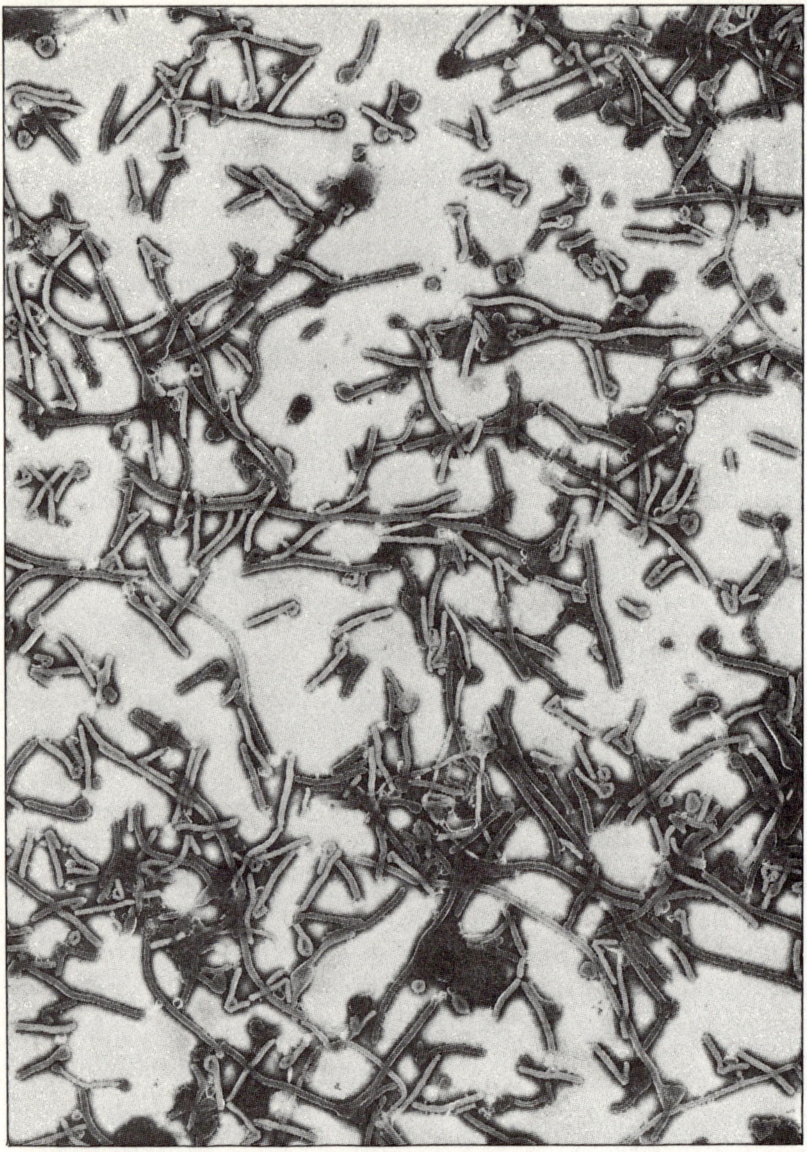

Particules du virus Ébola Zaïre grossies 17 000 fois. On remarque les boucles aux extrémités de certaines particules, que l'on appelle houlettes de berger, ou boulons à œil, et qui sont typiques de l'Ébola Zaïre et de ses frères.

Photographié par Thomas W. Geisbert, USAMRIID.

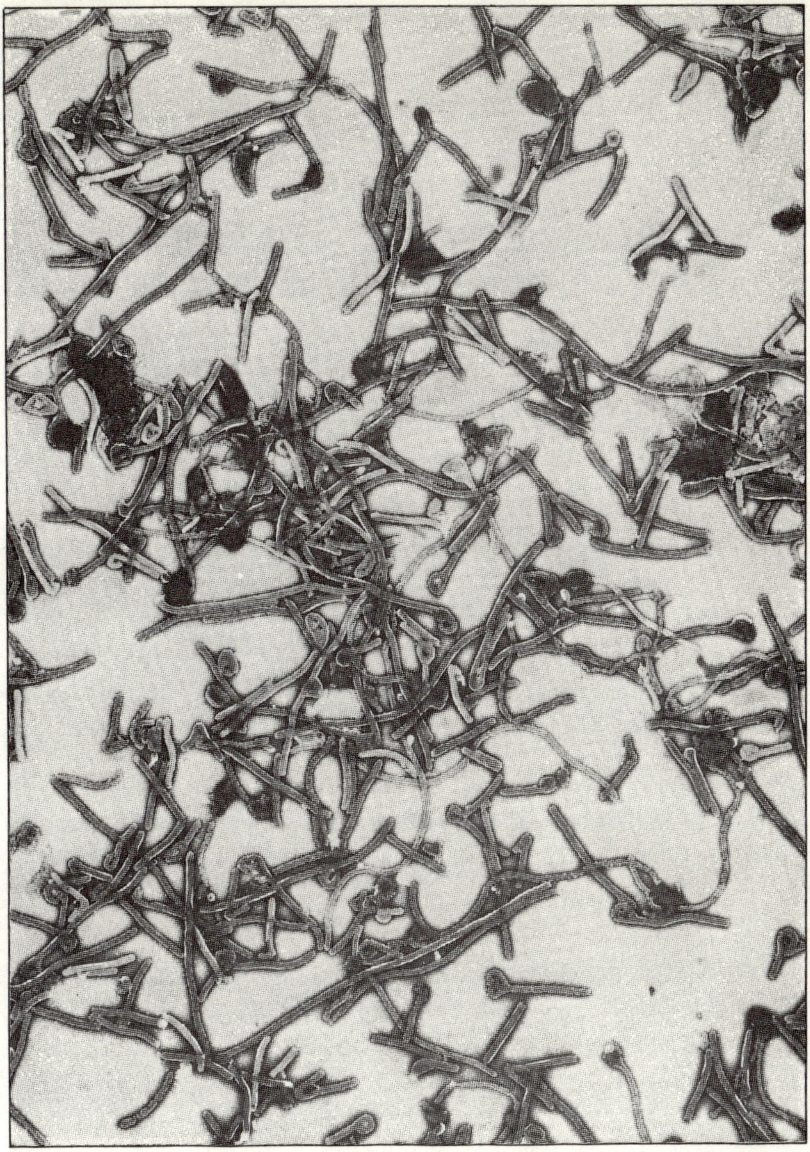

Particules du virus Ébola Reston. « Il faut dire qu'il n'est pas facile de faire, à l'œil, la différence entre les deux souches » (Peter Jahrling). Photographié par Thomas W. Geisbert, USAMRIID.

QUATRIÈME PARTIE

LA GROTTE DE KITUM

Certaines personnes pensent que je suis hystérique, mais des catastrophes nous attendent.

Joshua Lederberg.

AUTOROUTE

Août 1993

La route du mont Elgon monte au nord-ouest de Nairobi vers les hautes terres du Kenya, à travers des collines vertes qui se cognent au ciel africain. Elle traverse des petites fermes et des îlots de forêts de cèdres, puis franchit une crête et semble sauter dans l'espace, dans une cuvette de brume jaune : la vallée du Rift. La route descend dans le Rift, fendant les bosses ridées des collines, jusqu'à ce qu'elle arrive au fond et se déroule dans une savane parsemée d'acacias. Elle contourne les lacs et traverse les bosquets d'arbres, d'un vert-jaune sous le soleil. Elle dessert les villes des bords des lacs, puis tourne à l'ouest vers le lac Victoria et une ligne de collines bleues — l'ouest du Rift — puis monte, sous forme d'une « autoroute » à deux voies, rectiligne, pavée et surchargée de camions dégageant une fumée âcre et hoquetant en direction de l'Ouganda et du Zaïre.

La route du mont Elgon est un segment de l'autoroute de Kinshasa, l'autoroute du sida, la voie qui coupe l'Afrique en deux et le long de laquelle le virus du sida a voyagé à partir du moment où il est sorti du fond de la forêt dense et humide pour envahir la terre entière. Jadis, la route n'était qu'une piste de terre qui serpentait au cœur de l'Afrique, presque impossible à emprunter sur toute sa longueur. Elle fut pavée dans les années soixante-dix, et les camions commencèrent à la parcourir, précédant de peu l'irruption du virus du sida dans les villes bordant la route. L'origine géographique exacte du virus reste un grand mystère.

La route du mont Elgon m'était familière. Je l'avais parcourue enfant, quand ce n'était qu'une piste. Mes parents, mes frères et moi avons vécu un temps dans la ferme d'une famille luo située dans les collines au-dessus du lac Victoria, une ferme traditionnelle, avec ses cases en terre et un boma pour garder le bétail. Je n'étais pas revenu en Afrique depuis mes douze ans, mais pour celui qui l'a rencontrée dans l'enfance, l'Afrique devient partie intégrante de son esprit. J'avais senti le sable tiède de la rivière sous mes pieds nus. Je connaissais la sensation crissante des mouches tsé-tsé dans mes cheveux. J'entendais encore le son des voix m'engageant dans cet anglais au doux accent luo à me sentir libre, à manger plus de graisse de queue de bélier. Je savais ce qu'on ressent en se réveillant dans la lumière grise précédant l'aube, sans savoir où l'on est, face à un mur de boue percé d'un trou, et que l'on comprend peu à peu que le trou est la fenêtre d'une hutte, d'où un groupe d'enfants vous regarde. Je retrouvais l'Afrique, entière, vivante, brillante d'énigmes du passé. Ce qui me revint en premier fut son odeur, l'odeur des feux de bois d'acacia et de gommier sur lesquels on prépare les repas, et cette fumée qui recouvre les villages et imprègne les corps. Ensuite, ce fut la vision des foules marchant sur les routes, comme si ces gens marchaient depuis le début des temps, en direction de nulle part. Dans les hautes terres du Kenya, leurs pieds nus ou chaussés de sandales martèlent les talus de l'autoroute jusqu'à y modeler des tresses d'argile rouge. Les femmes entonnent des cantiques de Noël en marchant, certaines portent des guitares, et des sacs de charbon ou de sel en équilibre sur leur tête.

*

* *

La Land-Rover rebondit dans un nid-de-poule en crachant un nuage de fumée de diesel. Robin MacDonald, mon guide, s'agrippa au volant.

« Oh, c'est une bonne route, mon vieux, me dit-il. Si vous m'aviez accompagné la dernière fois que je suis passé, vous seriez déjà *en larmes*. Je ne suis pas remonté au mont Elgon depuis des années, pas depuis que j'étais gosse, en fait. Un ami de mon père possédait une *shamba* [une ferme] là-haut, et on allait le voir tout le temps. C'était un homme adorable. Sa ferme n'existe plus. C'est *kwisha* [fini], dit-il en contournant un troupeau de chèvres avec force coups de klaxon. Pousse-toi, vieux, cria-t-il à un bouc. Regardez-moi ça ! Il ne se bouge même pas. »

La Land-Rover rugit et accéléra. La route traversait de petits champs de céréales. Au milieu de chaque parcelle se dressait une hutte en terre ou en ciment. Les gens étaient dans les champs, moissonnant à la machette. Chaque mètre de terre était cultivé, jusqu'aux portes des maisons. Nous dépassâmes un homme qui marchait sur la route en portant une valise. Il nous fit un signe du bras. Puis ce fut un autre en gabardine anglaise et feutre mou, un bâton à la main, qui avançait lentement, silhouette grise sous le grand soleil. Beaucoup de gens nous saluaient sur notre passage et certains s'arrêtaient net dans leur activité pour nous regarder fixement. Un instant nous nous arrêtâmes pour laisser traverser un troupeau que menaient des petits Kikuyus.

« Oh ! dit Robin d'un ton rêveur. Quand j'étais gosse, aller n'importe où dans ce pays prenait trois jours. On abattait une gazelle de Thomson et on vivait trois jours dessus. Dans le temps, il y a vingt ans, cette terre n'était que forêts et prairies. Maintenant, c'est du maïs, rien que des champs. Et la forêt a disparu, mon vieux. »

Robin MacDonald est chasseur professionnel et guide de safari. Il fait partie des deux douzaines de chasseurs professionnels qui restent en Afrique orientale, et emmènent des clients dans le bush pour tirer le gros gibier. Il possède un visage large et sanguin aux lèvres fines, aux pommettes marquées et aux yeux perçants derrière ses lunettes en métal. Il laisse retomber ses cheveux noirs bouclés sur son front et déteste les vêtements kaki, qu'il trouve « ridiculement américains » et dans lesquels il ne se sent pas à l'aise. Pour parcourir le bush, il coiffe une casquette de base-ball et enfile un T-shirt noir, un short et des chaussures de sport vertes déchirées et à moitié fondues pour avoir trop souvent séché près des feux de camp. Il est le fils d'un célèbre chasseur professionnel, Iain MacDonald, mort aux commandes d'un avion qui s'écrasa dans les plaines d'Afrique en 1967, quand Robin avait treize ans. A l'époque, Robin avait déjà appris tout ce qu'il avait besoin de connaître. Il avait chassé le léopard et le lion avec son père, et il avait déjà tiré son premier buffle sauvage en pleine charge tandis que son père se tenait près de lui au cas où il raterait sa cible. Robin avait pisté l'éléphant des jours entiers dans les ronciers secs du plateau de Yatta, n'emportant rien d'autre qu'un bidon d'eau et une pomme.

« Un client, un type du Texas, m'expliqua Robin, avait dit qu'il pouvait marcher sans problème, qu'il était un chasseur aguerri. Un jour il s'est assis et il a dit : “Rien à foutre, impossible de continuer. Montez le camp.” Alors on lui a monté son camp et on a continué, mon père et moi, et on a traqué l'éléphant pendant deux jours. Mon père ne prenait que de l'eau, quand il traquait l'éléphant. Il m'a dit : “Fourre une pomme dans ce sac. On part.” Nous avons parcouru le plateau de Yatta pendant deux jours. Quand on a trouvé l'éléphant, nous sommes retournés chercher le client, et il l'a abattu.

— Vous aviez quel âge, à l'époque ?

— Sept ans. »

Il ne chasse plus l'éléphant — parce qu'il approuve l'interdiction du commerce de l'ivoire — mais il chasse le buffle, qui n'est pas une espèce en voie de disparition et qu'on prétend être le gros gibier le plus dangereux d'Afrique.

Il y avait eu des rumeurs de violences tribales autour du mont Elgon. Les Masais de l'Elgon avaient attaqué les Bukusu, un groupe ethnique qui vit sur le flanc sud de la montagne, et ils avaient brûlé leurs huttes, tirant à l'arme automatique et chassant les gens de leurs terres. La situation m'inquiétait, et j'avais appelé Robin des États-Unis pour lui demander ce qu'il en pensait.

« Où voulez-vous aller ? Au mont Elgon ? demanda-t-il d'une voix sifflante et lointaine au téléphone.

— J'emporte des combinaisons spatiales.

— Ce que vous voulez, vieux.

— Est-ce prudent d'y aller en ce moment ?

— Pas de problème, tant qu'il n'y a pas un foutu soulèvement. »

*

* *

Il alluma une cigarette africaine bon marché et me regarda.

« Alors, quels sont vos projets pour la grotte ? Vous allez ramasser des *spécimens* ? Des boîtes de chiures de chauves-souris, ou quelque chose dans ce genre ?

— Non, je veux juste regarder.

— J'allais dans cette grotte quand j'étais gosse. Alors, il y aurait une maladie, là-haut, hein ? Une maladie qui fait du sida une simple grippe, hein ? Ça vous transforme en soupe, hein ? Et on explose, hein ? Pfff ! ça sort par tous les trous, c'est ça ? Et combien de temps ça prend ?

— Environ sept jours.

— Hou ! Eh bien... Et ça s'attrape comment ?

— Par contact direct avec le sang. Et par l'air. Et aussi par le sexe.

— Comme le sida ?

— Oui. Les testicules gonflent et tournent au noir.

— Quoi ! Les bijoux de famille explosent ? Charmant ! On a des couilles comme un singe bleu, alors !

Seigneur ! Eh bien, mon vieux, c'est une sacrée merde, ce truc !

— Vous venez de donner une définition très précise de ce virus », dis-je.

Robin inspira la fumée de sa cigarette, retira sa casquette de base-ball et se lissa les cheveux avant de remettre sa casquette.

« Bon, alors, vous allez entrer dans la grotte, regarder la merde de chauves-souris et ensuite... et ensuite, quand vous aurez *explosé* dans une de mes tentes, qu'est-ce que je ferai de vous ?

— Vous ne me toucherez pas. Vous enroulerez la tente autour de moi et vous emporterez le tout à l'hôpital.

— D'accord, s'exclama-t-il en éclatant de rire. On appellera les médecins volants pour qu'ils emportent la tente. Et où devrons-nous la livrer ?

— A l'hôpital de Nairobi, aux urgences.

— D'accord, vieux, c'est ce qu'on va faire. »

Les collines de Cherangani se dessinaient au loin, une ligne de hauteurs en bordure du Rift, bosselée et verte, écrasée sous le moutonnement des nuages de pluie. Les nuages devinrent plus noirs et se rassemblèrent alors que nous approchions du mont Elgon. De grosses gouttes vinrent frapper le pare-brise. L'air tourna au froid brutal. Robin alluma les phares.

« Avez-vous trouvé de l'eau de Javel ? lui demandai-je.

— Deux litres, à l'arrière.

— De la simple eau de Javel pour la lessive ?

— Oui. Au Kenya, on appelle ça du “Jik”. Vous en buvez et ça vous tue.

— J'espère que ça tue le Marbourg.

— Ça vaudrait mieux, mon vieux. Saleté de Jik ! »

La zone devenait plus peuplée, et nous traversâmes des villages, avec partout des camions garés devant des baraques de planches et de tôle de petits restaurants. Certains de ces établissements proposent un service complet, avec chèvre grillée, bière Tusker, lit et femme.

Les médecins qui exercent en Afrique orientale estiment que quatre-vingt-dix pour cent des prostituées travaillant sur l'autoroute de Kinshasa sont séropositives. Personne n'en a la certitude, mais les médecins locaux évaluent le taux de personnes infectées par le VIH à trente pour cent parmi les hommes et femmes en âge de procréer vivant à proximité du mont Elgon. La plupart mourront du sida. Beaucoup de leurs jeunes enfants l'ont contracté *in utero* et décéderont du virus en bas âge.

L'arrivée du VIH fut subtile : il incube des années dans un hôte humain avant de le tuer. Si le virus avait été remarqué plus tôt, on aurait pu l'appeler « Autoroute de Kinshasa », en l'honneur du fait qu'il a transité sur cette route à sa sortie de la forêt vierge. Le virus a connu ces derniers temps une énorme amplification dans l'espèce humaine, et son intarissable diffusion n'est certainement pas terminée. Elle commence à peine. On ne sait pas encore ce que le VIH va faire aux populations d'Afrique, d'Inde, du Bangladesh ou de Thaïlande. Il pourrait très bien décimer la population de ces régions du monde.

Quand, jeune garçon, j'avais parcouru l'autoroute de Kinshasa, c'était une piste poussiéreuse et non goudronnée qui traversait, sans beaucoup de trafic, la vallée du Rift vers le lac Victoria. Ce n'était qu'une route caillouteuse rendue périlleuse par les nids-de-poule creusés par les averses et des arêtes capables de casser une Land-Rover. Quand on roulait, on voyait au loin un nuage de poussière qui grossissait en se rapprochant : une voiture. On se serrait sur le côté, on ralentissait, et on appliquait les mains sur le pare-brise pour qu'il n'éclate pas au cas où un caillou viendrait le frapper au passage de l'autre véhicule, qui passait à grand bruit, vous laissant aveuglé par un brouillard jaune. Maintenant la route est goudronnée et porte même en son milieu une ligne peinte pour séparer le flot continu de véhicules dans les deux sens. Les gros camions se mêlent aux camionnettes à ridelles et aux minibus bondés de gens, et l'air pue le gazole. La modernisation de l'autoroute de Kinshasa est un des événements les plus importants du xxe siècle, qui a affecté tous les habitants de la Terre. Il a déjà coûté la vie à au moins dix millions de personnes, et il n'est pas impossible que le nombre final des victimes humaines dépasse de loin le nombre des morts de la Seconde Guerre mondiale. En fait, on a enregistré l'apparition du sida en un clin d'œil : quand une piste de terre est devenue un ruban goudronné.

CAMPEMENT

La femme de Robin, Carrie, est sa partenaire en affaires, et elle l'accompagne souvent en safari avec les clients. Les MacDonald emmènent aussi leurs deux jeunes fils, si le client le permet. Carrie n'a pas trente ans, les cheveux blonds, les yeux noisette et un fort accent anglais. Ses parents l'ont amenée en Afrique quand elle était petite.

Nous voyagions dans deux Land-Rover, l'une conduite par Carrie, l'autre par Robin.

« Nous prenons toujours deux véhicules dans cette région, en cas de panne, m'expliqua-t-elle. Ça arrive presque à chaque fois. »

Les deux petits garçons voyageaient avec Carrie. Trois membres du personnel des MacDonald nous accompagnaient aussi : Katana Chege, Herman Andembe et Morris Mulatya, des professionnels du safari qui feraient presque tout le travail autour du campement sur le mont Elgon. Ils parlaient très peu anglais, mais la liste de leurs références était longue comme le bras. En plus de ces gens, deux de mes amis s'étaient joints à l'expédition : un camarade d'enfance, Frederic Grant, et une jeune femme, Jamy Buchanan, tous deux américains. J'avais préparé une liste écrite d'instructions pour mes amis au cas où j'attraperais le Marbourg, et j'avais scellé le document dans une enveloppe cachée dans mon sac à dos. Il faisait trois pages tapées serré à la machine, et décrivait les signes et symptômes d'une infection par filovirus chez l'être humain, ainsi que les traitements expérimentaux possibles visant à arrêter la déliquescence. Je n'avais rien dit à mes amis de cette enveloppe, mais j'avais l'intention de la leur donner si je commençais à ressentir des maux de tête.

Robin déboîta pour dépasser un camion et nous nous retrouvâmes soudain face à une voiture qui arrivait en sens inverse. Elle fit des appels de phares et klaxonna.

« Pourquoi ce type nous fonce-t-il dessus ? s'insurgea Fred Grant en se redressant.

— Ne vous en faites pas, on va seulement mourir ! » répondit Robin.

Il se rabattit juste à temps devant le camion et se mit à chanter :

Vivre et aimer
Et aimer et vivre — ouah !

A un arrêt, nous achetâmes des épis de maïs à une femme qui les faisait griller sur un brasero au bord de la route. Le maïs était brûlant, sec, fibreux et délicieux, surtout pour cinq cents.

Robin mastiquait son épis en conduisant. Soudain il porta la main à sa mâchoire :

« Ma dent ! Nom de Dieu ! J'ai un plombage qui a sauté ! Ce con de dentiste ! jura-t-il en ouvrant sa fenêtre pour cracher une bouchée de maïs dans le vent. Bon, ça continue. Trois plombages, et maintenant ils ont sauté tous les trois. C'est ma femme qui m'a envoyé à ce type. Elle disait que c'était un excellent dentiste — ha ! »

Il appuya sur l'accélérateur jusqu'à se retrouver derrière la Land-Rover de Carrie. Les deux véhicules rugissaient sur l'autoroute de Kinshasa comme s'ils étaient attachés l'un à l'autre. Il se pencha à la fenêtre et lança son épis de maïs rongé contre la voiture de sa femme. Il frappa la vitre arrière, mais Carrie sembla ne rien remarquer. Nous passâmes devant une pancarte où était marqué : *Diminuez le carnage sur la route — Conduisez prudemment.*

Au crépuscule, nous nous arrêtâmes à Kitale, au pied du mont Elgon, pour acheter des bières Tusker et du charbon. Kitale est une ville-marché. Ce dernier se situe le long de la route traversant la ville, près d'une ancienne gare construite par les Anglais. La route est bordée d'immenses gommiers. Sous les arbres, sur la terre damée, entre les flaques d'eau formées par les dernières pluies, les gens dressent des tables pour vendre des parapluies et des montres en plastique. Robin fit pénéter sa Land-Rover dans le marché et avança lentement dans la foule.

« Vous êtes en sens interdit ! lui cria un homme en swahili.

— Et où sont les panneaux ? rétorqua Robin.

— On n'en a pas besoin, par ici. »

Nous avons garé la voiture pour continuer à pied, et sur l'instant, des souteneurs nous ont entourés.

« Vous voulez aller à Kigawera ? Oui ? demanda un type en parka de ski blanche. Je vous emmène. Venez avec moi. Tout de suite. Belles filles. Je vous emmène. »

Ce pouvait être le quartier où vivaient les petites amies de Monet. C'était l'heure de pointe dans la ville, et la foule s'écoulait à pied sous les gommiers, devant la succession interminable d'échoppes. Le mont Elgon dominait la ville et les arbres, s'élevant à une hauteur indiscernable, ombre majestueuse noyée dans un nuage traversant une lumière dorée. Comme une lame de rasoir, la zébrure d'un éclair parcourut la montagne en diagonale depuis le nuage menaçant. L'éclair silencieux fit le tour de la montagne, suivi d'un autre, des éclairs en chaîne, sans qu'aucun bruit de tonnerre parvînt à la ville. L'air était froid, lourd, humide, plein du chant des criquets.

*
* *

On peut affirmer que le sida est le pire désastre qui ait touché notre environnement au XXe siècle. Ce virus semble avoir émergé d'un écosystème endommagé. Il est bien possible qu'il ait sauté dans la race humaine à partir des primates africains, petits ou grands singes anthropoïdes. On pense par exemple que le VIH-2, une des principales souches de VIH, serait un virus mutant qui aurait sauté dans l'homme alors qu'il infectait un singe africain qu'on appelle le Mangabey charbonneux, peut-être à l'occasion d'un contact direct entre des chasseurs et les chairs ensanglantées de leurs proies. Le VIH-1, l'autre souche, pourrait venir des chimpanzés — peut-être aussi à l'occasion d'un massacre de ces primates par des chasseurs. Une souche de sida du singe a récemment été isolée chez un chimpanzé du Gabon, en Afrique orientale, et c'est jusqu'à présent la souche *la plus proche* du VIH-1 qu'on ait trouvée dans le règne animal. Cela laisse entendre que le virus humain du sida aurait récemment évolué à partir d'un virus du chimpanzé. Le sida fut remarqué pour la première fois en 1980 à Los Angeles, en Californie, par un médecin qui se rendit soudain compte que ses malades homosexuels mouraient d'une agent infectieux. Si quiconque à l'époque avait suggéré que cette maladie inconnue affectant les homosexuels de Californie du Sud venait des chimpanzés sauvages d'Afrique, toute la communauté médicale aurait unanimement éclaté de rire. Plus personne ne sourit, maintenant. Il est intéressant de penser que le chimpanzé est un animal en voie de disparition, alors que le virus qui vivait dans ces animaux, lui, n'est plus en danger du tout. Les virus de la forêt vierge sont au fond très habiles quand il s'agit de préserver leur propre intérêt.

Le virus du sida subit des mutations rapides. C'est un hyper-mutant, un virtuose du changement de forme, qui modifie spontanément ses caractéristiques en progressant dans les populations et les individus. Les mutations interviennent même au cours d'une infection, et une personne qui meurt du sida est généralement tuée par des souches multiples qui ont toutes pris naissance spontanément dans son corps. C'est parce que ce virus est en constante mutation qu'il sera très difficile de trouver un vaccin contre lui. Plus largement, cela signifie que le virus du sida est un survivant naturel des changements subis par l'écosystème. Comme d'autres virus qui ne font qu'apparaître, ce sont tous des survivants du naufrage de la biosphère tropicale parce qu'ils peuvent subir des mutations et se modifier si vite qu'ils réagissent immédiatement à tous les changements intervenant dans leur écosystème, ou même les devancent. Ils semblent posséder la faculté naturelle d'éviter les problèmes, faculté qu'ils ont dû utiliser abondamment si l'on pense que certains d'entre eux sont sur terre depuis quatre milliards d'années. Il me vient à l'esprit l'image des rats quittant le navire.

*
* *

Lors de nos explorations sur les pistes autour du mont Elgon, nous avons vu les traces des troubles récents — huttes brûlées ayant jadis appartenu à des fermiers bukusu, bananiers épuisés autour des huttes abandonnées, champs en jachère envahis par les mauvaises herbes et les jeunes pousses d'arbres. On m'avait prévenu que nous risquions d'entendre des tirs, la nuit, mais ce ne fut pas le cas. Nous avons dressé notre camp dans la prairie même qu'avait choisie Charles Monet. Morris Mulatya, le cuisinier, vida un sac de charbon par terre et construisit un feu sur lequel il posa une bouilloire pour le thé. Robin MacDonald s'assit sur un pliant et retira ses chaussures. Après s'être massé les pieds, il sortit un couteau et entreprit de peler la corne de ses orteils. Non loin, à l'orée de la forêt qui entourait le camp, un buffle nous regardait.

« C'est un mâle, murmura Robin. Faut les surveiller, ces salauds. Ils peuvent vous *faucher* d'une charge. Ces buffles ont tué plus d'hommes en Afrique que n'importe quel autre animal. Sauf les hippopotames. Ces salauds-là en ont tué davantage encore. »

Je m'agenouillai dans l'herbe et alignai une rangée de caisses qui contenaient des combinaisons spatiales, le matériel de décontamination et les lampes. L'air était frais et bleu, et la pluie avait fait surgir les odeurs de l'herbe et de la forêt. La fumée de notre feu de camp s'échappait en volutes. Un torrent proche chantait entre les rochers. Robin leva les yeux et écouta les cris des oiseaux.

« Vous entendez ? Ce sont des touracos. Et des huppes des bois. Il y a aussi un busard gris, un mangeur de souris, vous voyez cette longue queue ? »

Il se leva pour gagner le ruisseau et je le suivis.

« Je me demande s'il y a des truites là-dedans, dit-il. On pourrait essayer les mouches. »

Je plongeai la main dans l'eau glacée et bouillonnante, mais de couleur grise, troublée par la poussière volcanique. Ce n'était pas le genre d'eau qu'aimaient les truites.

« A propos de pêche à la mouche, demanda Robin, avez-vous déjà entendu parler de pêche à la mouche pour les crocodiles ?

— Non.

— Vous mettez un morceau de viande au bout d'une chaîne. Un morceau de viande *gros comme ça*. Et les mouches accourent ! Il y a du sport !... Ils puent, ces crocodiles. On peut les sentir dans l'eau. Si vous restez dans la rivière à mi-mollet, ils nagent vers vous. Dans l'eau boueuse, vous ne pouvez pas savoir s'ils sont là, et pffftt ! Ils vous entraînent. Fin de l'histoire. Vous faites partie du passé, vieux. Ah, la Nature, est pleine de tueurs, quand on y pense, du torrent à la mer. »

Un jeune homme en béret et treillis militaire posa un genou dans l'herbe sans lâcher son fusil d'assaut russe. Il nous regarda sans nous trouver grand intérêt. Polycarp Okuku était un *askari*, un garde armé.

« *Ecoe simba hapa ?* demanda Robin. Y a-t-il des lions, par ici ?

— *Hakuna simba.* »

Il ne restait aucun lion dans la région. Des braconniers venus d'Ouganda avaient envahi le mont Elgon et tiré sur tout ce qui bougeait, y compris les gens ; alors maintenant le gouvernement kenyan exigeait des étrangers venant ici qu'ils soient accompagnés de gardes armés. Le mot *askari*, en swahili, signifie « porteur de lance ». Maintenant, il en est venu à désigner ceux qui sont armés d'un fusil d'assaut et vous suivent comme votre ombre.

*
* *

La grotte de Kitum s'ouvre dans une vallée arborée à une altitude de 2 500 mètres sur le flanc est de la montagne.

« Woufff ! souffla MacDonald alors que nous grimpions le sentier. Ça sent le buffle, par ici, hein ? *Mingi* de buffles. »

Des tas de buffles. Leurs traces croisaient celles des hommes en diagonale. Elles étaient plus larges, plus profondes, plus déterminées, et puant l'urine.

Sac au dos, je mesurais mes pas entre les flaques boueuses de la piste.

Polycarp Okuku, notre *askari*, arma son fusil d'assaut — clac-ta-choc. Prêt à tirer.

« Surtout à la saison des pluies, les buffles se déplacent en troupeaux », expliqua-t-il.

Le son du fusil qu'on armait attira l'attention de Robin.

« Nom de Dieu, murmura-t-il, ce joujou n'est pas sûr !

— Regardez, dit Okuku en montrant un groupe de silhouettes sur une éminence arrondie. Des damans. »

Les animaux bruns, de la taille d'une bûche de bois, couraient sur les rochers. Des hôtes possibles du Marbourg.

La vallée est couverte d'oliviers, de cèdres, de crotons à larges feuilles, de *Hagenia abyssinica* moussus et de tecks de l'Elgon, jeunes, gris, en forme de fouets. Çà et là poussent des podocarpus dont le tronc droit et argenté se perd dans le vert changeant du biotope. Ce n'est pas la forêt vierge des basses terres, où la couronne des arbres forme une voûte impénétrable, mais la forêt humide des montagnes d'Afrique, qui laisse voir le ciel. Le soleil tombe en taches sur le sol entre les arbres et caresse les clairières herbues où les papyrus scintillent près des violettes sauvages. Dans la forêt d'altitude africaine, les arbres se dressent individuellement. Chacun a une véritable présence, occupe un espace qui lui est propre, et ses branches zigzaguent sur fond de nuages, comme des bras qui se tendraient vers les cieux. De l'endroit où nous nous tenions, nous pouvions distinguer les fermes au pied de la montagne. Puis, au fur et à mesure que l'on montait, ces fermes laissaient place à des bosquets d'arbustes, puis à des îlots d'arbres plus grands, et enfin à la couverture presque continue de la forêt vierge primitive de l'Afrique orientale, extrêmement rare, une des forêts équatoriales et tropicales les plus menacées de la planète.

La forêt est de couleur gris-vert argenté. De ci, de là, un podocarpus s'élève plus haut que les autres arbres. Il peut être aussi gros et vieux qu'un séquoia géant. Son tronc est légèrement cannelé, et monte tout droit à une hauteur stupéfiante, sans branches, parfois en hélice, quelquefois légèrement incurvé, ce qui lui donne un aspect tendu et musculeux, comme un arc bandé. Au sommet, le podocarpus s'ouvre en une couronne en forme de vase, comme un orme, et les branches qui retombent portent des amas de grandes aiguilles vert foncé avec des fruits en forme de balles.

« Ce qui manque, ici, c'est le gibier, dit Robin en rajustant sa casquette pour regarder la forêt. Les éléphants ont tous été abattus. Si on ne les avait pas tués, mon vieux, il y en aurait partout. *Mingi* d'éléphants. Toute la montagne serait aux éléphants ».

La vallée qui menait à la grotte de Kitum ressemblait à une cathédrale vide. Je tentai d'imaginer ce que devait être le mont Elgon quand les toupeaux d'éléphants se déplaçaient dans une forêt de podocarpus, aussi gros que des séquoias. Il y a dix ans, avant les troubles, le mont Elgon était un des joyaux de la planète.

La grotte de Kitum s'ouvre à l'extrémité de la vallée. Elle est presque invisible de la piste, en grande partie bloquée par de gros rochers couverts de mousse et un rideau de cèdres. Un ruisseau tombe de la voûte de la grotte et arrose les cèdres, emplissant la vallée du clapotement de la cascade. Comme nous nous approchions, le bruit de la chute d'eau s'amplifia, et l'air s'emplit d'une odeur de chauve-souris.

Des orties géantes et tenaces poussaient en bouquets entre les rochers et chatouillaient les jambes nues pour les mettre en feu. Je me souvins soudain que les orties possèdent en fait de minuscules aiguilles. Des cellules de la plante injectent du poison dans la peau par ces aiguilles perçantes. Mites et autres petits insectes volants passaient l'entrée de la grotte comme des flocons de neige.

Nous nous sommes arrêtés sur une piste d'éléphants qui menait à la grotte, près d'un mur en roche marqué de hachures en diagonale : les éléphants avaient attaqué la roche à coups de défenses pour en extraire des fragments riches en sels minéraux. Les forêts du mont Elgon abritaient jadis deux mille éléphants, avant que des hommes munis de mitraillettes n'arrivent d'Ouganda. Maintenant, le troupeau se réduit à une famille étendue d'environ soixante-dix têtes. Les braconniers avaient installé une mitrailleuse à l'entrée de la grotte, et les éléphants survivants, retenant la leçon, restent autant que possible hors de vue, cachés dans les plus hautes vallées. Les vieilles femelles, ces grand-mères intelligentes qui mènent le troupeau et dictent ses mouvements, ne conduisent plus leur famille dans la grotte de Kitum qu'une fois tous les quinze jours, quand le besoin des sels minéraux estompe chez les éléphants la peur d'être abattus.

Les éléphants n'étaient pas les seuls visiteurs de la grotte. Les buffles avaient marqué le sol de leurs empreintes. Je remarquai aussi leurs bouses vertes fraîches, et des traces de sabots. La piste elle-même semblait constituée de bouse d'éléphant séchée. Outre le troupeau d'éléphants, beaucoup d'animaux divers entrent dans la grotte, probablement à la recherche de sel : des céphalophes, des waterbucks, des buffles du Cap, des petits singes, des babouins, peut-être, et certainement des genettes, qui ressemblent un peu à un très gros chat domestique. Beaucoup de rongeurs aussi — rats, musaraignes, campagnols — à la recherche de sel ou de nourriture. Ces petits mammifères laissent la trace de leur entrée dans la grotte. Le soir, ce sont les léopards qui arrivent, à la recherche d'une proie. La grotte de Kitum est pour le mont Elgon l'équivalent de la station de métro de Times Square : une zone de circulation souterraine, point de mélange biologique où différentes espèces de mammifères et d'insectes se croisent en un lieu clos. L'endroit idéal pour qu'un virus saute d'une espèce à l'autre.

J'ouvris mon sac à dos et sortis mon équipement, que je posai par terre. J'avais pris tout ce qui pouvait composer une tenue biologique pour un travail sur le terrain en niveau 4 de sécurité. Je n'avais pas de combinaison pressurisée, de combinaison Racal orange. Ce n'était qu'une combinaison à pression neutre munie d'un casque et d'un respirateur. Elle était en Tyvek, un matériau lisse et blanc qui résiste à l'humidité et à la poussière. Je sortis aussi une paire de gants en caoutchouc vert, des bottes en caoutchouc jaune et un masque noir à double filtre pourpre. Le masque était un respirateur North en silicone avec une visière en Lexan, pour une bonne visibilité, et les filtres pourpres étaient de ceux qui arrêtent un virus. Le masque donnait une allure d'insecte, avec son caoutchouc noir à l'aspect mouillé, sinistre. Je posai aussi sur un rocher un rouleau de ruban adhésif, un bonnet de douche en plastique (dix cents pièce chez Woolworth), une lampe torche et une lampe frontale. Je me glissai dans la combinaison, les pieds en premier, et la remontai sous mes aisselles avant de passer mes bras dans les manches. Je mis le bonnet de douche sur ma tête, puis rabattis le casque de la combinaison sur le bonnet. Je montai la fermeture. Éclair de la combinaison de l'entrejambe au menton.

En général, il faut une équipe de soutien pour vous aider à revêtir ce genre de tenue biologique, et c'est mon compagnon de voyage, Fred Grant, qui assure cette fonction.

« Peux-tu me passer l'adhésif ? lui demandai-je.

— Si tu ne faisais que dix centimètres de haut et que tu débarquais soudain sur mon palier, je ferais quelque chose de définitif », dit-il en me considérant avec un sourire ironique.

Je recouvris la fermeture Éclair d'adhésif, dont j'entourai aussi mes poignets et mes chevilles pour solidariser gants et bottes à la combinaison : la première ligne de défense.

Polycarp Okusu était assis sur un rocher, son arme sur les genoux, et il me regardait avec une expression d'une neutralité calculée. A l'évidence, il ne voulait pas que quiconque le crût surpris de voir quelqu'un revêtir une combinaison spatiale pour pénétrer dans la grotte de Kitum. Puis il se tourna vers Robin MacDonald, et ils échangèrent quelques mots en swahili.

« Il veut savoir combien de gens sont morts dans cette grotte, me demanda Robin.

— Deux. Pas dans la grotte — après. Un homme et un gamin, précisai-je à Okuku, qui hocha la tête. Il n'y a que très peu de danger, je me montre prudent, c'est tout.

— Tu exploses, mon vieux, dit Robin à l'*askari*. Tu vois, comme ça, pffftt ! Fin de l'histoire, et t'es aux oubliettes. Tu attrapes cette saloperie, et tu te tires, insista Robin tandis que je pensais qu'il aurait peut-être mieux fait de se taire.

— J'ai entendu parler de ce virus, dit Okuku. Les Américains sont venus ici.

— Étiez-vous là, à l'époque ? demandai-je.

— Non, mais j'en ai entendu parler. »

J'attachai le masque sur mon visage. J'entendais distinctement ma respiration traversant les filtres en sifflant. Je resserrai les sangles à la nuque.

« Comment ça va ? demanda Grant.

— Bien », répondis-je d'une voix étouffée qui semblait lointaine à mes propres oreilles.

L'air vint nettoyer la visière de la buée qui la voilait. Ils me regardèrent fixer une lampe de mineur sur ma tête.

« Combien de temps vas-tu rester là-dedans ? demanda Grant.

— Je devrais être de retour dans environ une heure.

— Une heure ?

— Eh bien... environ.

— Bon, et après ?

— Après ? Appelez les pompiers. »

L'entrée était énorme, cinquante mètres de large, puis la grotte s'élargissait encore. Je dépassai une zone boueuse ciselée d'empreintes d'animaux et continuai sur une large plate-forme couverte de bouse séchée, spongieuse. Le masque sur la figure, je ne pouvais sentir ni les bouses, ni les chauves-souris. La chute d'eau retentissait dans la grotte, qui renvoyait le clapotis en écho. Je me retournai pour regarder en arrière, et je vis que les nuages obscurcissaient le ciel, annonçant l'arrivée des pluies de l'après-midi. J'allumai mes lampes et continuai.

La grotte de Kitum s'ouvre par une vaste zone d'éboulis. En 1982, deux ans après la visite de Charles Monet, la voûte s'était partiellement effondrée, brisant un pilier qui semblait jadis la soutenir et laissant un chaos de pierres sur une centaine de mètres ; au-dessus, la voûte rocheuse apparaissait plus claire. J'avais apporté une carte dans un sac étanche en plastique transparent. Il s'agissait de protéger la carte de tout virus et de pouvoir la décontaminer ensuite sans l'abîmer. La carte avait été dressée par un Anglais, Ian Redmond, spécialiste des éléphants, qui avait monté sa tente et était resté cinq mois à l'entrée de la grotte protégé par un rocher, pour observer la nuit les allées et venues des éléphants. Il ne portait aucune tenue de protection — et pourtant sa santé n'avait pas eu à en souffrir. (Quand j'ai raconté à Peter Jahrling l'aventure de Redmond dans la grotte de Kitum, il m'a demandé le plus sérieusement du monde : « Y aurait-il un moyen pour que vous m'obteniez un peu de son sang, afin que je fasse quelques analyses ? »)

C'est à Ian Redmond qu'on doit la théorie intéressante selon laquelle la grotte de Kitum aurait été creusée par les éléphants. Elle est très ancienne, cela ne fait aucun doute. Les mères éléphantes enseignent à leurs petits comment gratter la roche pour en obtenir les sels minéraux dont ils ont besoin — l'attaque des roches est un comportement acquis chez l'éléphant, pas un instinct ; ce sont les parents qui l'enseignent à leurs jeunes — et ce savoir-faire s'est transmis de génération en génération, peut-être pendant des centaines de milliers d'années : peut-être même remonte-t-il plus loin que l'existence de l'homme moderne sur terre. Si les éléphants ont attaqué la roche de la grotte au rythme de quelques kilos par nuit, elle a facilement pu être creusée par eux en quelques centaines de milliers d'années. Ian Redmond l'a calculé. Il appelle cela la spéléogenèse par les éléphants — la création d'une grotte par des éléphants.

La lumière baissait, et l'entrée de la grotte, derrière moi, n'était plus qu'un croissant de lumière entre la voûte et l'éboulis. J'arrivai à une zone d'habitat de chauves-souris, de celles qui se nourrissent de fruits. Mes lumières les troublèrent et certaines tombèrent au ras de mon casque en émettant une sorte de rire. Le sol sous les chauves-souris était souillé de guano humide et gélatineux, une pâte vert épinard tachée de gris qui me rappelait des huîtres. Sur le coup, je me posai la question idiote du goût que pouvait avoir ce guano. Je repoussai cette idée. Ce n'était qu'une mauvaise plaisanterie de mon cerveau. On doit éviter de manger de la merde en niveau 4.

Au-delà des chauves-souris, la grotte devenait plus sèche et plus poussiéreuse, ce qui est très inhabituel pour une grotte. La plupart des grottes sont humides, puisqu'elles sont généralement creusées par l'eau. Il n'y avait aucune trace d'eau dans la grotte, aucun lit de rivière, aucune stalactite. Ce n'était qu'une énorme salle sèche au flanc du mont Elgon. Les virus aiment l'air sec, la poussière et l'obscurité, et la plupart d'entre eux ne survivent pas longtemps exposés à l'humidité et au soleil. Ainsi donc, une grotte sèche est un lieu idéal pour conserver un virus, pour le préserver, inactif, dans les excréments, ou même peut-être dans l'air frais, sombre et presque immobile.

Les particules du Marbourg sont rudes et vigoureuses. Elles peuvent probablement survivre pendant longtemps dans une grotte aussi sombre. Le Marbourg peut survivre cinq jours au moins dans l'eau. Cela a été démontré par Tom Geisbert. Une fois, juste pour voir ce qui arriverait, il avait laissé pendant cinq jours des particules de Marbourg dans des flacons d'eau à température ambiante. Puis il avait pris l'eau et l'avait versée dans des tubes contenant des cellules vivantes de singe. Les cellules s'étaient remplies de cristalloïdes, avaient explosé et étaient finalement mortes du Marbourg. Tom venait de découvrir que des particules de Marbourg âgées de cinq jours étaient aussi infectieuses et mortelles que des particules fraîchement prélevées dans du sang. La plupart des virus ne survivent guère hors d'un hôte. Celui du sida ne survit qu'une vingtaine de secondes quand il est exposé à l'air. Personne n'a jamais essayé de savoir combien de temps le Marbourg ou l'Ébola peuvent survivre sur une surface sèche. L'expérience n'a pas été tentée. Il se pourrait que les filovirus puissent survivre un certain temps sur une telle surface, à condition qu'il n'y ait pas de lumière solaire, car elle détruit le matériel génétique des virus.

Je me hissai sur un monticule et touchai de mon gant

le plafond. Il était couvert de formes brunes et oblongues (des tronçons d'arbre pétrifiés) et de fragments blanchâtres (des morceaux d'os pétrifié). La voûte de la grotte était une forêt dense pétrifiée, le sol composé de cendres solidifiées, souvenir d'une éruption du volcan Elgon. D'énormes troncs de pierre y étaient enchâssés, que le flot de lave avait déracinés et enterrés là. Les troncs, d'un brun sombre et luisant, reflétaient des couleurs opalescentes dans le rayon de ma torche. Certains étaient tombés du toit, laissant des trous, et les trous étaient bordés de cristaux de sels minéraux à l'aspect diaboliquement tranchant. Peter Cardinal avait-il touché ces cristaux ? Je trouvai des nids de chauves-souris dans les trous, entre les cristaux, des chauves-souris mangeuses d'insectes, plus petites que celles, rassemblées près de l'entrée de la grotte, qui se nourrissent de fruits. Tandis que j'allais de trou en trou avec ma lampe, des chauves-souris en sortaient brutalement et tourbillonnaient autour de ma tête avant de disparaître. Puis je vis quelque chose de merveilleux : une dent de crocodile pétrifiée dans la roche. Le flot de lave avait enterré une rivière où vivaient des crocodiles. Ils avaient été piégés et brûlés à mort lors d'une éruption de l'Elgon.

Je marchai prudemment sur les morceaux de roche affûtés comme des rasoirs qui étaient tombés de la voûte, et j'arrivai à une bouse d'éléphant fraîche, de la taille d'un petit baril de bière. Je l'enjambai jusqu'à une crevasse dans laquelle je dirigeai le rayon de ma lampe : elle semblait s'enfoncer dans une noirceur infinie. Je n'y vis aucun bébé éléphant momifié. J'arrivai à un mur couvert de hachures — l'œuvre des défenses d'éléphant. Les éléphants avaient laissé leur marque partout sur la roche. Je continuai d'avancer et arrivai à un pilier brisé. A côté, un tunnel descendait plus loin. Je me glissai dans le passage, tournai et débouchai dans la salle principale. Je bouillais de chaleur dans ma combinaison. Des gouttelettes d'humidité s'étaient condensées sur ma visière et se rassemblaient sous mon menton. Mes pas soulevaient la poussière, qui formait des nuages autour de mes bottes. Cela me parut bizarre d'être trempé de sueur alors que je déambulais dans la poussière sèche. Comme je sortais du passage, je me cognai la tête à un rocher. Je me rendis compte que, si je n'avais pas porté de casque de protection, je me serais fendu le crâne. Il me parut facile de se blesser le cuir chevelu dans cette grotte. Une voie possible pour l'infection : le virus s'accroche aux roches et entre dans le sang par une coupure. Je trouvai une chauve-souris morte, couverte d'une sorte de moisissure blanche.

Je m'enfonçai encore, jusqu'à un mur final. Là, au niveau des genoux, dans l'obscurité totale, je trouvai des araignées dans leur toile. Elles avaient laissé les enveloppes de leurs œufs suspendues un peu partout aux rochers. Des araignées continuaient leur vie au fond de la grotte de Kitum. Cela signifiait qu'elles trouvaient quelque chose à manger dans l'obscurité, quelque chose qui volait jusqu'à leur toile. J'avais vu des mites et des insectes volants sortant de la grotte, et je me dis que certains devaient se faire prendre dans les toiles. Ces araignées pourraient être l'hôte. Elles pourraient attraper le virus d'un insecte qu'elles mangent. Peut-être le Marbourg vit-il dans le sang des araignées. Peut-être Monet et le petit Cardinal ont-ils été piqués par elles. Vous sentez une toile d'araignée frôler votre visage dans le noir, puis une vague piqûre, et plus rien de visible, pas d'odeur, pas de douleur. Vous ignorez que le virus est en vous jusqu'au moment où vous commencez à saigner.

Il se passait dans la grotte de Kitum tant de choses que je ne comprenais pas ! Elle s'insère mystérieusement dans l'écosystème d'une montagne, elle joue un rôle dans la vie de la forêt, mais de quel rôle s'agit-il ? Personne ne peut vraiment le dire. Je trouvai une crevasse qui semblait pleine d'eau claire et profonde. Ce ne pouvait être de l'eau, me dis-je, la crevasse était forcément sèche. Je ramassai un caillou et le jetai. Au bout d'une seconde de chute, le caillou éclaboussa l'air — il avait heurté de l'eau. La pierre tomba lentement hors de ma vue, et les rides de l'eau s'élargirent pour mourir au loin, renvoyant le reflet de ma lampe sur les parois de la grotte.

Je grimpai sur des pierres éboulées et regardai autour de moi. La salle faisait plus de cent mètres de diamètre, et mes lampes ne parvenaient pas à en explorer tous les recoins. Le monticule d'éboulis au centre faisait ressembler la grotte à l'intérieur d'une bouche. Quand on regarde dans la bouche de quelqu'un, on voit d'abord la langue bombée sous le palais, qui ensuite descend vers la gorge : c'est exactement l'aspect de la grotte. Dites « AAaaah », grotte de Kitum ! Avez-vous un virus ?

Aucun instrument, aucune sensation ne peut vous dire si vous êtes en présence d'un prédateur. J'éteignis mes lampes et restai dans l'obscurité totale, sentant la sueur couler sur ma poitrine, les battements de mon cœur, le sang dans ma tête, et ce silence impénétrable.

*

* *

Les pluies de l'après-midi tombaient. Fred Grant s'abritait à l'entrée de la grotte, debout sur les bouses d'éléphant, dans la zone grise. L'*askari*, assis sur un rocher proche, faisait sauter son arme sur ses genoux d'un air de profond ennui.

« Si vous voulez bien me supporter un moment, je vais procéder à ma décontamination, dis-je à Grant.

— Je ne veux pas vous inquiéter indûment, mais il y a une sorte de liquide dans votre masque.

— Seulement de la sueur. »

Je pris une grande cuvette en plastique que nous avions apportée et la plaçai un moment sous la chute d'eau. Quand elle fut à moitié pleine, je l'emportai sur le sentier à l'entrée, la posai par terre et y versai deux litres de Jik — le cru local d'eau de Javel.

Je plongeai mes mains gantées dans le Jik et en pris un peu pour laver mon casque et ma visière. A l'aide d'une brosse, je frottai ma combinaison. Puis je laissai tomber ma carte, ma lampe torche et ma lampe frontale dans le Jik. Je retirai mon masque et le plongeai lui aussi dans le liquide, avec ses filtres pourpres.

Je me mis debout dans la cuvette, le liquide se troublant à cause des saletés accumulées sous mes bottes — bouses d'éléphant, de cobes, de céphalophe, déjections de chauves-souris et peut-être crottes de léopards. Je frottai mes bottes pour en retirer les marques de saleté les plus évidentes.

Je retirai enfin ma combinaison, arrachai l'adhésif, enlevai gants et bottes. Tout se retrouva dans la cuvette, emplie d'un mélange brunâtre où nageait un équipement de protection biologique.

Sous ma combinaison, je portais des sous-vêtements et des chaussures de sport. Je retirai le tout et le plaçai dans un sac à ordures en plastique — dit sac chaud — non sans verser dessus quelques verres de Jik, et je plaçai ce sac dans un autre. Je lavai encore une fois l'extérieur des sacs au Jik. Je sortis enfin de mon sac à dos des vêtements propres que j'enfilai. L'équipement une fois décontaminé, je le plaçai dans des doubles sacs, ajoutant du Jik.

Robin MacDonald apparut sans bruit au sommet des roches à l'entrée de la grotte.

« Eh ! Monsieur Crotte de Chauve-Souris, cria-t-il, vous nous avez rapporté des échantillons ? »

Nous sommes repartis sur la piste, emportant les sacs chauds, et nous avons regagné le campement. La pluie s'intensifiait, crépitant et sifflant dans les feuilles, quand nous avons atteint la tente commune pour boire un whisky, confortablement installés dans des fauteuils. Il était 15 heures. Les nuages s'épaissirent au point que le ciel s'assombrit totalement et qu'il fallut allumer les lampes à huile dans la tente. Le tonnerre roulait autour de la montagne, et la pluie se transforma en trombes d'eau qui rafraîchirent l'atmosphère.

Robin s'installa dans une chaise longue.

« Ah, mon vieux, cette pluie ne s'arrête jamais sur l'Elgon. C'est toute l'année. »

Il y eut un éclair qui illumina comme en images stroboscopiques le profil de Robin, puis un claquement. La foudre s'abattit sur un olivier à moins de vingt mètres de la tente.

Nous avons lavé le whisky avec des bières Tusker et joué au poker. Robin ne voulut pas se joindre à nous.

« Reprenez du whisky, Robin, lui dit Grant.

— Pas de ça pour moi. Mon estomac n'apprécie pas. La bière, c'est parfait. Ça vous apporte des protéines, et ça aide à dormir. »

La pluie diminua et les nuages s'éclaircirent momentanément. Les branches des oliviers ressemblaient à des gribouillis dans le ciel, tandis que leur tronc restait plongé dans l'ombre. Des gouttes d'eau traversaient le feuillage et les oiseaux émirent des cris avant que le mont Elgon retombe dans le silence, la forêt se balançant à nouveau dans la pluie qui redoublait.

« Comment va, monsieur Crotte de Chauve-Souris ? me demanda Robin. Des symptômes psychiques ? C'est quand on commence à parler tout seul dans les toilettes. Juste une question de jours... »

Les symptômes psychiques commençaient déjà. Je n'arrêtais pas de me revoir me cognant la tête à la voûte de la grotte. J'en avais gardé une jolie bosse, et je savais qu'autour de la bosse la peau devait être fragilisée. Je commençais à comprendre la sensation d'avoir été exposé à un filovirus. Mais j'irais bien. Pas de problème. J'avais toutes les chances de n'avoir été exposé à rien. En attendant, la meilleure chose à faire était de rester dans la tente à boire du whisky.

L'apparition du virus du sida, de celui de l'Ébola et de bon nombre d'autres agents de la forêt humide semble une conséquence naturelle de la dégradation de la biosphère dans les régions tropico-équatoriales. Les virus se manifestent dans les parties du monde qui sont endommagées sur le plan écologique. Nombre d'entre eux viennent des abords violés des forêts vierges, ou des savanes rapidement colonisées par les populations. Les forêts vierges sont les réservoirs profonds de la vie sur la planète, elles renferment la plupart des espèces végétales et animales du monde. Les forêts vierges sont également les plus vastes réservoirs de virus, puisque tout ce qui vit est porteur de virus. Quand ils sortent d'un écosystème, ils tendent à se diffuser par vagues dans la population humaine, comme les échos d'une biosphère mourante. Voici quelques noms de virus émergents : Lassa ; Vallée du Rift ; Oropouche ; Rocio ; Q ; Guanarito ; VEE ; Dengue ; Chikingunya ; Machupo ; Junin ; les hantavirus ; les souches de rhabovirus comme le Mokolo et le Duvenhage ; le Dantec ; le virus cérébral de la forêt de Kyasanur ; le VIH — que l'on peut classer dans la catégorie des virus émergents parce que sa pénétration dans l'espèce humaine s'accroît rapidement, sans aucune fin prévisible ; l'agent de la forêt Semliki ; le Crimée-Congo ; Siudbis ; O'nyong nyong ; São Paulo ; Marbourg ; Ébola Soudan ; Ébola Zaïre ; Ébola Reston.

En un sens, la terre est en train de fabriquer une réponse immunitaire contre la race humaine. Elle commence à réagir à l'homme comme à un parasite, face à l'envahissement par une marée humaine, face aux espaces morts recouverts de béton, aux déchets mortifères de l'Europe, du Japon et des États-Unis, provoqués par ces primates prolifiques dont la colonie toujours plus nombreuse menace la biosphère de choc mortel et d'extinction par son extension même. Peut-être la biosphère n'« aime »-t-elle pas la présence de cinq milliards d'être humains. On pourrait aussi dire que l'amplification extrême de la race humaine, intervenue dans les cent dernières années environ, a soudain produit une immense quantité de viande, partout présente dans la biosphère et pas toujours capable de se défendre contre une forme de vie qui pourrait vouloir la consommer. La nature a des façons intéressantes de rétablir son équilibre. La forêt vierge a ses propres défenses. Le système immunitaire de la terre, si l'on peut s'exprimer ainsi, « constate » la présence de la race humaine, et commence à l'attaquer. La terre tente au fond de se débarrasser d'une vaste infection provoquée par le parasite humain. Peut-être le sida est-il la première étape de ce processus naturel d'élimination.

Je commence à me demander, tout en me l'interdisant, si le sida, en fin de compte, pourrait ne pas être qu'un début. Je soupçonne le sida de ne pas être un accident, ni un événement isolé, mais une étape d'un processus naturel qui ne me paraît pas bien intentionné envers mon espèce. On peut se demander si la race humaine peut effectivement conserver une population de cinq milliards d'êtres et plus sans que cela provoque l'intervention d'un virus chaud. La réponse à cette question gît cachée dans le labyrinthe des écosystèmes équatoriaux et tropicaux. Pour un virus de la forêt vierge, cinq milliards de personnes représentent un immense territoire inexploité, grand ouvert aux attaques et manquant de défenses adéquates. Si un virus tueur se propageait par voie aérienne, il ferait le tour du monde en quelques semaines ou quelques mois, et il n'y aurait aucune chance de trouver un vaccin aussi vite puisqu'il faut environ dix ans pour développer un nouveau vaccin. L'espèce humaine commence à ressembler à une peste sur le point de se déclarer. Le sida fait partie de la revanche de la forêt vierge. Mais il n'est que le premier acte de cette revanche.

Pas de problème, me dis-je, il est sûr que j'irai bien. Nous allons tous nous en sortir. Pas le moindre problème. Tout va bien. Plein de gens sont entrés dans la grotte de Kitum sans tomber malades. De trois à dix-huit jours. Quand commence l'amplification, on ne sent rien. Je me souvins de Joe McCormick qui pourchassait au Soudan le virus Ébola. Il s'était retrouvé face à face avec l'Ébola dans une hutte pleine de gens qui s'effondraient saignés à blanc ; de surcroît, il s'était piqué le pouce avec une aiguille sale. Mais il avait eu de la chance : il avait survécu à l'expérience. A cette occasion McCormick avait fait une découverte d'importance :

une bouteille de gin est le seul traitement connu en cas d'exposition à un filovirus.

*

* *

A l'automne, je me rendis au Pavillon des singes, abandonné, pour voir ce qu'il était devenu. C'était une chaude journée d'été indien. Une brume soufrée recouvrait Washington. Je quittai la Washington Beltway et m'approchai discrètement du bâtiment. L'endroit était désert et tranquille comme une tombe. De temps à autre, un gommier laissait tomber une feuille. « A LOUER » indiquait une pancarte devant de nombreux bureaux entourant le parking. Je sentis la présence non pas d'un virus, mais d'une maladie financière — les signes cliniques des années quatre-vingt, comme lorsqu'on pèle après une mauvaise fièvre. Je traversai une zone herbue derrière le bâtiment et arrivai à la porte vitrée par laquelle les équipes de décontamination étaient entrées. Elle était fermée à clé. Des traces d'adhésif argenté pendaient encore aux coins du panneau. Je regardai à l'intérieur et vis le sol taché de brun-rouge. Au mur, une pancarte disait : « Nettoyez vos propres saletés. » A côté, je discernai le couloir qui avait servi de sas, la zone grise par laquelle les équipes avaient pénétré dans la zone chaude. Ses murs étaient en parpaings gris : la zone grise idéale.

Mes pieds froissèrent des bouts de plastique dans l'herbe. Des baies de sureau mûrissaient autour de bouches d'aération rouillées. A un bruit de caoutchouc, je me retournai et je vis un gamin qui jouait avec un ballon de basket, réveillant des échos étouffés dans l'ancien Pavillon des singes. J'entendis les cris des enfants à la crèche, par-delà les arbres. J'explorai l'arrière du bâtiment et j'arrivai à une fenêtre me permettant de regarder à l'intérieur. Des plantes grimpantes poussaient dans la pièce, pressant leurs feuilles contre la vitre à la recherche de lumière et de chaleur.

Où trouvaient-elles de l'eau dans le bâtiment ? C'était du chèvrefeuille tartare, qui pousse de préférence dans les lieux déserts et les terrains abandonnés. Les fleurs de ce chèvrefeuille ne sentent rien. Enfin, elles ont plutôt une odeur de virus, et elles s'épanouissent dans les écosystèmes détruits. Dans l'*Énéide* de Virgile, Le Tartare est le pays de la mort, le monde souterrain, le lieu sans lumière où les ombres des morts murmurent dans les ténèbres.

Je ne pus rien voir de l'ancienne zone chaude à travers les tiges entremêlées. Je contournai le pignon et trouvai une autre porte vitrée condamnée par de l'adhésif argenté. Je pressai mon nez contre la vitre et entourai mes yeux de mes mains pour éviter les reflets. Je vis un seau avec une croûte brune, comme des excréments de singe séchés. Quoi que ce fût, je me dis que cela avait dû rencontrer de l'eau de Javel. Une araignée avait tendu une toile entre un mur et le seau, et des insectes s'y étaient fait prendre. Au sol, sous la toile, l'araignée avait laissé tomber des restes de mouches et d'abeilles. Comme on était en automne, elle avait disposé des enveloppes d'œufs dans sa toile, prêts pour son propre cycle de reproduction. La vie s'était rétablie dans le Pavillon des singes.

L'Ébola a infesté ces salles, levé son drapeau, mangé ce qu'il pouvait ; puis il s'est replié dans la forêt. Il reviendra.

PRINCIPAUX PERSONNAGES

« Charles Monet » : Français expatrié qui vivait dans l'ouest du Kenya. En janvier 1980, le virus de Marbourg le fait littéralement exploser tandis qu'il voyage en avion.

Lieutenant-colonel Nancy Jaax : Spécialiste de pathologie vétérinaire à l'USAMRIID, elle commence à travailler sur le virus Ébola en 1983. Elle prend en 1989 la tête du département de pathologie et, au cours de l'automne 1989, joue un rôle essentiel dans l'opération Reston.

Lieutenant-colonel Jerry Jaax : Directeur de la division vétérinaire de l'USAMRIID, mari de Nancy Jaax. Bien qu'il n'ait jamais porté de combinaison étanche contre les risques biologiques, il doit en revêtir une quand on lui confie le commandement de l'équipe spéciale d'intervention de l'armée chargée de l'opération Reston.

Eugene (Gene) Johnson : « Chasseur de virus » civil qui travaille pour l'armée. Spécialiste du virus Ébola. Au printemps 1988, après la mort de « Peter Cardinal », il commande une expédition militaire dans la grotte de Kitum, au mont Elgon. Responsable de la logistique et de la sécurité pour l'opération Reston.

« Peter Cardinal » : Jeune Danois en visite chez ses parents au Kenya, pendant l'été 1987, victime du virus de Marbourg. L'armée conserve dans ses congélateurs une souche du virus de Marbourg qui porte son nom.

Dan Dalgard : Vétérinaire de l'Unité de quarantaine pour primates — le Pavillon des singes — à Reston.

Peter Jahrling : Virologue civil travaillant pour l'armée. Il découvre la souche de virus qui fait des ravages dans le Pavillon des singes de Reston.

Tom Geisbert : Étudiant qui, à l'automne 1989, travaille comme technicien responsable du fonctionnement du microscope électronique à balayage de l'USAMRIID.

Colonel Clarence James (C.J.) Peters : Médecin, il dirige la section des diagnostics à l'USAMRIID. Chef de l'opération Reston.

Dr Joseph McCormick : Chef de la branche des agents pathogènes spéciaux du CDC. Au Soudan, il s'est piqué avec une aiguille infectée en soignant dans une hutte des personnes atteintes par l'Ébola.

Robin McDonald : Guide et chasseur professionnel en Afrique orientale. A l'été 1993, c'est lui qui conduit l'auteur jusqu'à la grotte de Kitum.

(Les grades indiqués ici étaient ceux des intéressés à l'époque des événements.)

GLOSSAIRE

Amplification : multiplication d'un virus soit dans le corps d'un hôte, soit dans une population d'hôtes.

Amplification extrême : multiplication d'un virus dans tout l'organisme de l'hôte.

Animal sentinelle : animal utilisé comme « alarme » pour signaler la présence d'un agent « chaud », pathogène pour lui, si aucun instrument ne peut détecter directement celui-ci. Joue le rôle du canari dans les mines de charbon.

Autoroute de Kinshasa : la route du sida. Principalement voie de propagation du VIH quand il est sorti de la forêt vierge d'Afrique centrale, elle relie Kinshasa (Zaïre) à l'Afrique orientale.

Briques : particules virales, transparentes comme du cristal, qui croissent dans une cellule. On dit aussi « inclusions ». Nous les appellerons souvent « cristalloïdes ».

Carton à chapeau (argot militaire) : récipient cylindrique fait de carton enduit de paraffine destiné à contenir des agents biologiques dangereux.

Cas initial : premier cas connu d'une maladie infectieuse à grande diffusion.

Chaîne explosive de transmission léthale : épidémie dans laquelle un agent infectieux s'étend avec la soudaineté d'une explosion dans une population dont il tue un fort pourcentage.

Chaud (argot militaire) : mortel par infection biologique. Utilisé dans diverses expressions :

— **agent chaud :** virus léthal extrêmement contagieux, souvent véhiculé par l'air.

— **laboratoire chaud :** laboratoire isolé ou groupe de laboratoires classés au niveau 4 de sécurité biologique.

— **zone chaude, secteur chaud, côté chaud** : espace qui contient des organismes pathogènes potentiellement mortels.

Civière-bulle : enceinte étanche portable servant au transport des patients contaminés.

Claquoir (argot militaire) : nom donné à l'hôpital de l'USAMRIID, au niveau 4 de sécurité biologique.

Combinaison spatiale Chemturion : combinaison pressurisée de haute sécurité, très résistante, utilisée dans les laboratoires de niveau 4 de risque biologique. Connue aussi sous le nom de **combinaison bleue** en raison de sa couleur, d'un bleu intense.

Combinaison spatiale Racal : Combinaison pressurisée autonome dont le système d'approvisionnement en air est alimenté par des batteries. Utilisée sur le terrain dans des zones à haut risque de contamination par un agent pathogène aérien. Connue aussi sous le nom de **combinaison orange** en raison de sa couleur.

Cristalloïdes : voir « briques »

Ébola : virus mortel venu des forêts équatoriales. Origine exacte inconnue. On en connaît trois types différents : l'*Ébola Zaïre*, l'*Ébola Soudan* et l'*Ébola Reston*. Il est étroitement lié au virus de **Marbourg**. Ils font tous partie de la famille des filovirus.

Envirochem : liquide désinfectant de couleur verte utilisé dans les douches de décontamination chimique. Très efficace contre les virus.

FHS : fièvre hémorragique du singe. Virus du singe sans danger pour l'homme.

Filovirus : famille de virus dont les seuls représentants connus sont l'Ébola et le Marbourg.

Hôte : organisme qui sert de foyer ainsi que de nourriture à un parasite tel qu'un virus.

Irradier (argot militaire) : au sens biologique, tenter de rendre un lieu stérile. Voir « stérilisation ».

Microscope électronique : gros microscope extrêmement puissant qui utilise un faisceau d'électrons pour reconstituer par balayage l'image d'objets microscopiques tels que les virus.

Micropercée : terme que j'utilise pour désigner l'émergence discrète, parfois passée inaperçue, d'un virus.

Réplication : reproduction sous la même forme du matériel génétique d'un organisme. Voir « amplification ».

Saigner à blanc (argot militaire) : mourir au terme d'un état de choc, avec hémorragies profuses par tous les orifices du corps.

Souche Mayinga : la souche la plus virulente connue du virus Ébola. Elle doit son nom à une infirmière, Mayinga N., morte en 1976 au Zaïre.

Sous-Marin (argot militaire) : à l'USAMRIID, morgue de sécurité biologique de niveau 4.

Stérilisation : destruction totale et sans équivoque de tous les organismes vivants. Très difficile à atteindre, et presque impossible à vérifier.

Troisième espace : saignement hémorragique massif sous la peau.

USAMRIID : Institut de recherche médicale de l'armée des États-Unis sur les maladies infectieuses, situé au Fort Detrick, à Frederick, dans le Maryland. Appelé aussi l'Institut.

Virus : agent, souvent pathogène, plus petit qu'une bactérie. Il est formé d'une coque, constituée de protéines et de membranes, qui renferme une molécule d'ADN ou d'ARN. Un virus est un parasite qui a nécessairement besoin d'une cellule vivante pour se répliquer.

Virus émergent : « Virus dont la fréquence a récemment augmenté et qui semble devoir continuer à augmenter » (d'après Stephen S. Morse).

Virus de Marbourg : filovirus aux effets très proches de ceux du virus Ébola.

VIH : virus de l'immunodéficience humaine, cause du sida. c'est un agent émergent de niveau 2 provenant de la forêt vierge d'Afrique. Origine exacte inconnue. Actuellement en amplification dans le monde entier ; on ignore tout à fait dans quelle mesure il finira par infecter l'espèce humaine. Voir « amplification ».

Zone grise ou secteur gris : espace intermédiaire entre une zone « chaude » et le monde normal. « Un lieu ou les deux mondes se rencontrent. »

REMERCIEMENTS

Je dois tout d'abord remercier l'ensemble du personnel civil et militaire de l'USAMRIID. Ceux qui ont pris part à l'opération Reston ont risqué anonymement leur vie, sans aucun espoir que leur travail soit jamais connu du public.

Je suis profondément reconnaissant envers mon éditeur chez Random House, Sharon DeLano. Un jour je lui ai dit : « Dieu est dans les détails », et elle m'a répondu : « Non, Dieu est dans la structure. » J'ai également une dette envers Sally Gaminara, de Doubleday Royaume-Uni, pour ses précieuses idées d'édition. Merci à Ian Jackman pour son aide et aussi à Harold Evans.

Pour avoir maintenu mon compte en banque hors du rouge, merci à Lynn Nesbit ainsi qu'à Robert Bookman, Lynda Obst, Cynthia Cannell, Eric Simonoff et Chuck Hurewitz. Merci aussi à Jim Hart pour les conversations si précieuses que nous avons eues, ainsi qu'à Ridley Scott.

Ce livre est issu d'un article que j'avais rédigé pour le *New Yorker*. J'exprime ma gratitude à Robert Gottlieb qui me l'avait demandé et à Tina Brown qui l'a publié et lui a donné des ailes. J'ai également une dette envers John Bennet, le préparateur de copie, et Caroline Fraser, la correctrice. Tous mes remerciements aussi à Pat Crow, Jill Frisch, Elizabeth Macklin et Chip McGrath.

Mes guides philosophiques ont été Stephen S. Morse et Joshua Lederberg, tous deux virologues à la Rockefeller University de New York. Certaines des inquiétudes (ou des craintes) exprimées dans ce livre ont eté portées à l'attention du monde lors d'une importante conférence sur les virus émergents organisée et présidée par Stephen Morse, et qui se tint, curieusement, en mai 1989, quelques mois à peine avant les événements de Reston. C'est à l'occasion de cette conférence que M. Morse forgea l'expression « virus émergent ». J'ai également été influencé par des dizaines d'années de réflexions et de commentaires de la part de Joshua Lederberg. Je suis seul responsable de toutes les folies scientifiques que peut contenir ce livre.

A l'USAMRIID, je dois des remerciements tout particuliers au Dr Ernest Takafuji, qui en est le chef, et à David Franz, son second. Je tiens à saluer l'aide précieuse que m'ont apportée Peter Jahrling, Nancy et Jerry Jaax, Tom Geisbert et Eugene Johnson pour les passages détaillant leurs pensées et leurs sentiments pendant la crise de Reston. Curtis Klages, Nicole Berke Klages, Rhonda Williams et Charlotte Godwin Whitford m'ont consacré aussi beaucoup d'un temps très utile. Merci également à Cheryl Parrott, Joan Geisbert, Ed Wise, ainsi qu'aux autres 91-Tango et gardiens civils des animaux qui m'ont décrit leurs expériences à Reston. Merci beaucoup à Ada Jaax.

Au centre de contrôle des maladies (CDC), merci au Dr C.J. Peters et à Susan Peters, au Dr Joel Breman, à Heinz Feldmann, à Thomas G. Ksiazek et à Anthony Sanchez de m'avoir généreusement consacré du temps pour me raconter leurs souvenirs. *Dans d'autres organismes* : David Huwsoll, le Dr Joseph B. McCormick, le Dr Frederick A. Murphy et le Dr Philip K. Russell. *Au Kenya* : les Dr Shem Musoke et David Silverstein et le colonel Anthony Johnson. *En Afrique du Sud* : les Drs Margaretha Isaäcson et G. B. « Bennie » Miller. *Sur la rivière Bighorn*, le Dr Karl M. Johnson. *A Hazleton Washington*, je dois beaucoup à Dan Dalgard pour m'avoir aidé à rédiger les passages concernant ses pensées, et m'avoir laissé citer sa « Chronologie des événements ».

A la fondation Alfred P. Sloan, je suis particulièrement reconnaissant à Arthur L. Singer Jr. pour son indéfectible intérêt et son soutien. *A Princeton University*, merci à Carol Rigolot, du Conseil des humanités.

A Conservation International, merci à Peter A. Seligmann et Russell Mittermeier. Il faut qu'on sache que c'est sans doute Mittermeier qui fut à l'origine de la comparaison intéressante entre l'espèce humaine et un tas de viande attendant qu'on le consomme.

A propos du voyage à la grotte de Kitum, ma reconnaissance va en particulier à Graham Boynton, de même qu'à Christine Leonard, Katana Chege, Morris Mulatya, Herman Andembe et Jamy Buchanan. Ian Redmond m'a fourni de précieuses informations sur la grotte. Je ne peux manquer non plus de mentionner l'aide de David et Gregory Chudnovsky.

Et merci à de nombreux amis : Peter Benchley, Freeman Dyson, Stona et Ann Fitch, Sallie Gouverneur, William L. Howarth, John McPhee, le Dr David G. Nathan, Richard O'Brien, Michael Robertson, Anna Waldron, Jonathan Weiner et Robert H. White. Pour leur soutien, merci à mon grand-père, Jerome Preston Sr., et à mes parents, Jerome Preston Jr. et Dorothy Preston. Des remerciements spéciaux à mon frère, le Dr David G. Preston, pour son enthousiasme, ainsi qu'à mon autre frère, l'écrivain Douglas Preston.

Enfin et surtout, merci à mon épouse, Michelle Parham Preston, pour son extraordinaire soutien et pour son amour.

TABLE

TROISIÈME PARTIE

A L'ATTAQUE !

QUATRIÈME PARTIE

LA GROTTE DE KITUM

Cet ouvrage a été composé par
Nord Compo (Villeneuve-d'Ascq)
et imprimé par B.C.I. à Saint-Amand-Montrond (Cher)
pour le compte de la Librairie Plon

Achevé d'imprimer le 8 juin 1995

Imprimé en France
N° d'impression : 1/1562. N° d'édition : 12524
Dépôt légal : mars 1995